ZHIHEBAOZHUANG
CHUANGYI
SHEJIYUZHIZUO

**图书在版编目（CIP）数据**

纸盒包装创意设计与制作/ 李宗鹏，周生浩编著. — 沈阳 ：辽宁美术出版社，2017.3

ISBN 978-7-5314-7003-8

Ⅰ. ①纸… Ⅱ. ①李… ②周… Ⅲ. ①包装纸板－包装容器－包装设计 Ⅳ. ①TB484.1

中国版本图书馆CIP数据核字（2017）第038301号

---

出 版 者：辽宁美术出版社

地　　址：沈阳市和平区民族北街29号　邮编：110001

发 行 者：辽宁美术出版社

印 刷 者：沈阳市博益印刷有限公司

开　　本：850mm×1168mm　1/32

印　　张：10

字　　数：160千字

出版时间：2017年3月第1版

印刷时间：2017年3月第1次印刷

责任编辑：苍晓东

装帧设计：苍晓东

责任校对：郝　刚

ISBN 978-7-5314-7003-8

---

定　　价：50.00元

邮购部电话：024-83833008

E-mail:lnmscbs@163.com

http://www.lnmscbs.com

图书如有印装质量问题请与出版部联系调换

出版部电话：024-23835227

# 前言

随着社会和经济的发展，作为包装业也在不断地求新。包装设计方案根据物品内容的特点、商品的特性，对于物品合理的保护方法、存取方法、使用后的处理方法等方面都做了十分充分的考虑，但是有些方案现在已经不再使用，有些方案在不断地改进。所以说，纸盒结构设计方案不是一成不变的，只有充分利用这些结构设计方法，使其适合各种各样的商品，提高其结构的合理性，才会对社会有更大的贡献。由于消费生活的不断变化及生活方式的个性化，现有范围内的商品包装已经不能满足社会的需要，特别是现在的包装行业，如果不能随着消费活动的发展而改变包装样式的话，会导致企业生产活动难以进行，最终导致设计制造业无法生存。因此，一定不要拘泥于定式，必须不断地开发出新的包装样式。

在现实生活当中，为了将社会现象，消费者的生活方式，以及流行等各种因素不断融入到包装当中，以满足消费者生活得更好的愿望，就要求包装设计从业人员不断地生产出新的商品包装。而盒子、纸箱这一在商品包装中发挥很大作用的包装品种，结构单一，不能满足这一要求，就不能吸引消费者购买商品，因此，无论从转换消费者心理的角度，还是从造型改革的角度，都需要对现有的方案和设计加以创新，在任何一个经济高速发展的时期，商品包装的创新都得到了迅速的发展。这些发展变化，是以现有商品包装的形状和结构方案为基础，同各种各样相关的条件交织在一起，赋予其与时代相符的新内容，在物理上、心理上直至经济上，都使得商品与以往商品产生不同的魅力。

由于现代自动化机械的发达，产生了高效率，因而引起了流通的变化，使得纸器在基本固有结构的基础上，发生了很大的变化，充分发挥了纸张的魅力，这种强劲的势头是时代发展的结果。当然，根据不同的目的，也可以采取手工操作。例如以手工操作为主生产出的礼品用纸盒，在形状和结构上反而有很多新奇的地方。

在书中展示的一些包装纸盒，是从基本固有的包装类型中发展而来的，具有非常实用的参考价值，并且附加了各自相应的照片和展开图。

纸盒形状和结构的变化虽说不是无穷无尽的，但也是多种多样的。因此，本书所列举的范例都是一些在制造、销售及使用上得到认可的普遍例子。在分类上，以纸板为素材，以纸盒为主体，还包括以瓦楞纸为素材的纸盒和组装纸盒。

正如在开头所说，由于对基本构造进行了部分修改，改变了立体的形象，丰富了形状的设计，并对所包装商品的保护构造上加以完善，既重新认识了以往商品包装的结构，又增强了效果。因此，书中所列举的广泛实例，对于寻找与以往不同的理念，进行商品包装的结构创新，有很大的参考价值。希望大家将这些现有的实例与今后接触到的、试制的各种纸盒相结合，创作出更多的新产品。

# 纸盒基本类型

ZHIHEBAOZHUANGSHEJIZHIZUODAOBANTU

这是一款筒状纸盒，其特点是角部向内凹陷，给人以深刻的印象，利于销售。基本上属于带状纸盒，由于周边的四个角向内凹陷，形成了独特的形状，特别是俯视图很有特点，提高了吸引顾客的商业效果。

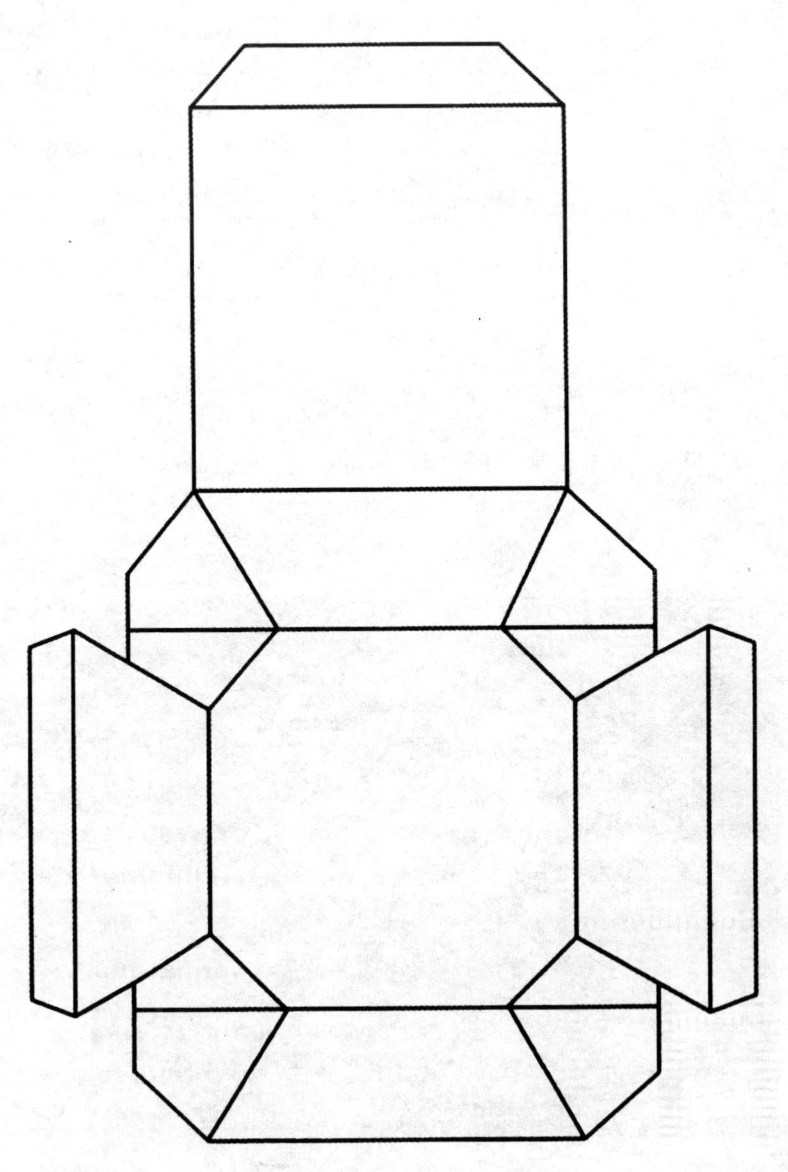

　　这是正六角形筒状纸盒，其包装品为点心，因此将纸盒做成六角形是一种通常的方案，同时附以拉链式的结构，放取物品十分方便。盖子和侧面的处理完全符合六角形，使得整体处于稳定的状态，对于纸盒是一种妥当的处理方式。



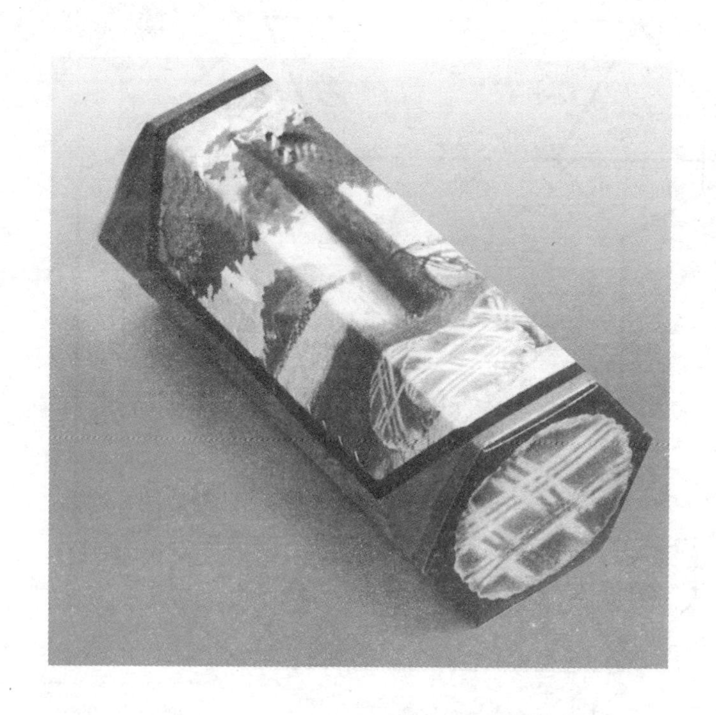

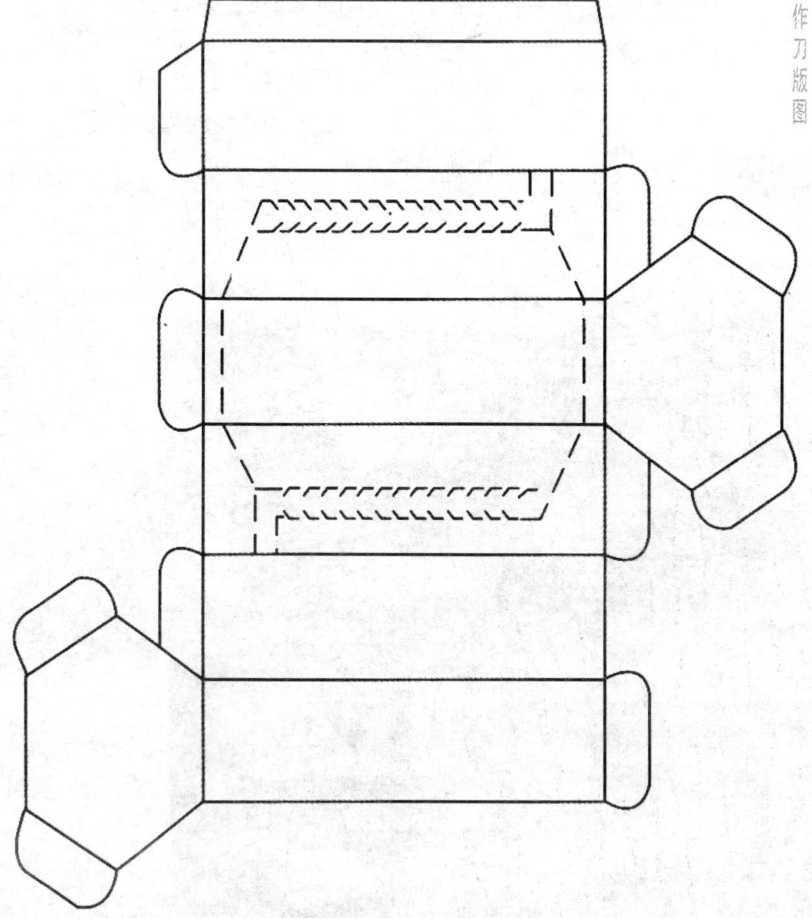

这款是保护内装物品的筒装纸盒。包装品大多为灯泡等。由于物品易损坏，因此采取这种以保护为主体的设计方案，以处理玻璃球面和金属部分为中心，将球面的接点和金属的螺丝部分固定起来，并在外面附加盖子和底部加强保护。



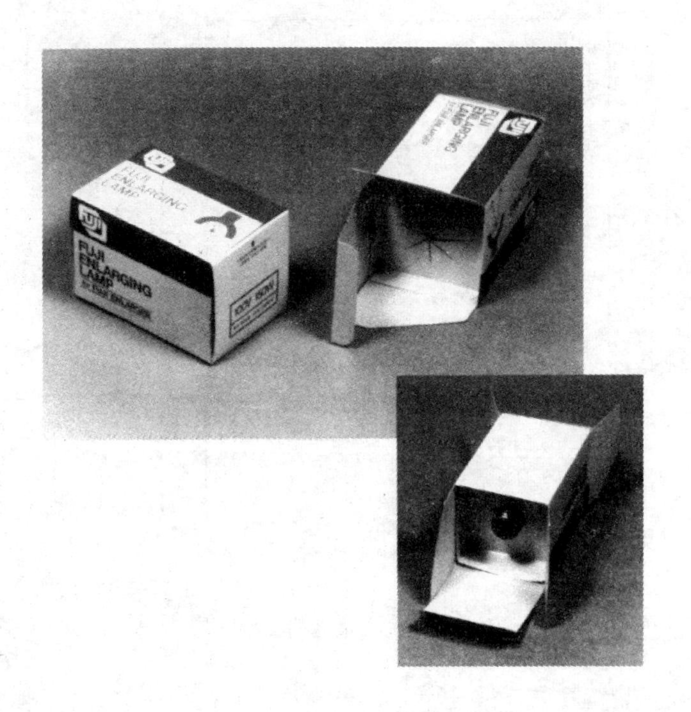

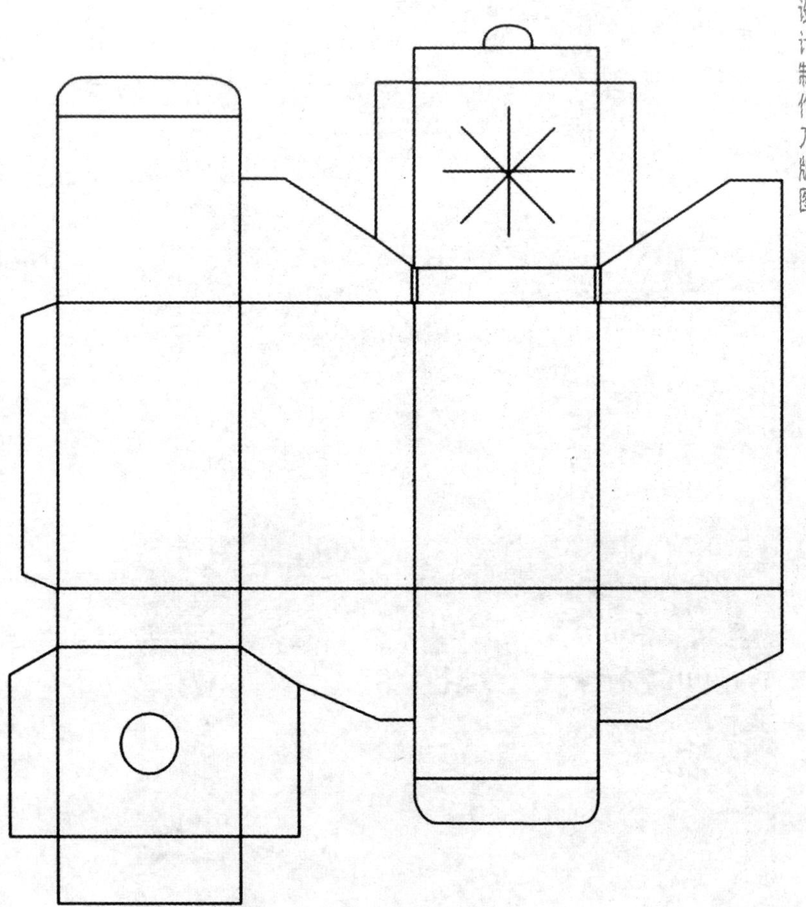

这款是部分变形的筒状包装，基本上属于带状纸盒。由于上下加入了三角形斜面设计，从不同的角度看上去有很大的差别。如果成双赠送给朋友，很受欢迎。其插入处理上采用的是常规的处理方法。

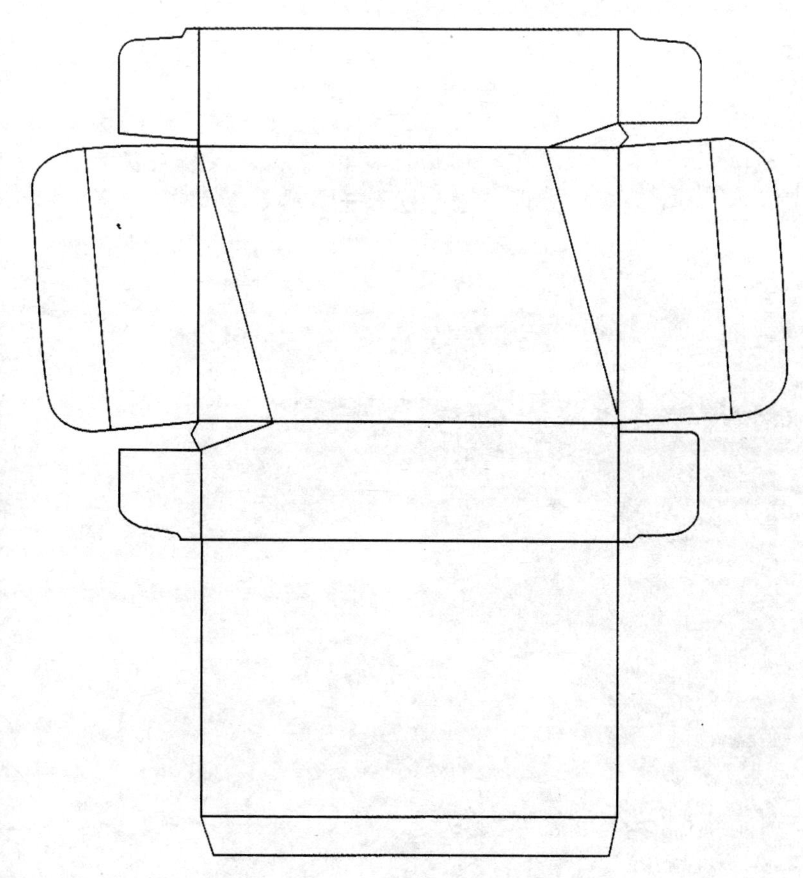

这款是顶部左右两侧为斜面的筒状包装。该设计具有礼品包装盒的特点，同时为了使顾客能够看见包装品的材质和颜色，在顶部设有一个小窗。由于采用了倾斜面的设计，使得盒子看起来有一定的变化，感觉良好。在设计这个产品时，将盒子的形状放在首位，在构造上采用插入式的处理方法，打开关闭都十分简便。

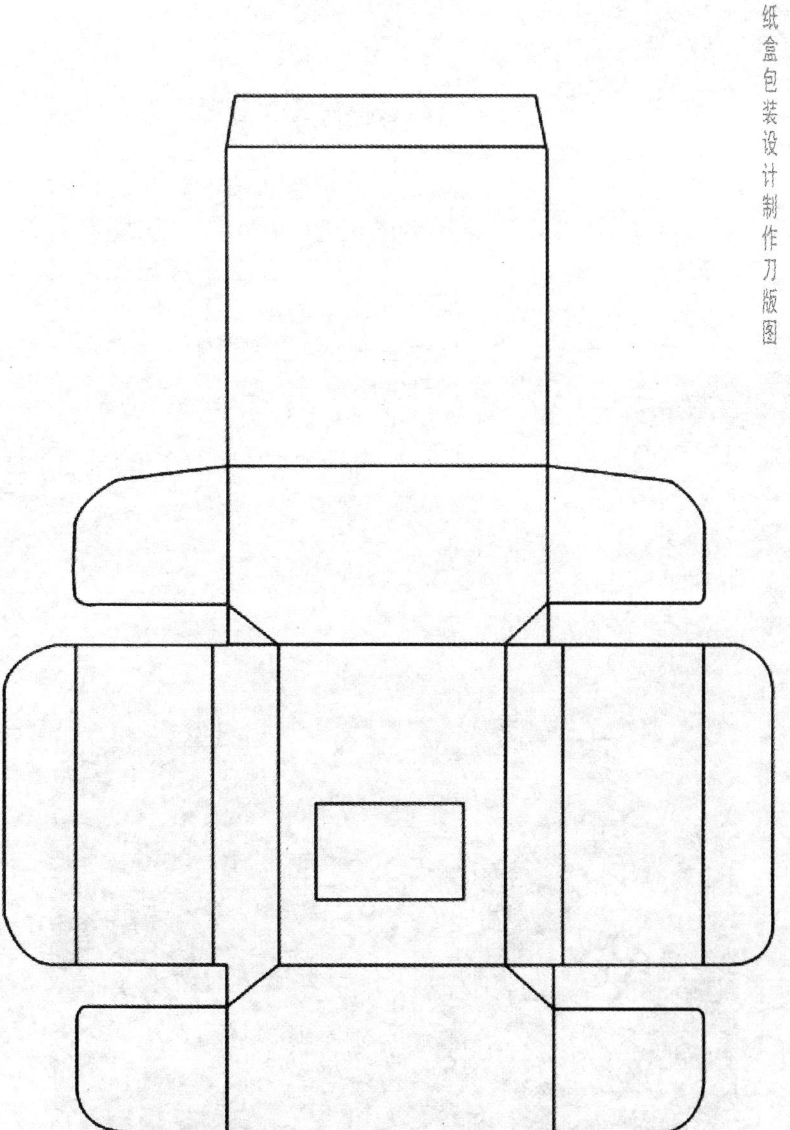

　　这款是顶部前后两端有斜面的筒状包装。设计虽然比较简单，但将对角稍稍下降的处理使得整体的感观发生了很大的变化。在形状设计上，增加了柔美的设计，从而增加了高级感。在构造上采用插入式的处理方法，打开关闭十分简单。

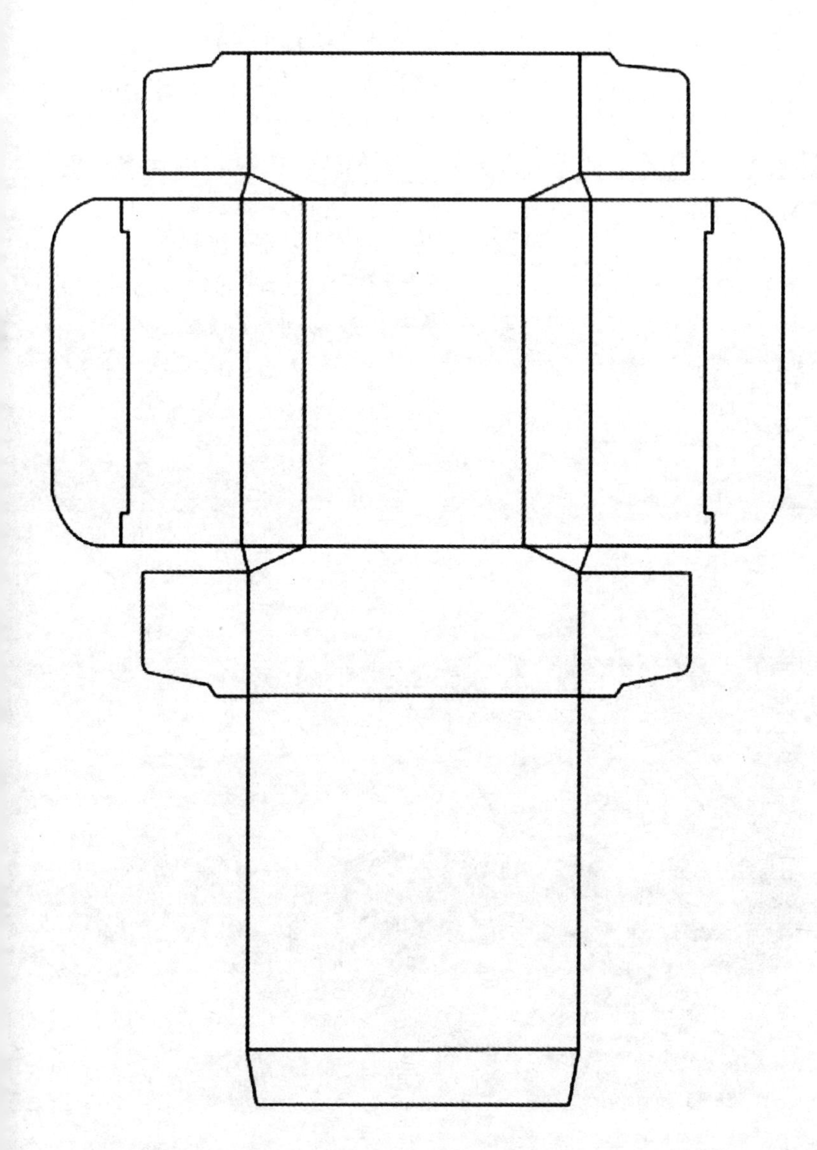

这是一款带有凹陷的筒状包装，其包装品为食品。基本上属于带状纸盒，在部分的形状处理上发挥了包装的趣味性。设计采用了在两个对角上设有折线，并将其压向内侧，形成三角锥状。因此，在形状上突出了个性，在构造上采用一般的插入构造。

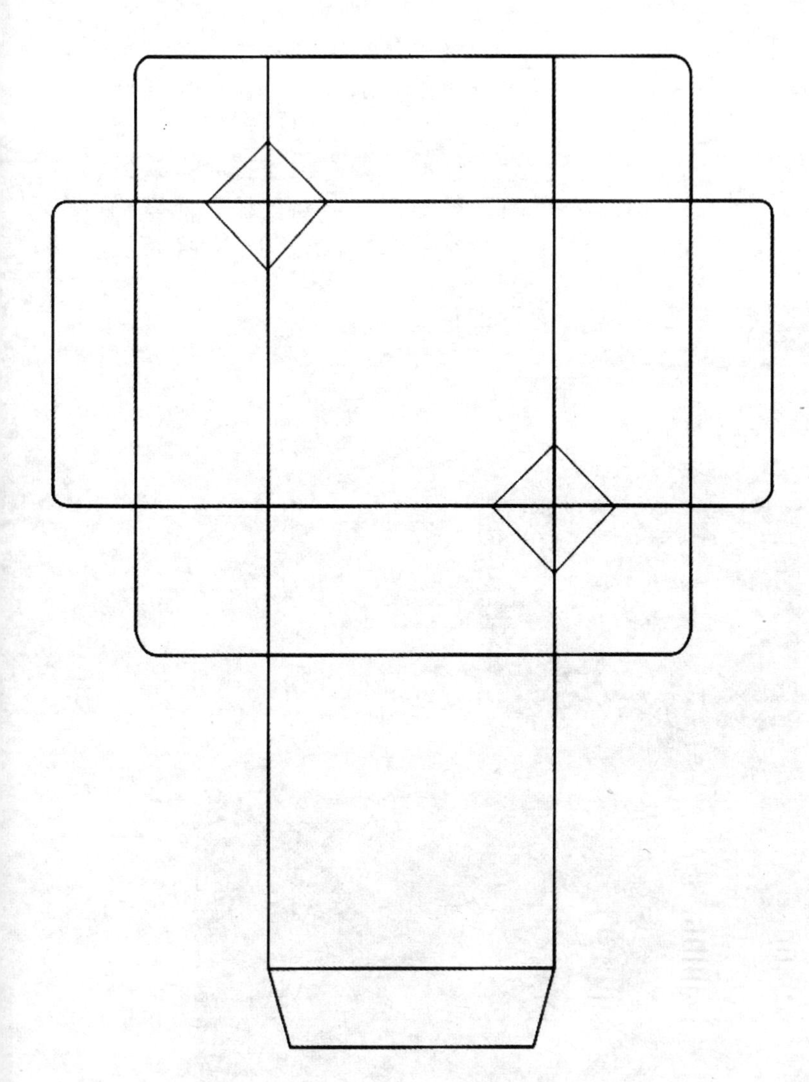

这款是复合式纸盒，其主要部分为筒状的外箱。包装品为两装点心。在盒子的顶部开有带横梁的小窗，同时也是提手。从侧面取装糕点。糕点盛放在双壁的小盒内，构造方式比较普通实用。



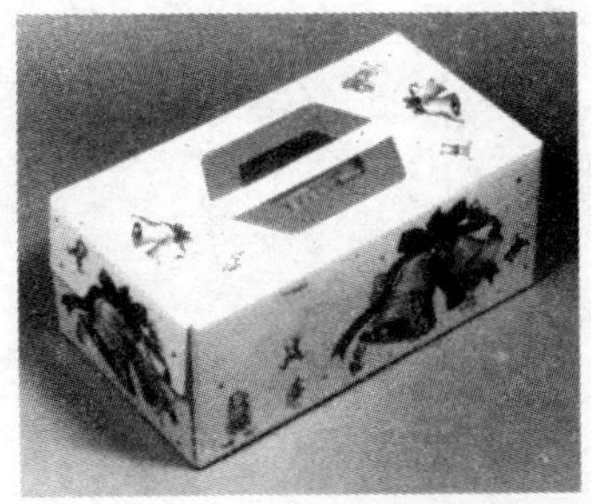

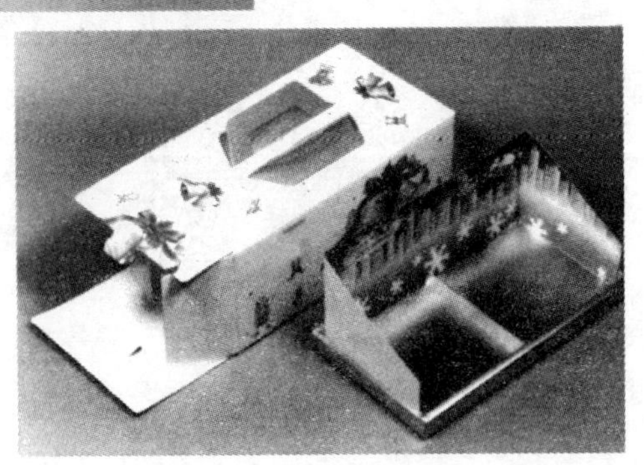

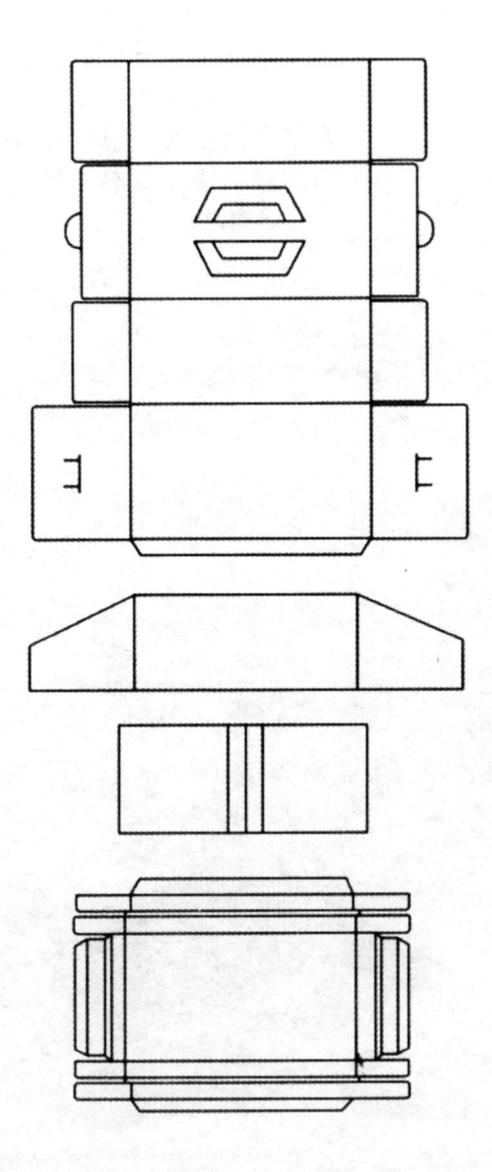

这是一款抽拉式筒状包装，抽拉部采用两面框式结构，上部两端呈曲线状。因此外边部分的顶部也切成曲线形，整体的感观十分好看。

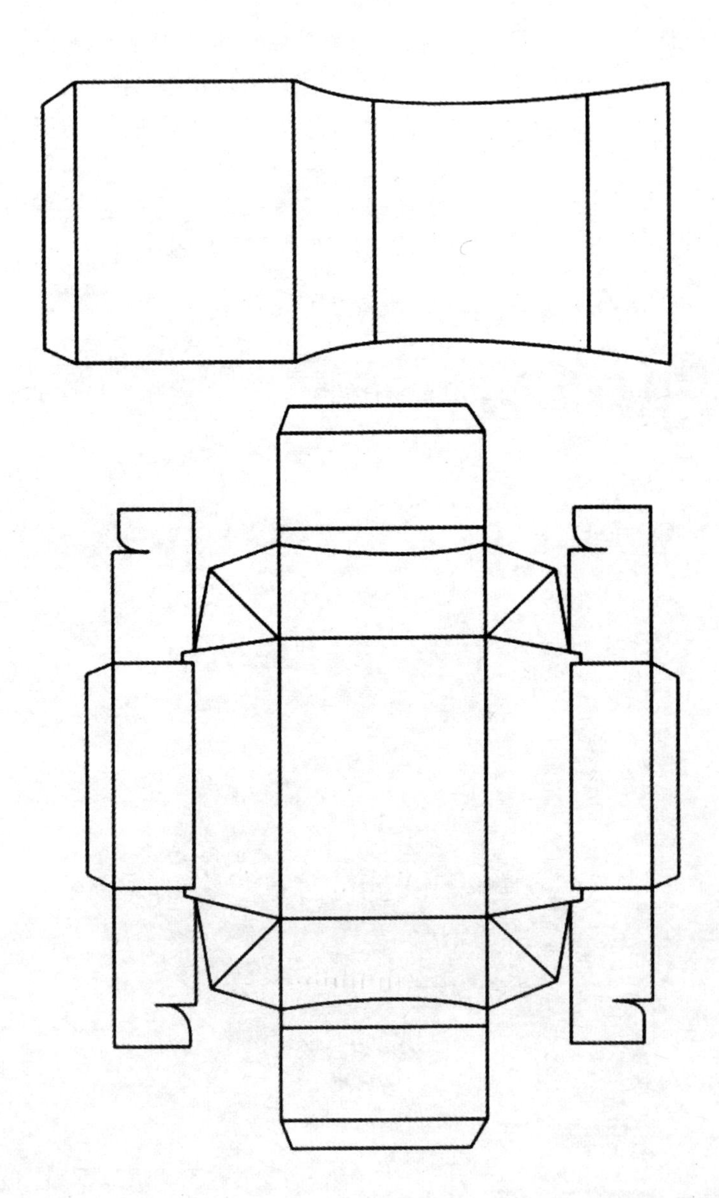

这款是嵌套结构和盛装钢笔的双壁小盒构成。小盒由于两侧的贴合，组装十分简单。特别是底部采取双重构造，整体上的构造和视觉效果比较普遍。

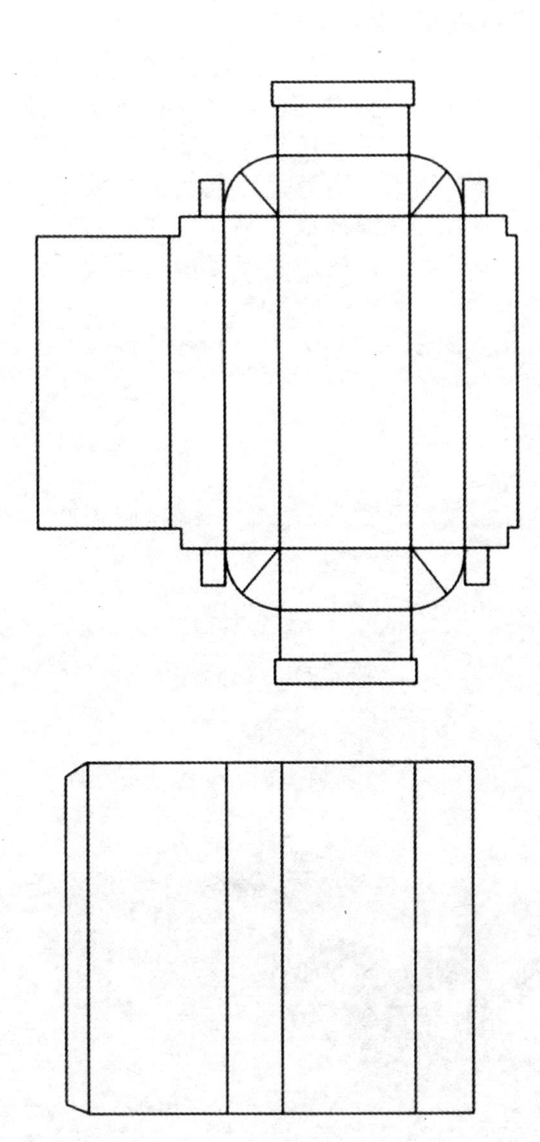

这是典型的由嵌套和抽拉部分构成的纸盒，在构造和技能方面考虑得十分周到。为了防止小盒滑落，在两端的折叠处设有防滑装置，并且为了抽取方便，在两端也进行了剪切处理，使用起来十分方便。



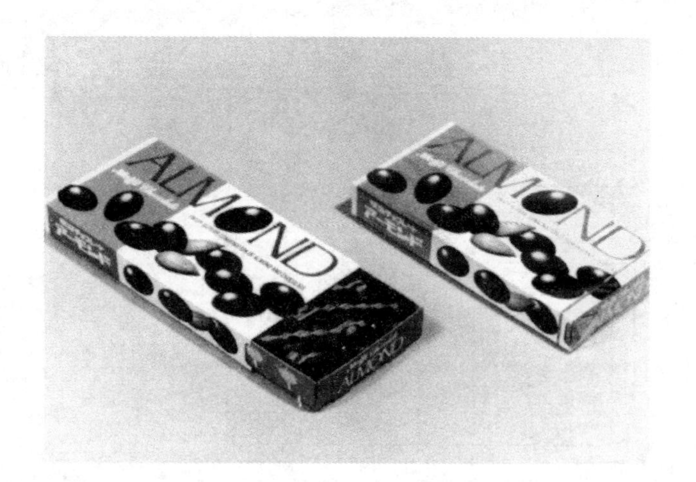

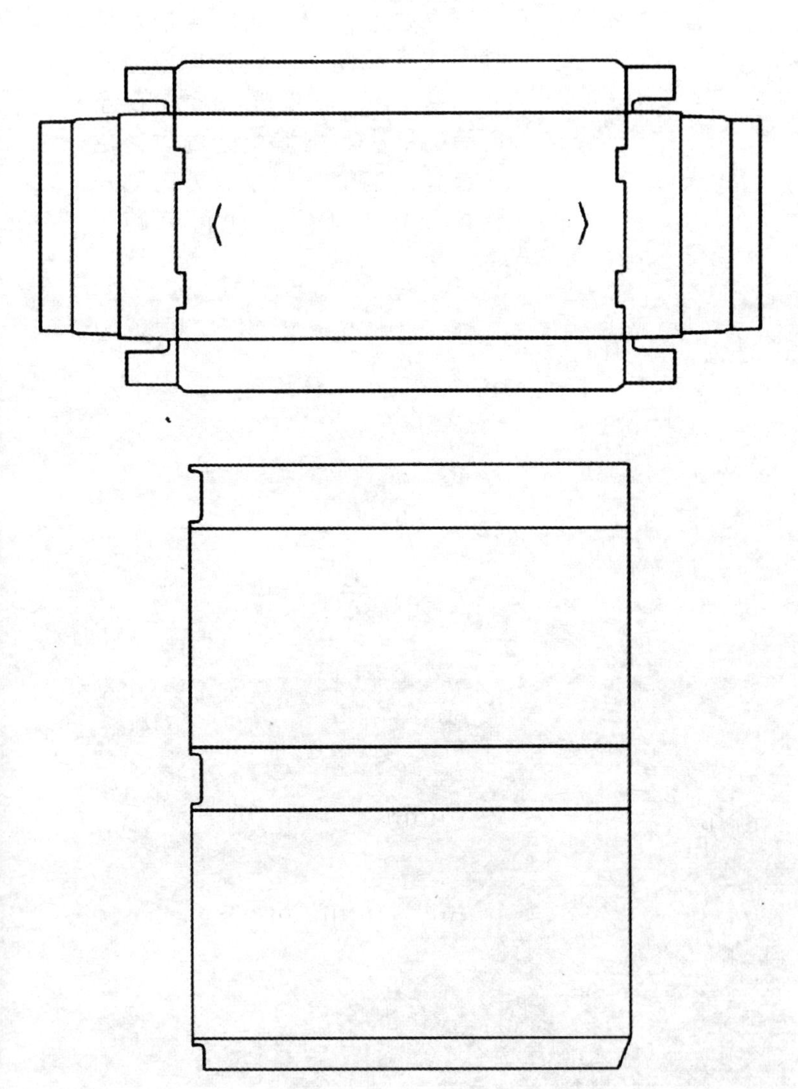

这是抽拉式纸盒的变形。将盒子的下部向上压，抽拉部分的上端会折成“〈”形，十分便于物品的取出。构造十分简单，由于嵌套结构的一部分向外突出及抽拉部分的剪切，使得前端弯曲。



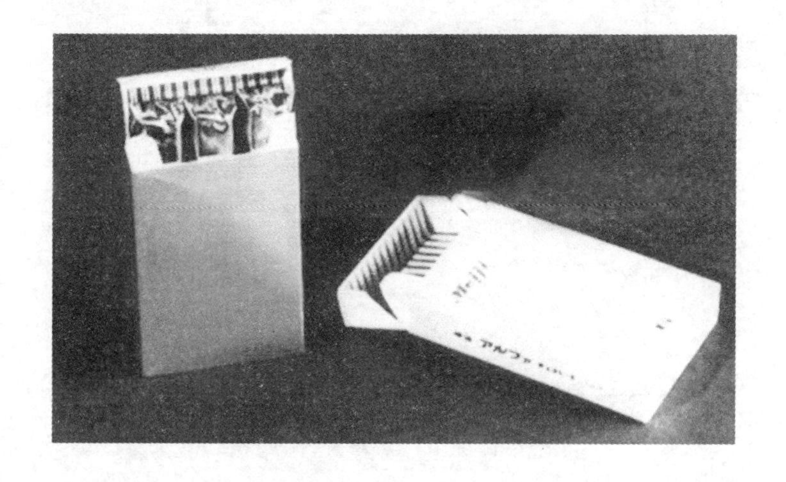

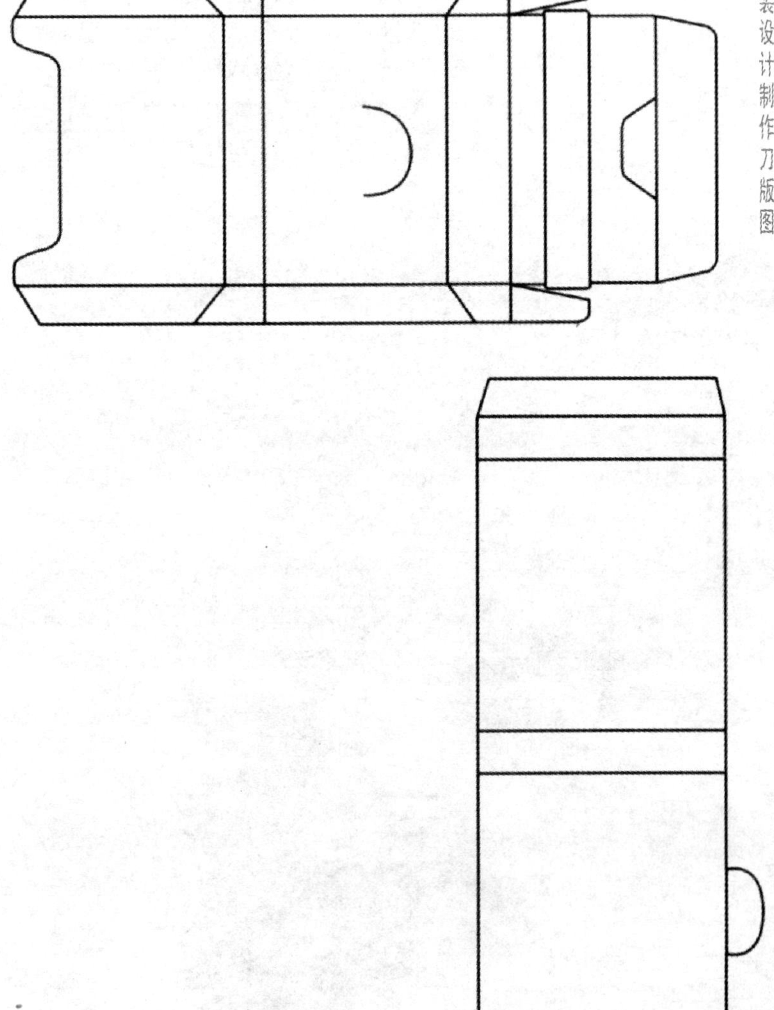

这款是抽拉式纸盒的变形，即由抽拉部分和嵌套部分构成。为了便于物品的取出，抽拉部分呈弯曲状，该装置由嵌套的突出部分及抽拉部分的剪切来起作用。

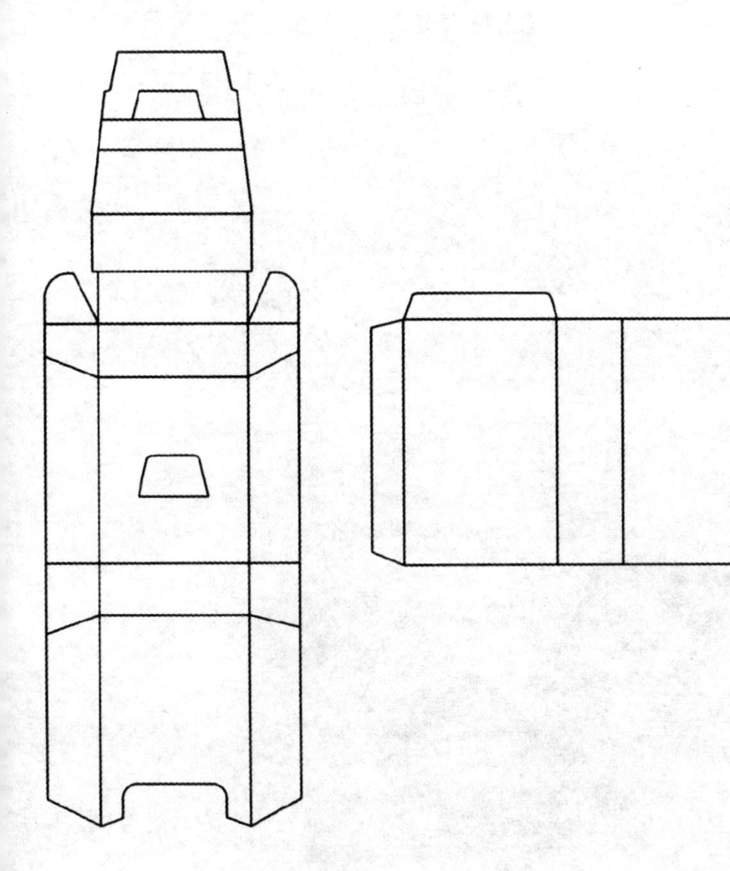

这是由嵌套和抽拉部分构成的典型样式，该样式作为糖果包装长期受到人们的喜爱。其设计的特点是在嵌套部分的中央开一个小窗，通过这个小窗可以看到里面物品包装纸的颜色和样式。

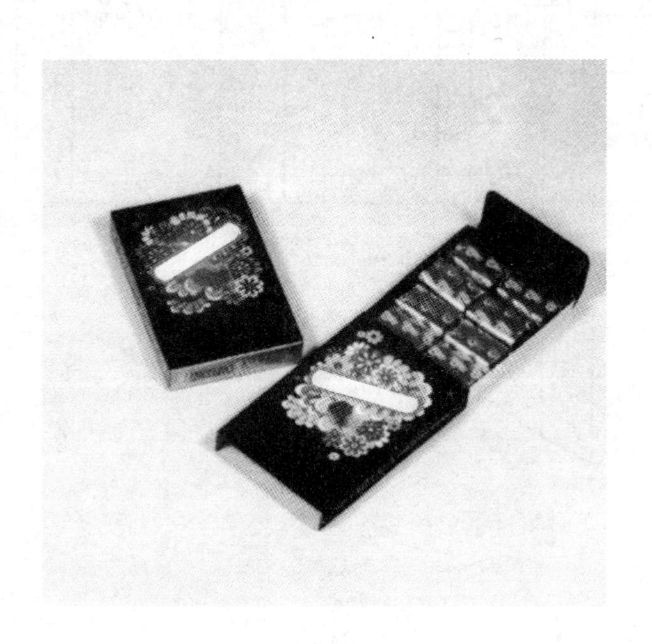

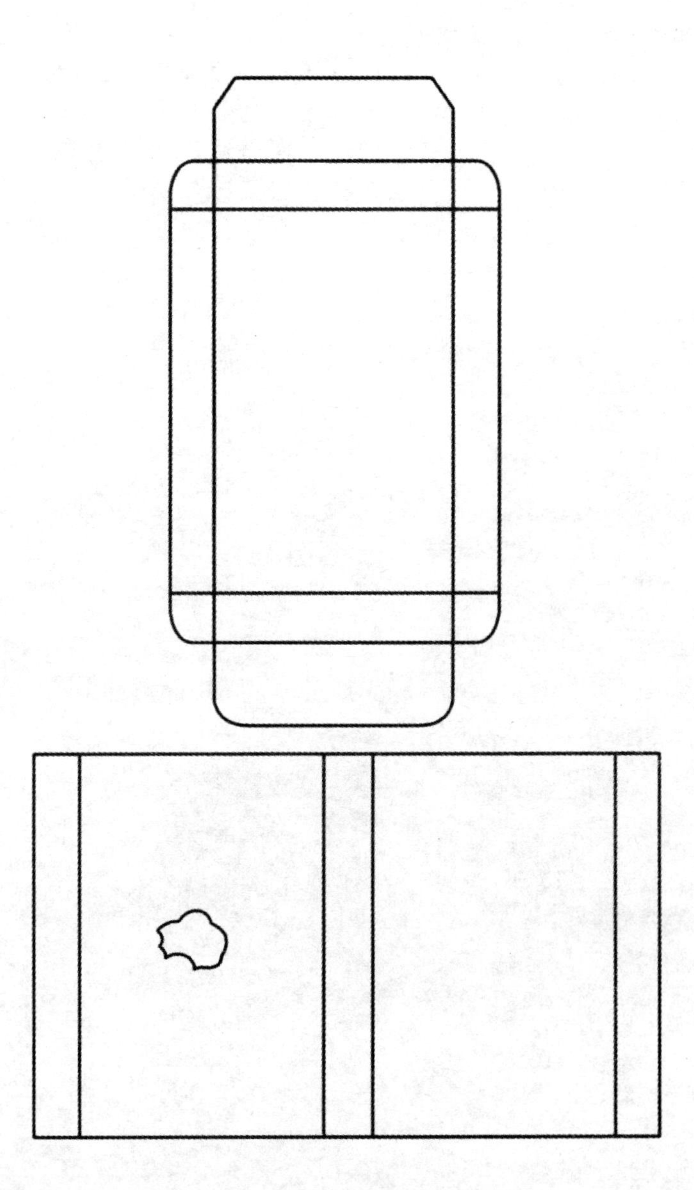

这款纸盒的特点是上部开口处的设计很有趣。将上部开口处向上弹起，盒子倾斜后，里面的巧克力球就会滚出来，这一设计体现了商品的特性。由于其强调了巧克力球滚出时有趣的样子，因此该方案才得以保留至今。

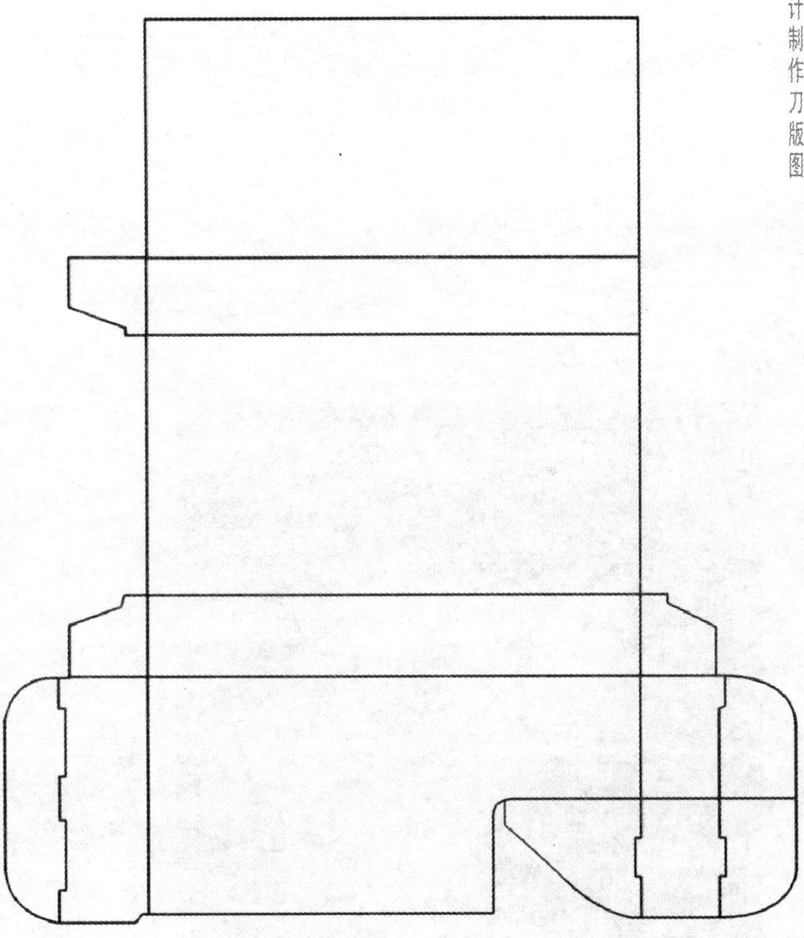

这款是带状纸盒的变形。设计主要是从物品取出的容易程度和视觉效果两方面考虑。曲线的设计在功能和视觉方面产生了很好的效果。

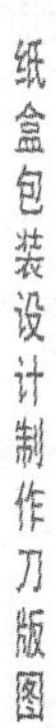
纸盒包装设计制作刀版图

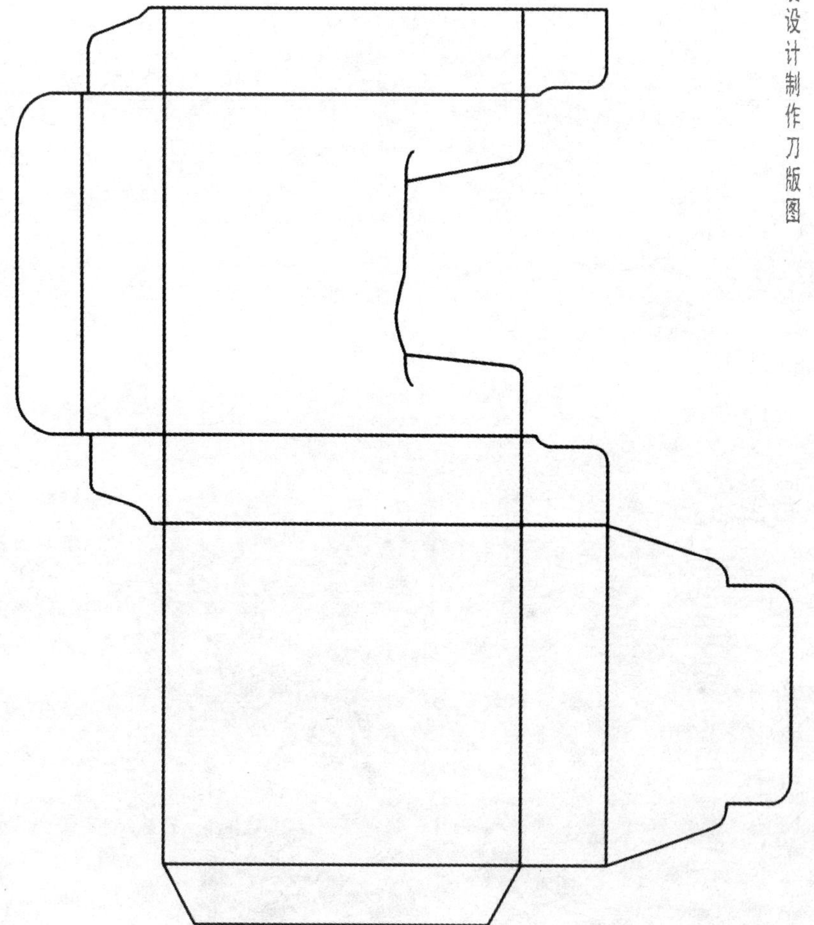

这款四角盒子的造型设计有出人意料的地方，这一点对于商品十分必要。一般情况下，都是将盒子造型作为方案的重点，再与各种结构方案相比，而这个设计在对角部和圆弧形处理体现上，采用了独特造型方法。

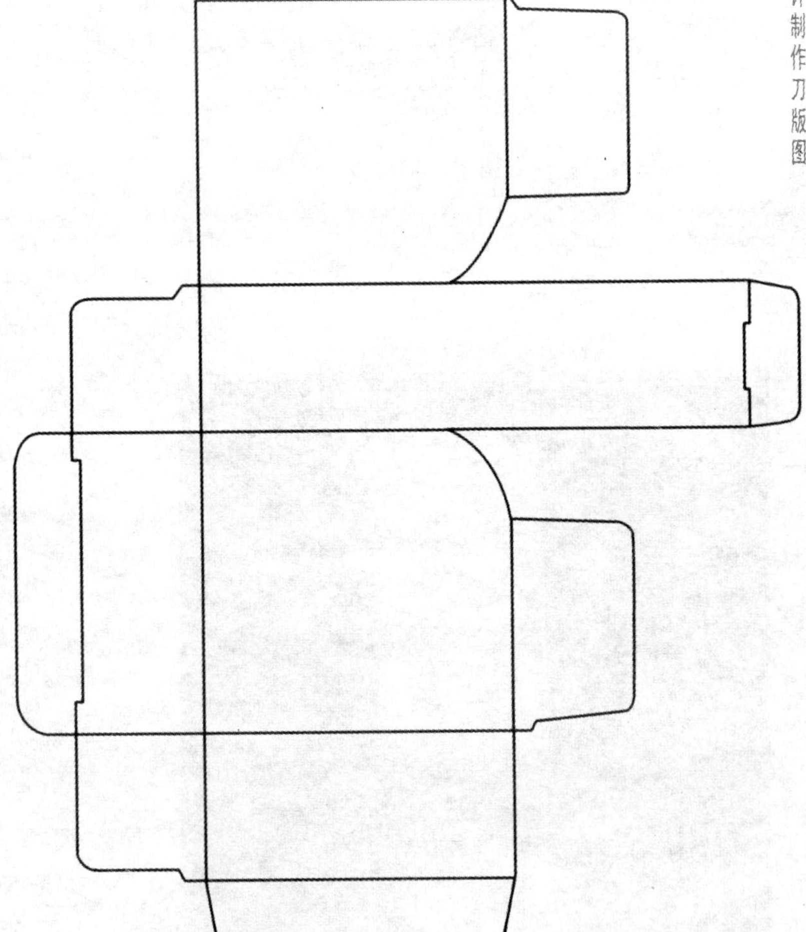

这款纸盒是为药剂、牙膏、颜料等商品设计的容器。设计中将六个长的三角形折叠起来，把背部和上端呈水平的两个地方粘在一起，底部为纸盒的开口处。

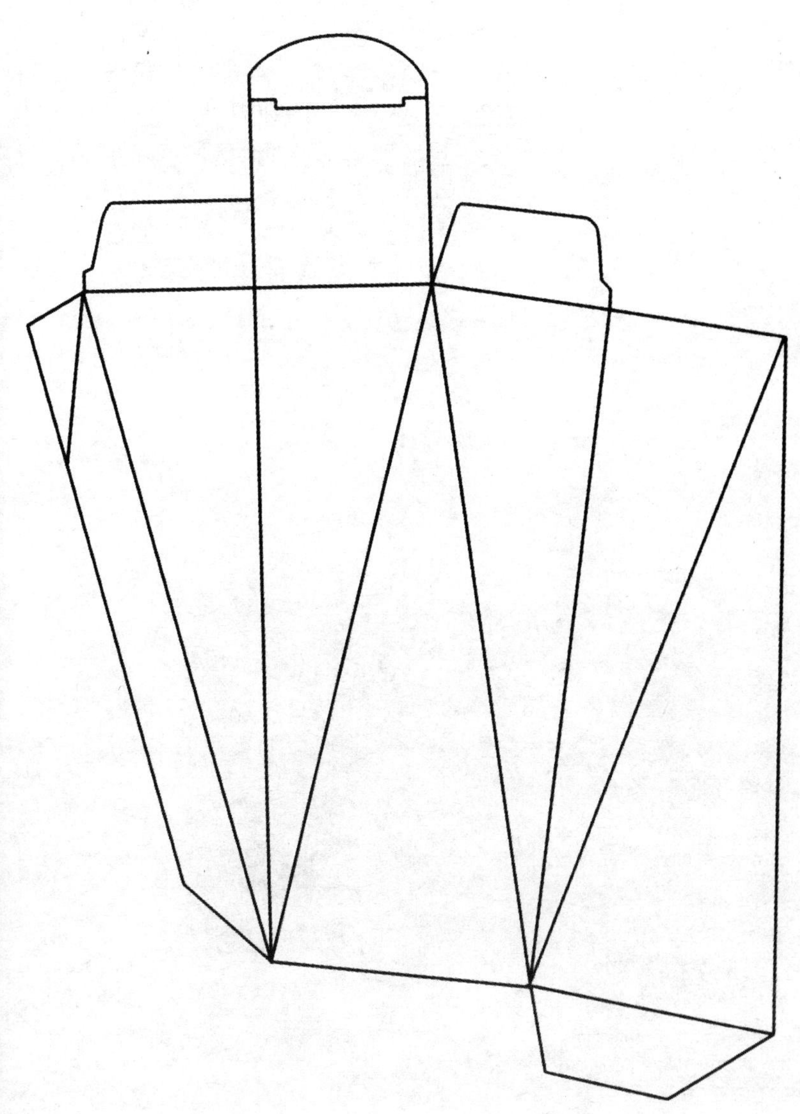

这款是盒子与袋子的结合体纸盒，是独特的包装方式。设计的独特之处在于：把平盒直立起来，上半部分呈曲面，下半部分则利用直线折叠形成。上部开口利用曲线折叠形成的弹簧式的简单结构，下部则采用插入式结构。

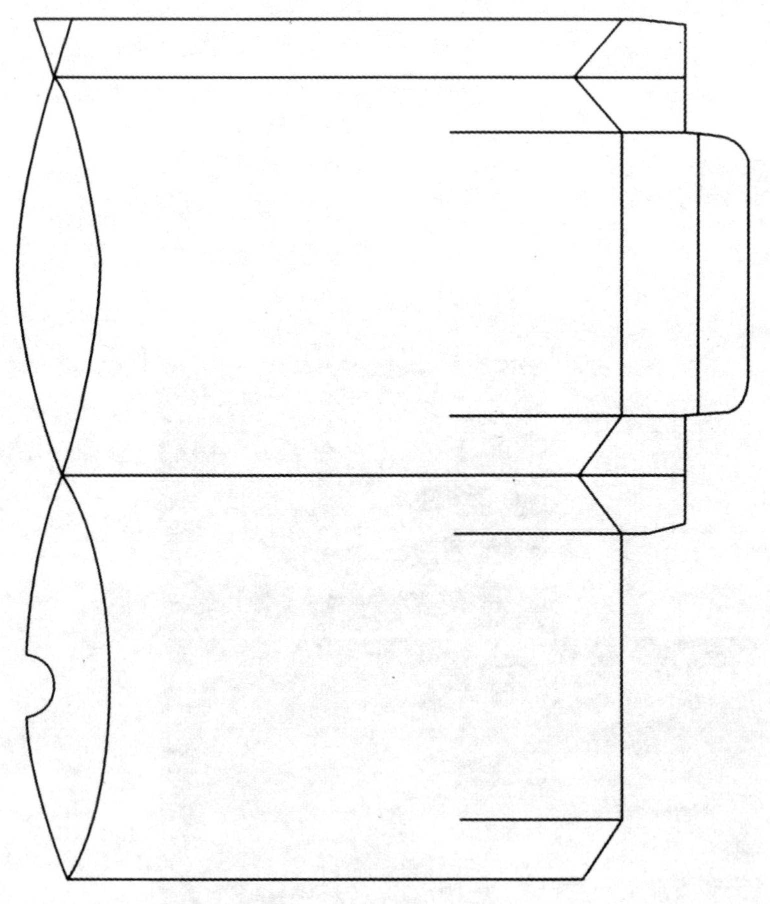

这款是棒式巧克力的包装纸盒，由本体部分和外罩构成。挪动外罩，装在里面的巧克力就会自动升上来。这一机关和结构处理与表面的绘画效果相一致，十分有趣。



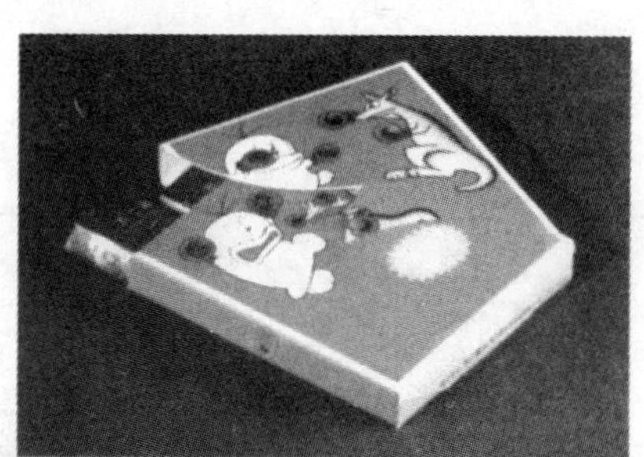

纸盒包装设计制作刀版图

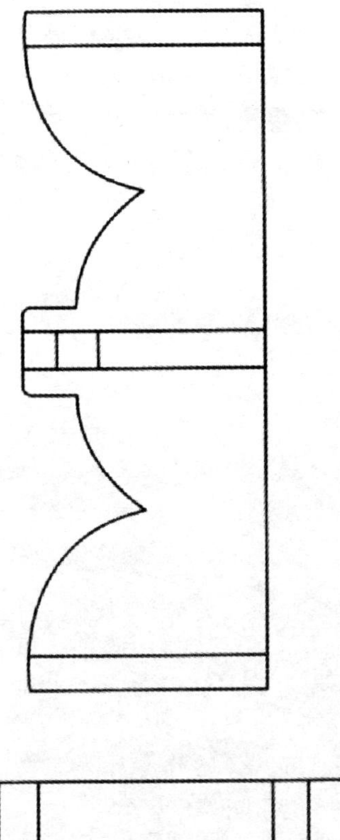

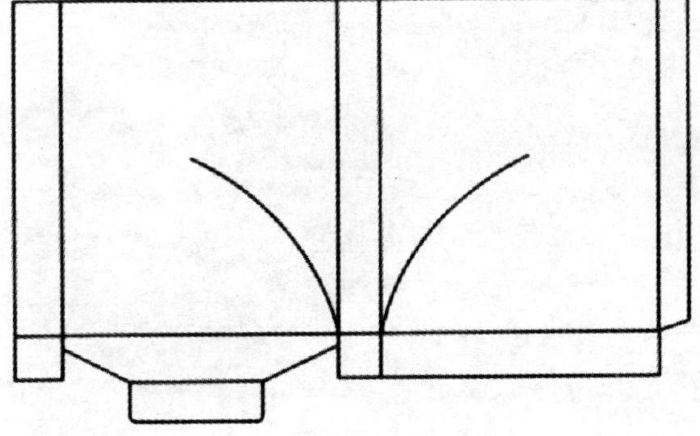

这款是带褶皱纸盒的变形。将褶皱一边的形状稍微加以改变就形成了这个方案。用其各处倾斜折叠组成四角锥形状，使四角向里。最后用包装带将开口处系在一起。由于使用了包装带，突出了商品的礼品性。

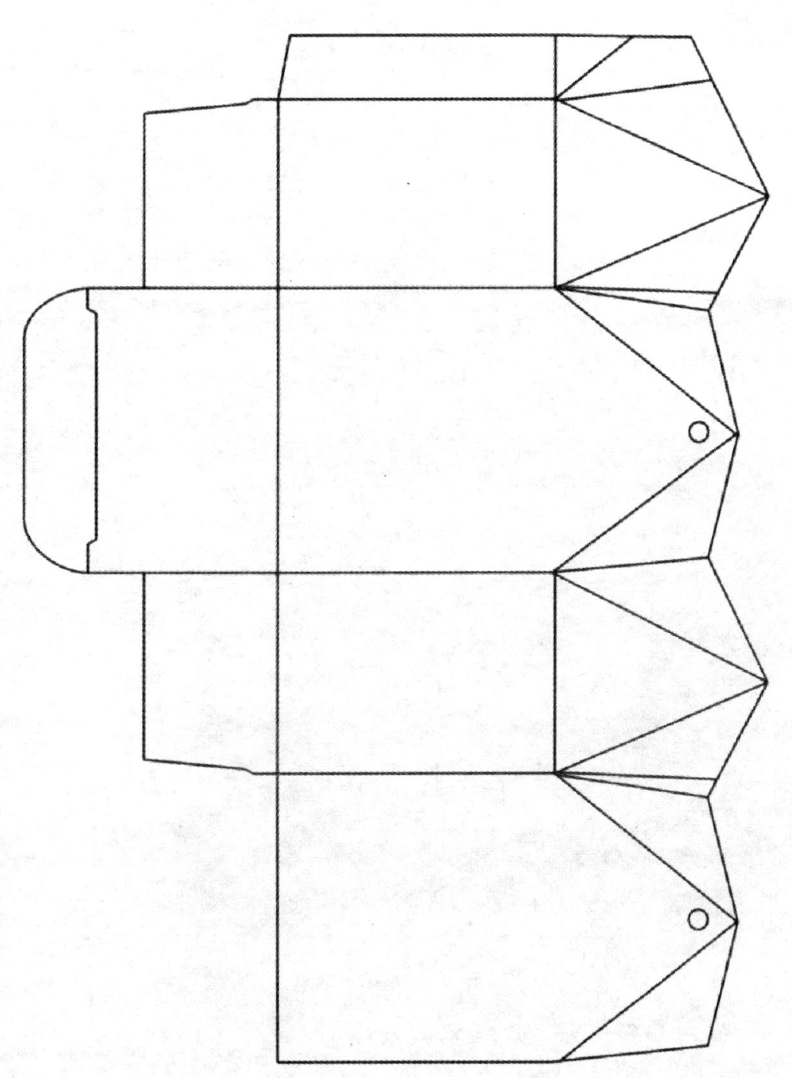

这款是为易碎的玻璃杯和盘子设计的套装纸盒。为了强化保护功能，侧壁的设计比较有特点，同时也采用了手动锁瓶的一般组合结构。利用侧壁各自的延长部分形成内部物品的间隔层面，加以保护。采用的是非常规范的结构方式，组装也毫不费力。

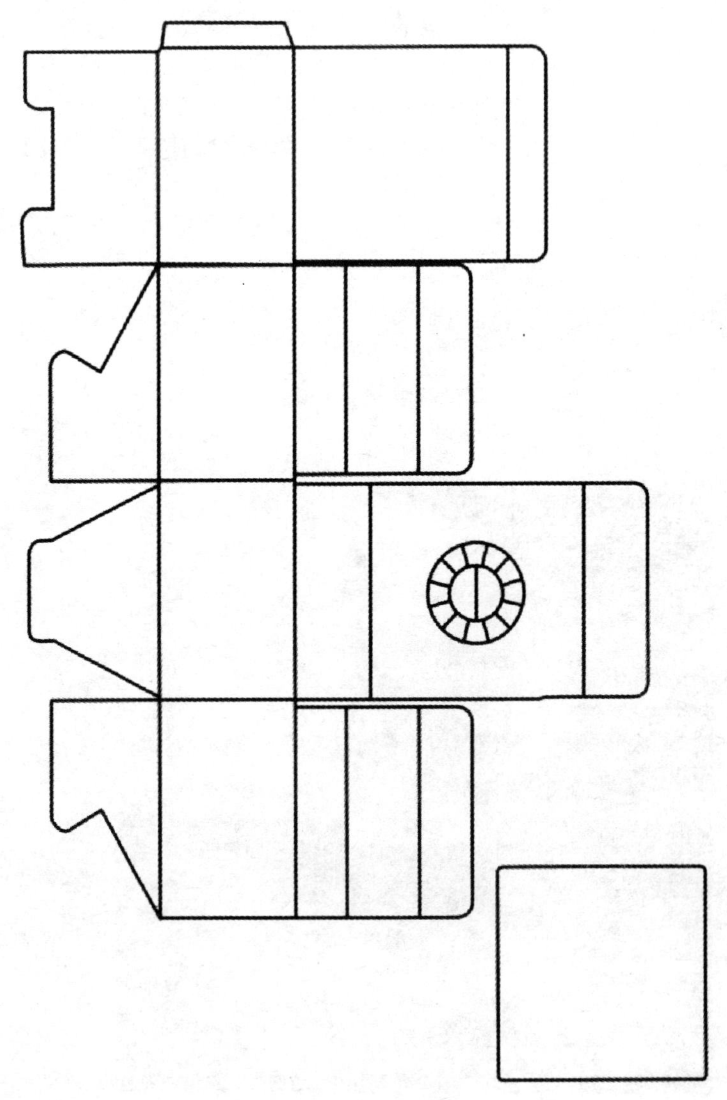

这款包装是特殊形状的糕点纸盒。虽然形状为筒状，底部为手工组装，但是由于折线及其位置形成的曲线，使得立体中出现曲面，从而整体效果得以加强。在顶部的处理上，利用曲线折叠形成的弹簧作用，使左右搭在一起的盖子很稳定。而用宽幅的卷带加以固定，形成了很好的视觉效果。



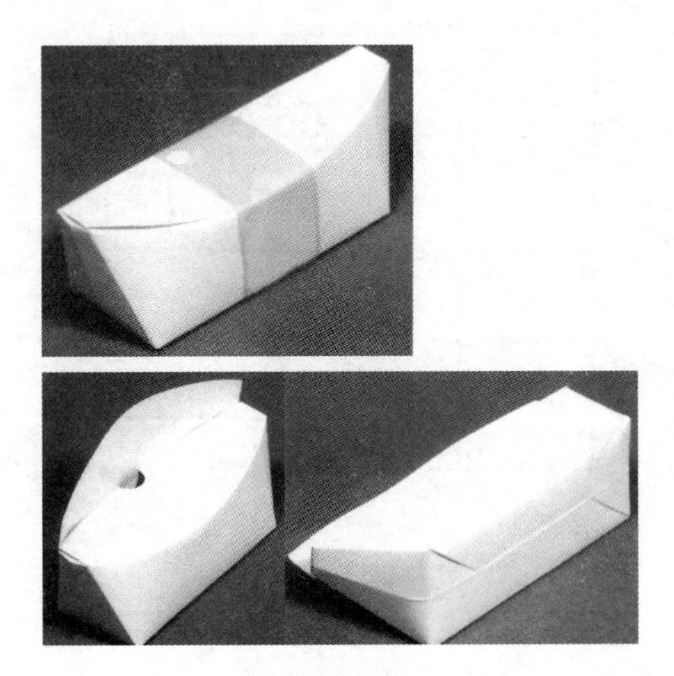

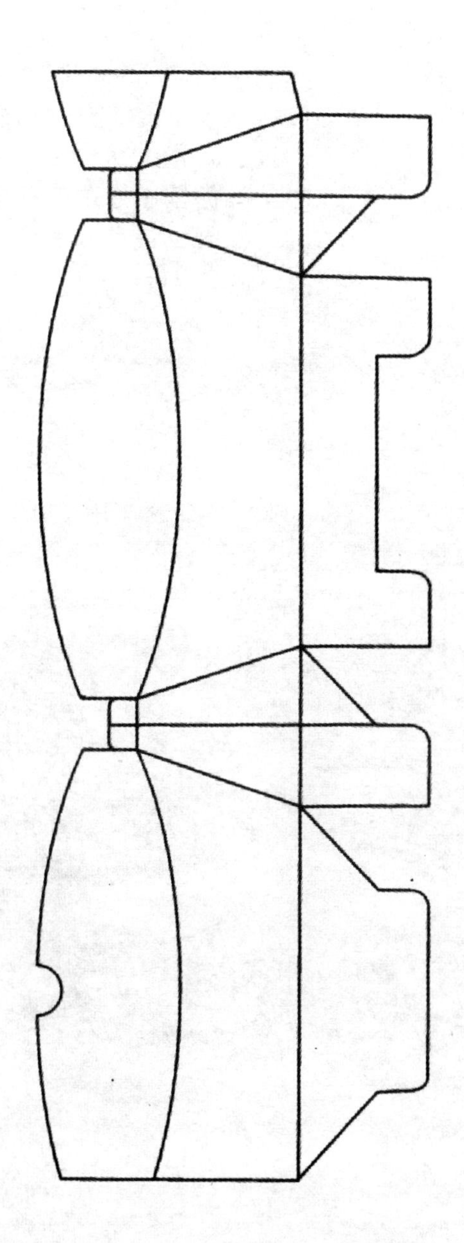

这是将四个角加以改变的变形筒状盒子上附以自动锁瓶式构造的设计方案，其包装品主要为点心。其侧壁由连续的三角形面构成。陈列上视觉效果很好，整体造型十分独特。

纸盒包装设计制作刀版图

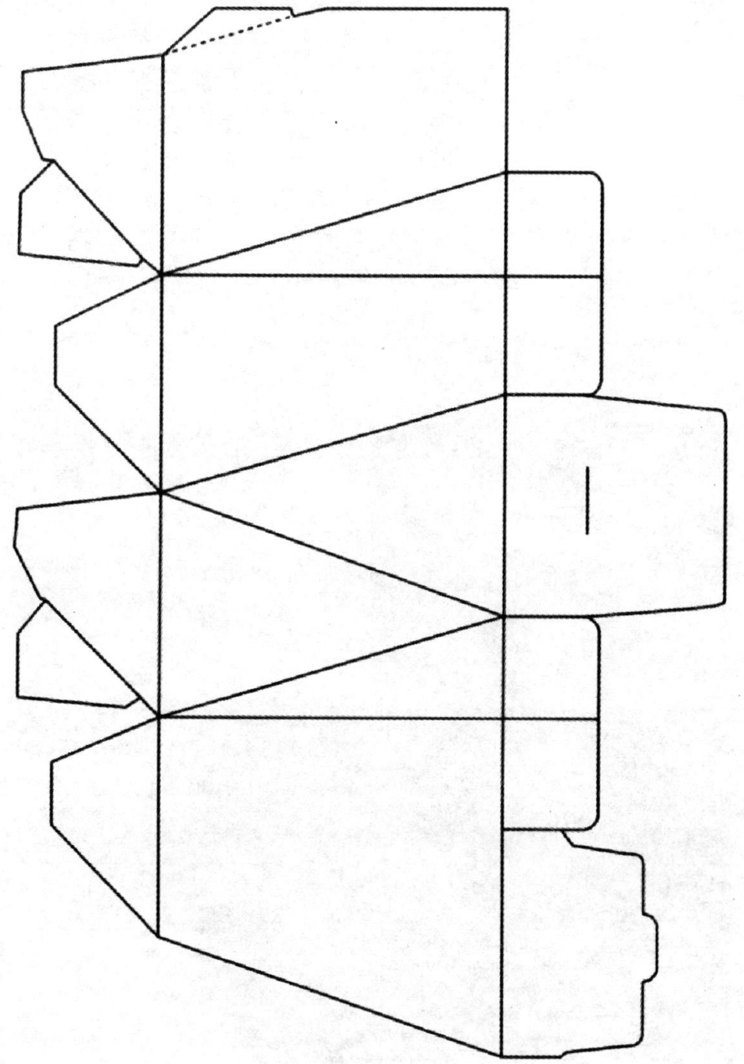

这是套装杯子和盘子的纸盒。左右两侧壁的延长部分同时折向内侧，紧紧贴靠在杯子的边缘，能覆盖在下面的盘子上面，形成杯子与盘子的缓冲层。这一设计既提高了保护性，在盖子打开时的视觉效果又很好。底部采用自动锁瓶式的组合方式。

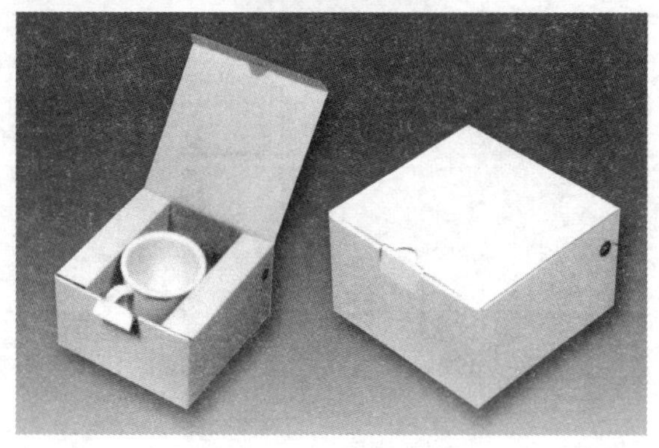

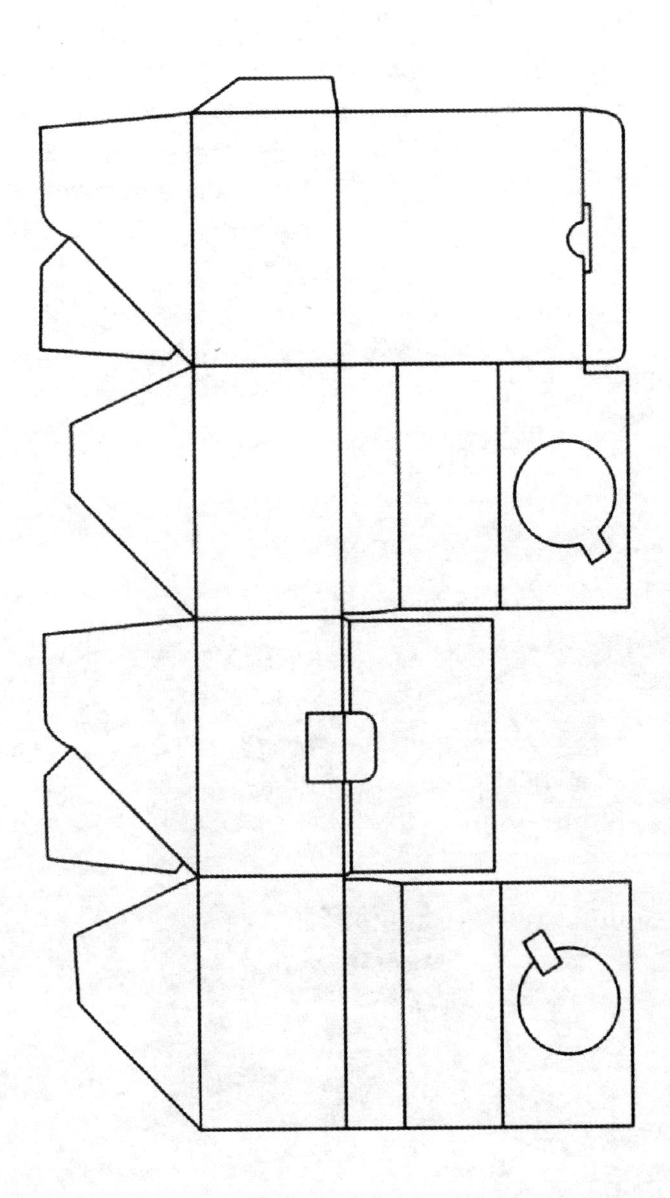

这款适用于包装礼品。设计采用台形的纸盒，具有插入式盖子和组装简便的底部。由于是作为礼品，设计将其变化为两个侧面沿倾斜的折线向内侧倾斜，是带有插入式盖子独特的台式纸盒。通过简单的方案改变整体的形状。

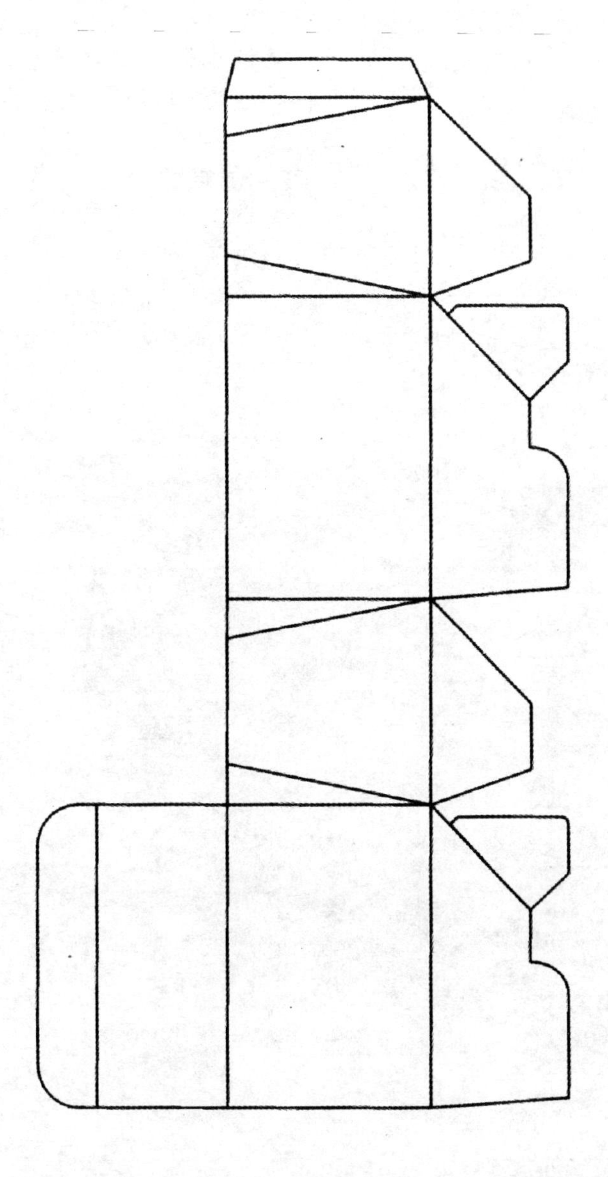

这是自动锁瓶式筒状纸盒，顶部附加了手提构造，具有手提纸盒的功能。总体的构造都是为了保护内部的玻璃瓶子而设计的。盒子侧壁的角部开有小窗，将该部分向内压，就会在内部形成一个缓冲壁，并产生四个空间。

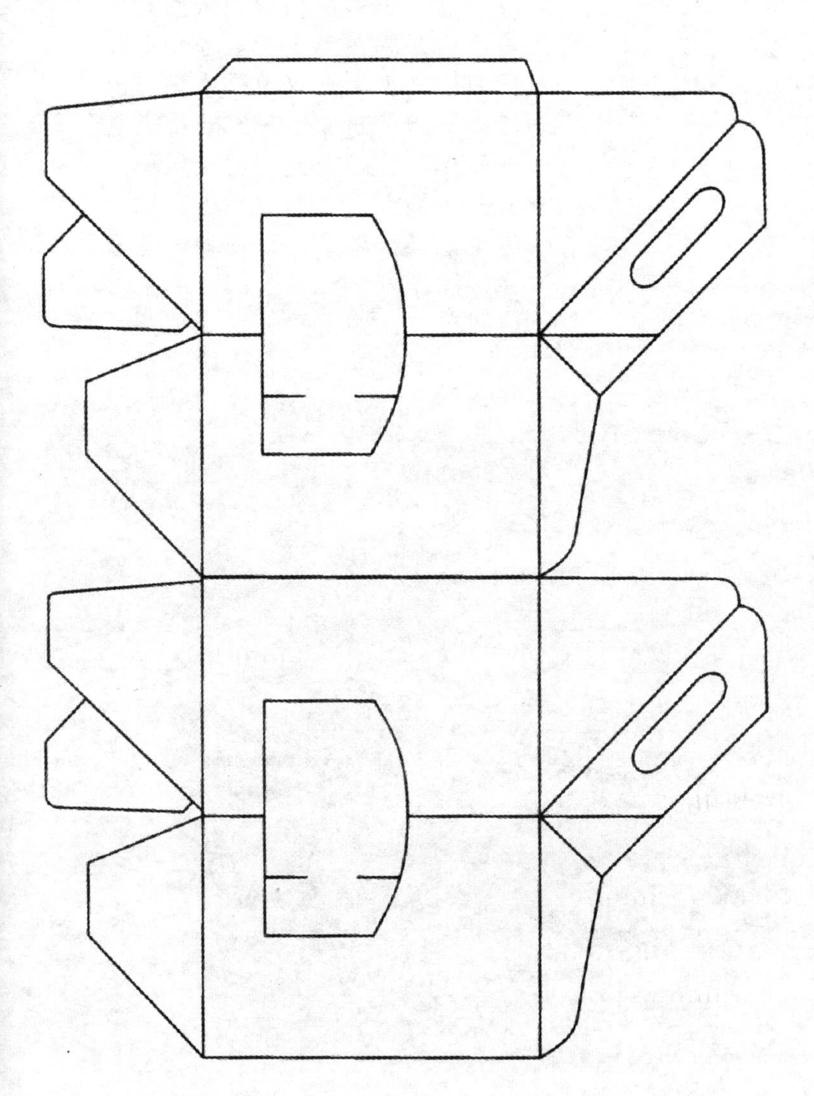

这款是包装点心的纸盒，其基本构造为覆盖式的盖子和组装简单的底部。在这一基本构造上加以部分的折叠，形成了视觉上的变化。即在上面的四个角部加入斜折线，将其做成盖子，侧壁的上部伸向内侧，顶部有一些弯曲，同时前面和背面的一部分形成斜面，造型独特。



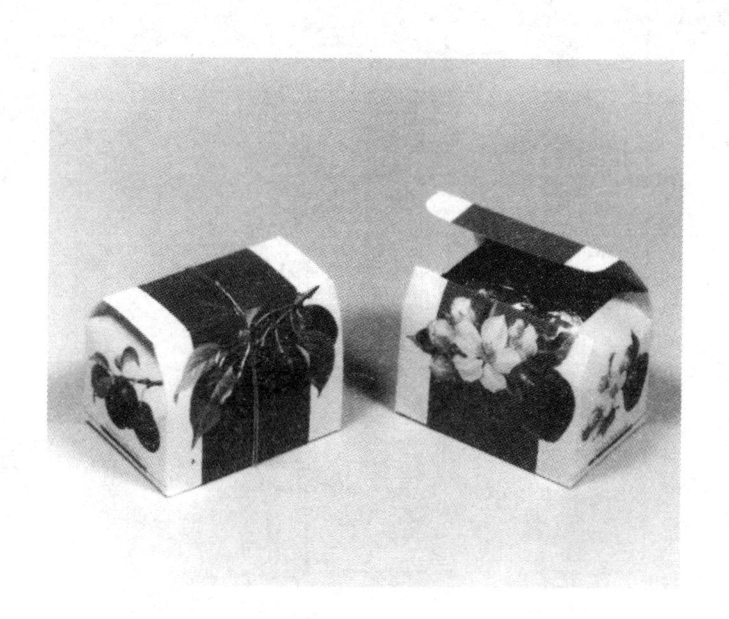

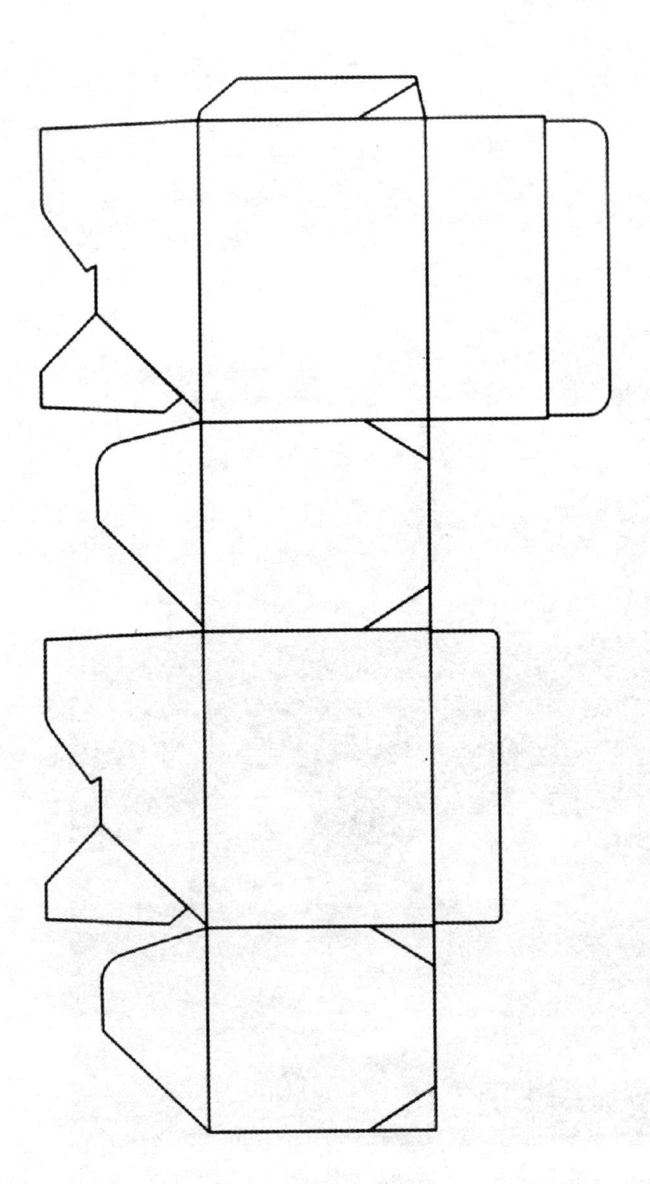

这是自动锁瓶式构造与曲面相结合的点心包装纸盒。特别是上部充分利用纸的性质形成曲面，与以往的包装纸盒有所不同，易于被年轻人接受。



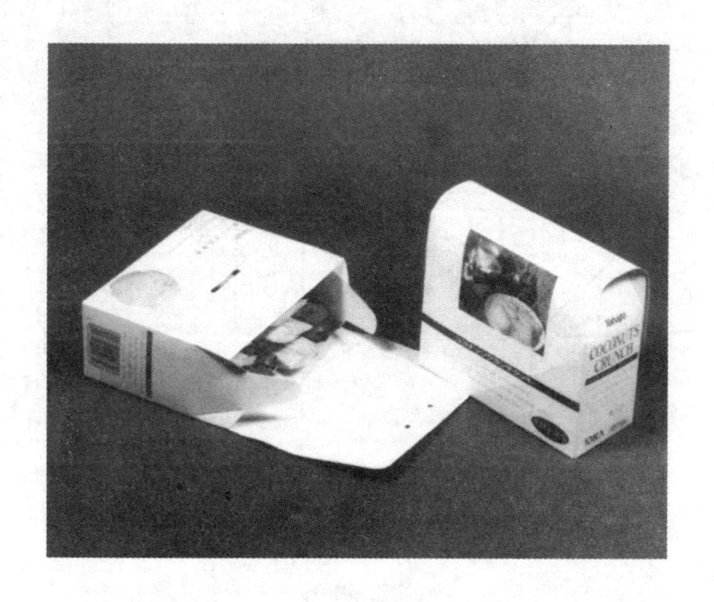

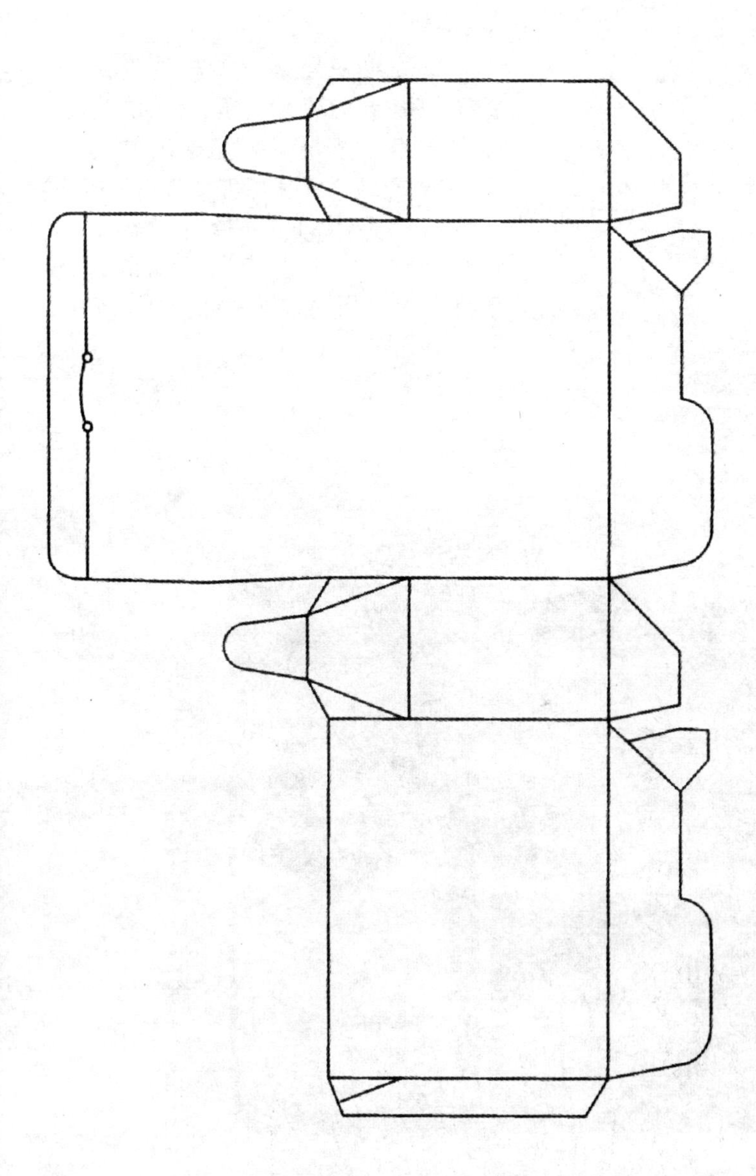

这款纸盒整体呈六棱柱形，底部组装十分方便，其最大的特点在于盖子的形状。盖子的两端有曲折线，整体呈曲面，在盖上的同时，整体向上涌起的形状比较有个性，有吸引力，在视觉上符合点心小巧精致的特点。



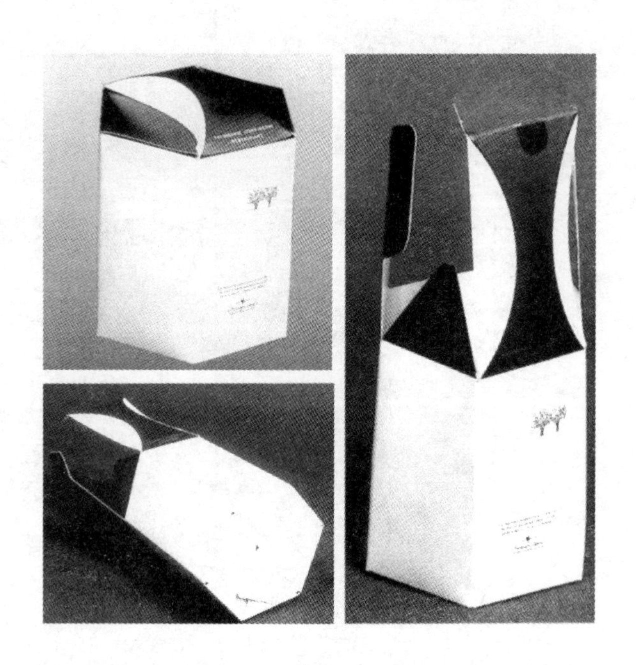

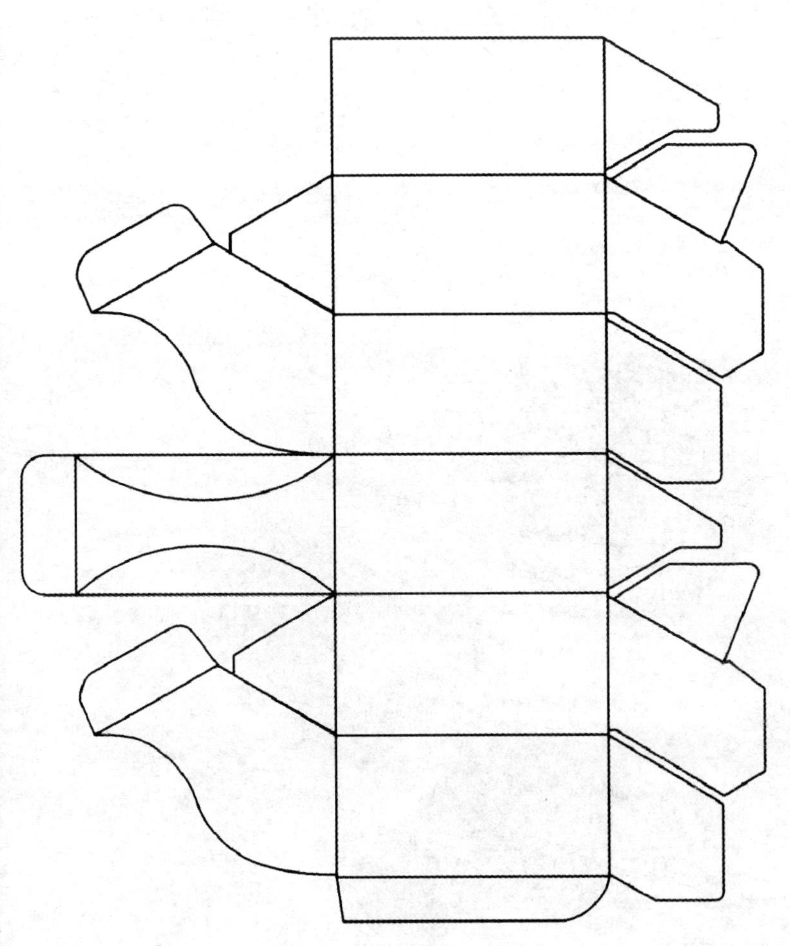

这是手动锁瓶式包装的变形。顶部六角形向上隆起，中央用细线连接在一起形成盒子。当然连接时曲折线的地方比较费事，但这正是其个性所在。

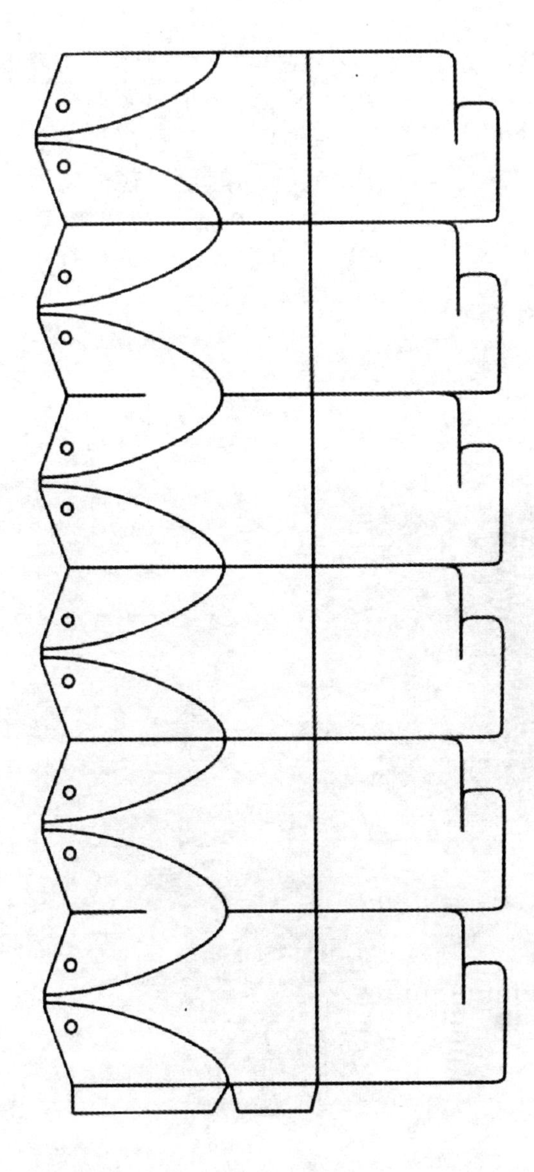

这款是手动锁瓶式包装的变形。独特的线和曲线形成视觉效果，同时也起到了有效的机能作用。将上部的周边轻轻向下压，曲折线部分就会产生弹簧的作用。最终的固定由细带穿小孔结扎来完成。

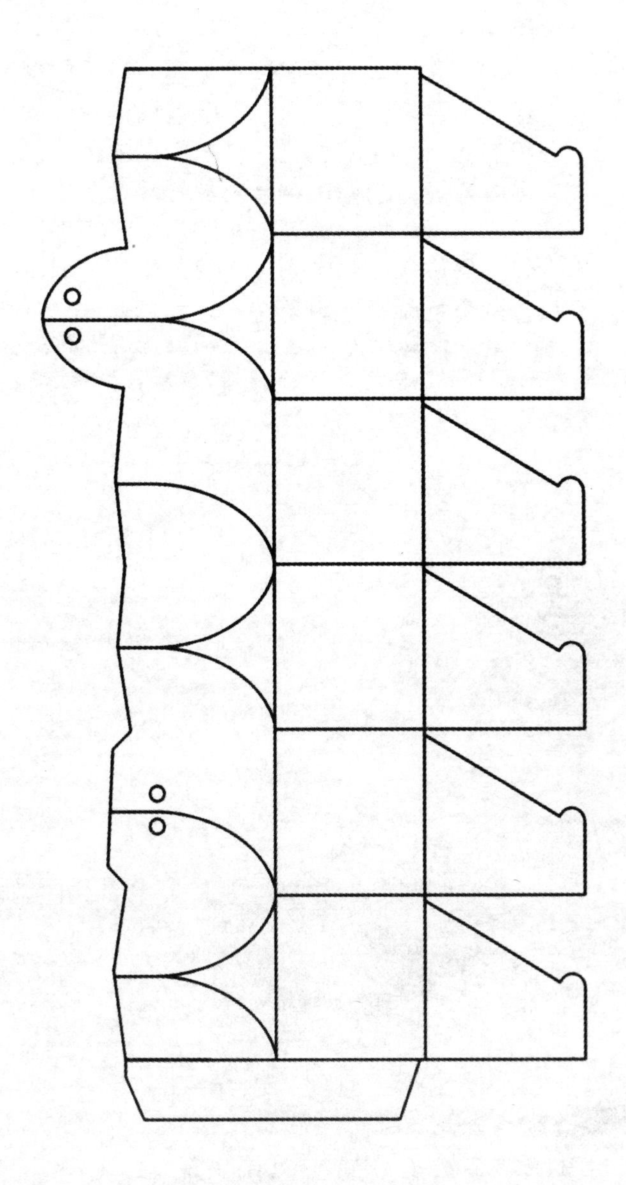

这是附有提带的包装纸盒，设计的创意源于手袋，其特点在于强调曲面主体柔和的线条。在结构上，左右两侧的折叠部得以延长，前端的突起部被折成弯曲形，将底部两处切口插在一起就形成了底面，同时盛放物品的空间也随之产生，上部左右两个折叠部分重叠在一起，具有弹簧的作用，形成了关闭装置。

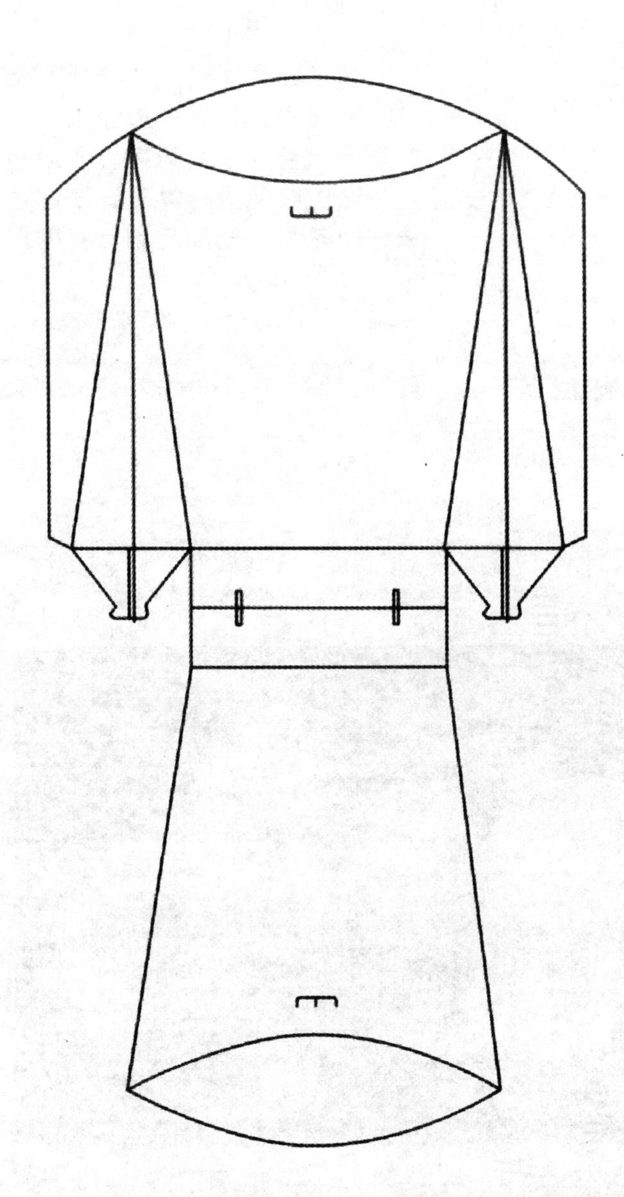

这是抽屉形纸盒，其曲面部分十分显眼，如果该部分做成平面就十分普通。在结构上利用四角粘贴的胶卷盒，具有一定的容量，同时利用底部起到支撑的作用，应用十分广泛。



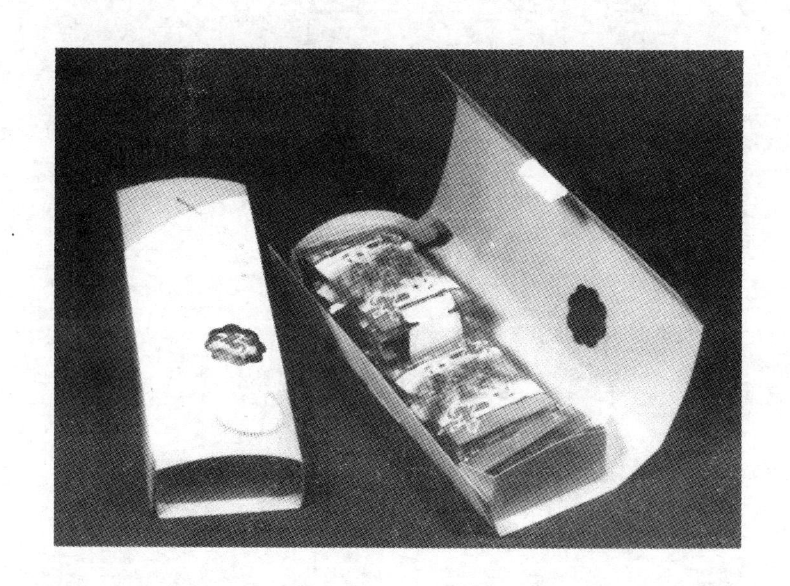

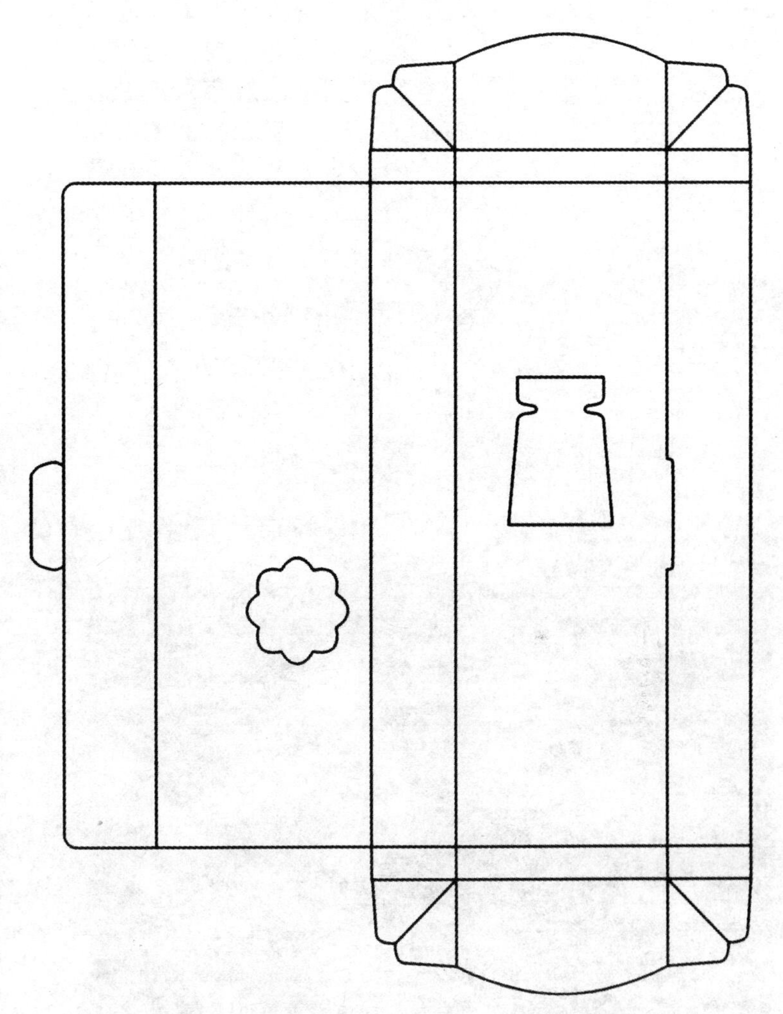

这是由内容器和外罩构成的礼品包装。左下图为内容器，底部的两端有粘结的地方，盖上盖子后组装即告完成。左上图为外罩，将内容器的两端插入其底面的两个切口加以固定。外罩用礼品包装带来固定，视觉效果良好。

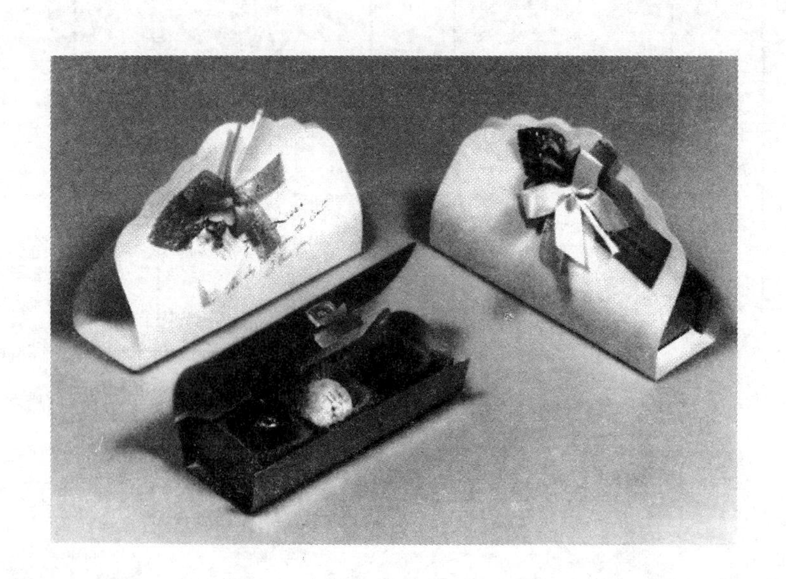

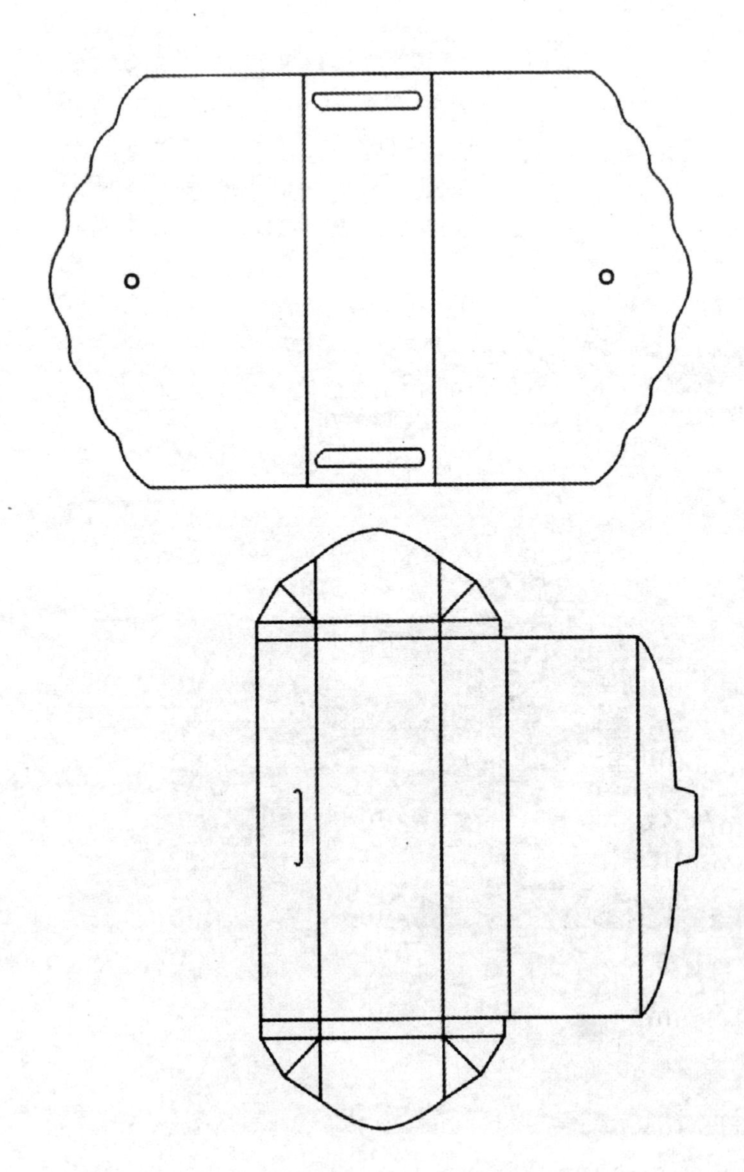

这是罐装礼品茶的纸盒。结构为四角粘贴，三面的框架侧壁，双重粘合的折叶式盖子。整体的外形非常适于礼品。内部为了固定茶罐和提高视觉效果而利用了台座，并且起到了平衡的作用。

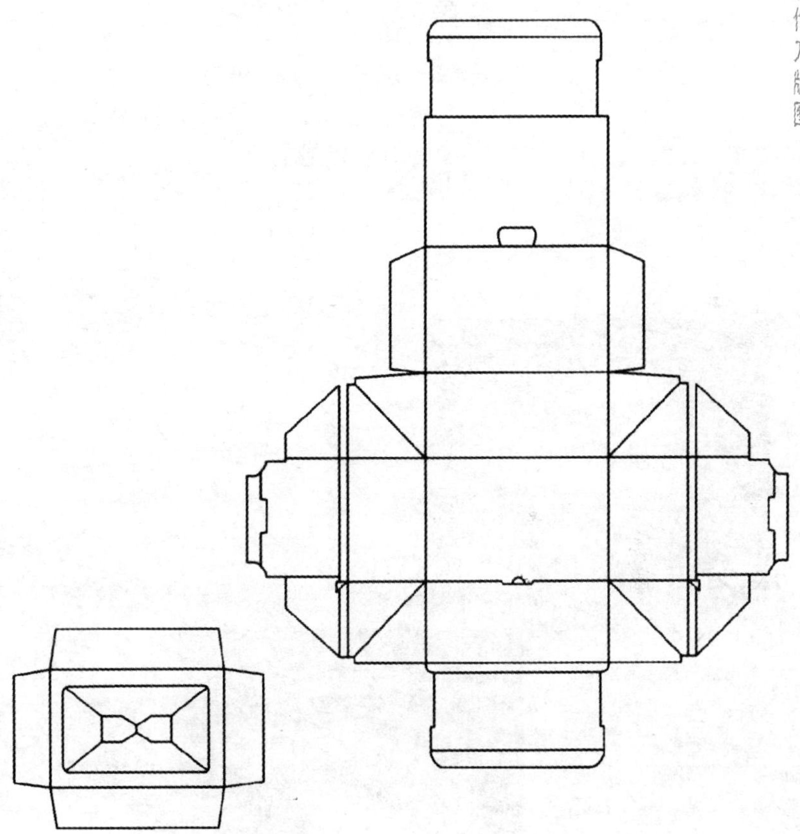

这是点心礼品盒，其整体结构为四角粘贴，相对的侧壁向内对折，上部开口，台纸兼固定分隔的部分放在底部。将装有点心的小袋插入分隔壁上的切口加以固定。盒子的上部重合在一起，用宽幅的带子加以固定并提高视觉效果，十分可爱。



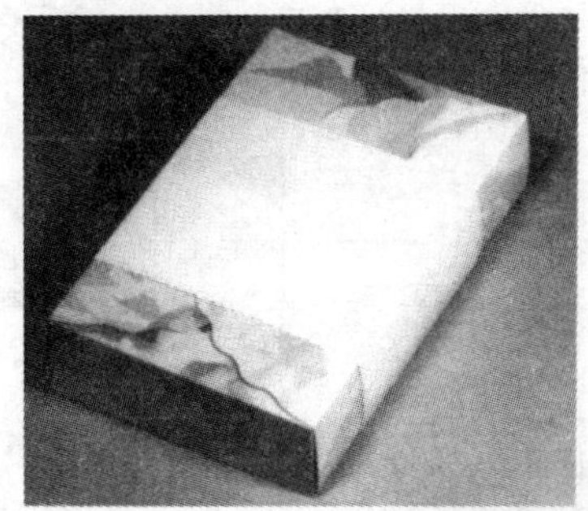

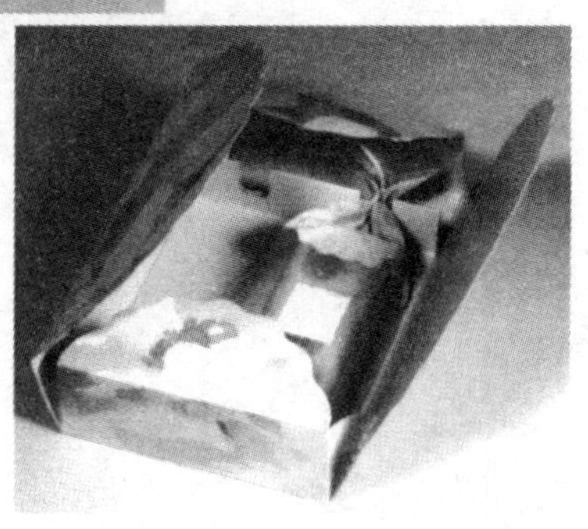

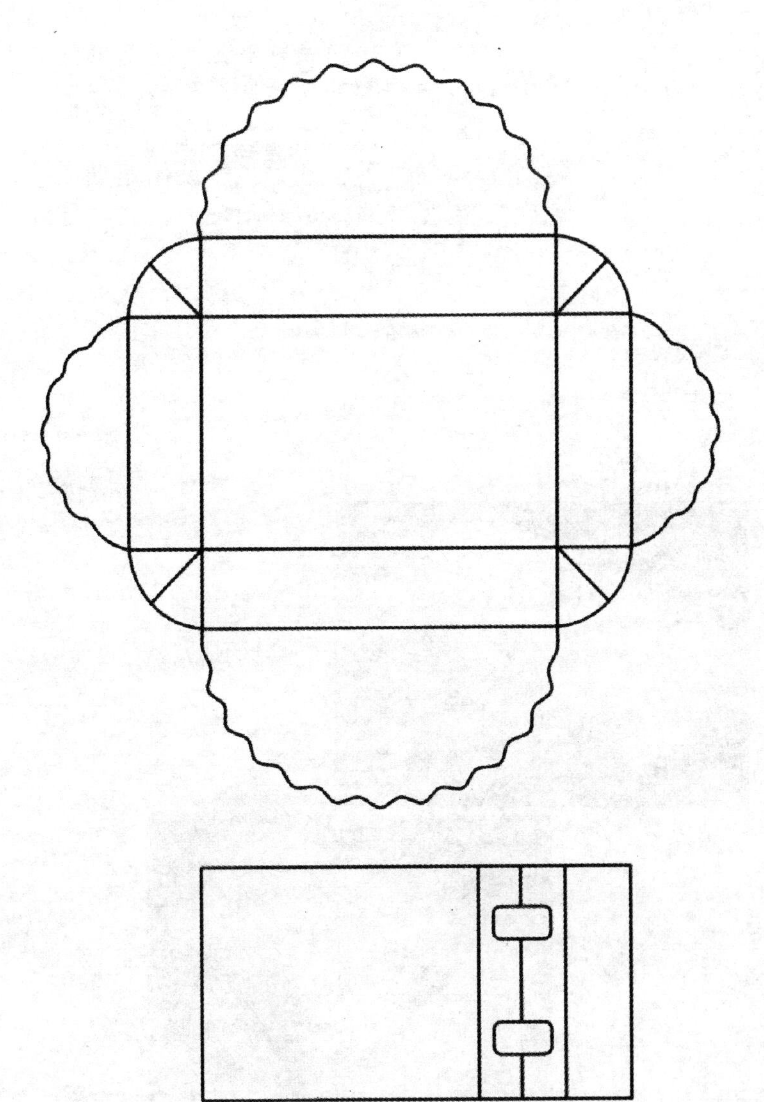

这是四角粘贴，采用变形的双扇门的两包装点心纸盒。将左右打开的位置稍加变化，整体感观就大不相同。由于采用贴纸和包装带来固定开口部分，大大提高了整体的视觉效果。



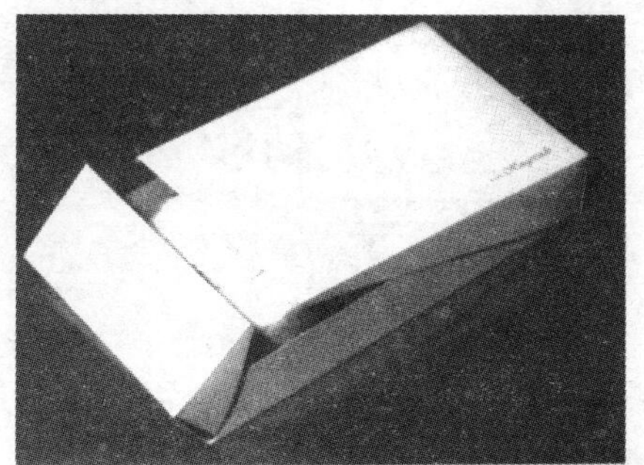

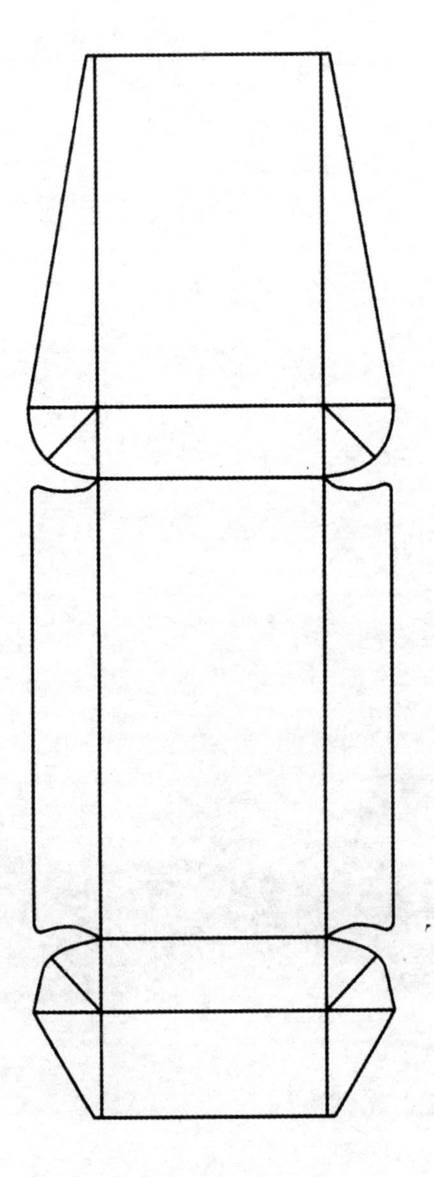

这是装两个茶罐的礼品纸盒，形式和结构上较为普通。主体的双壁构造十分结实，盖子也十分简单，采用四角粘贴，考虑到物品的稳定还带有台座。

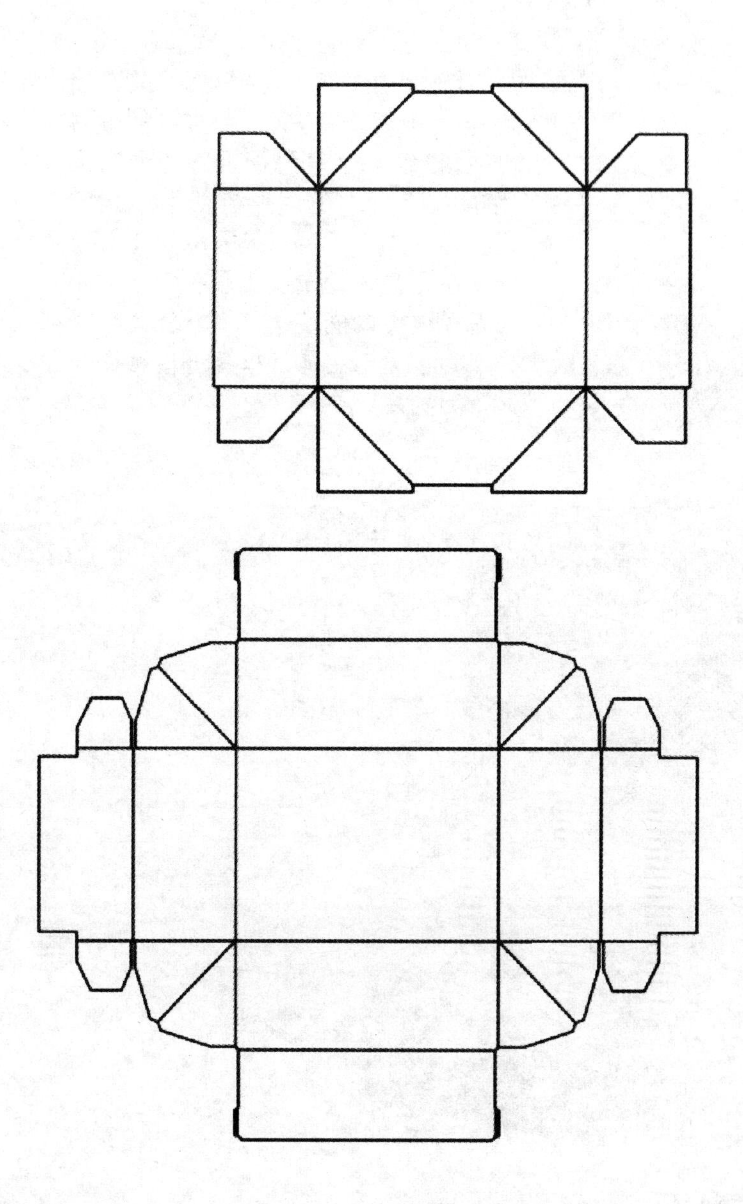

这是由主体、盖子及固定物品台座所构成的纸盒。主体和台座为E形瓦楞纸，但是台座上铺有经常采用的无纺布，在一张板纸上加入切口，形成中央下沉。盖子的材质为板纸，由于主体较浅，盖子较深，因此在盖子内侧两面装有楼梯状的突起部分，该部分与主体的框架面接触在一起十分稳定。

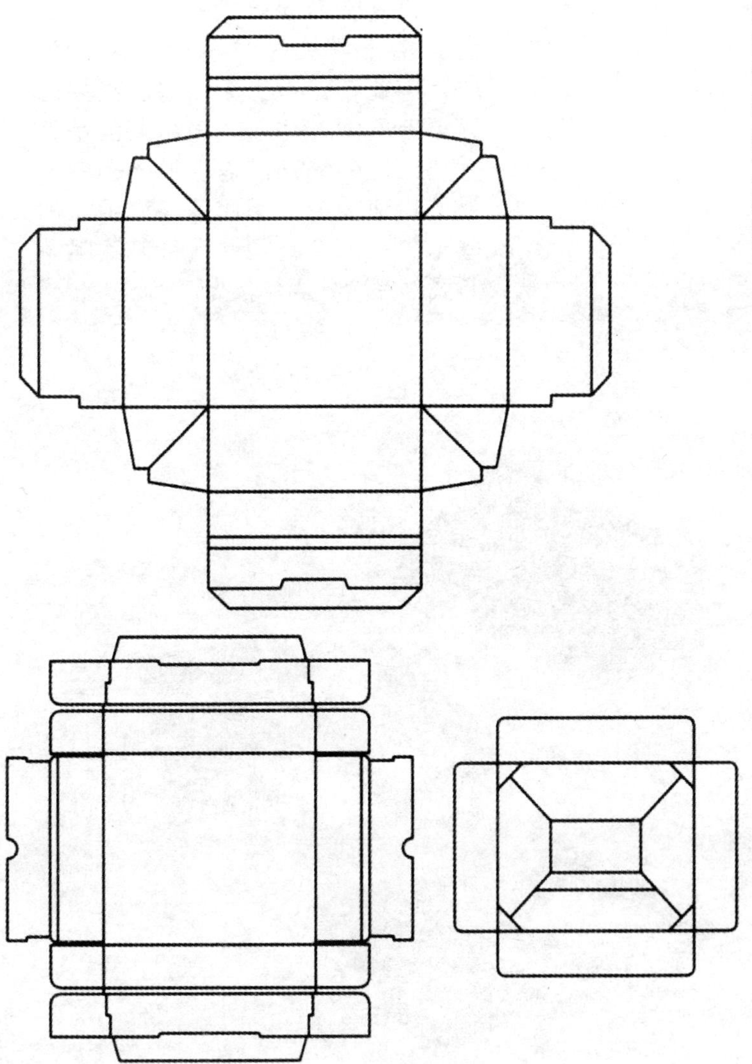

这是具有便当式的主体带盖纸盒。由于需要在短时间内处理完成，因此在结构上采用易于组装的简单方式。主体在四角粘贴的基础上加入两侧粘贴。盖子很浅，由于强调快速完成，因此盖子采用短侧壁中央一点粘贴和两侧粘贴的组装方式，完全是简单操作。

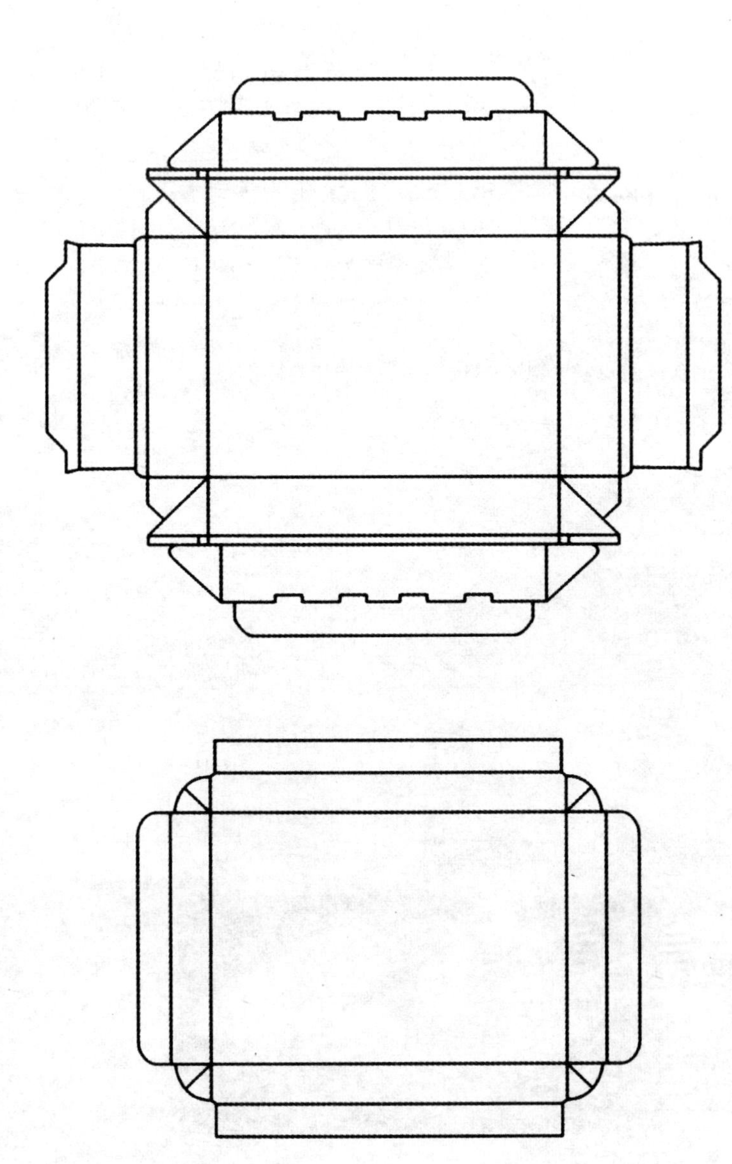

这款是软式蛋糕的纸盒，由浅的小盒和深的盖子构成。在构造上，小盒的长边侧壁全面粘贴，短边侧壁在中央一点粘贴，底面粘贴一张稍大的纸板，既加强了强度又起到支撑盖子的作用。盖子为四角粘贴的变形。



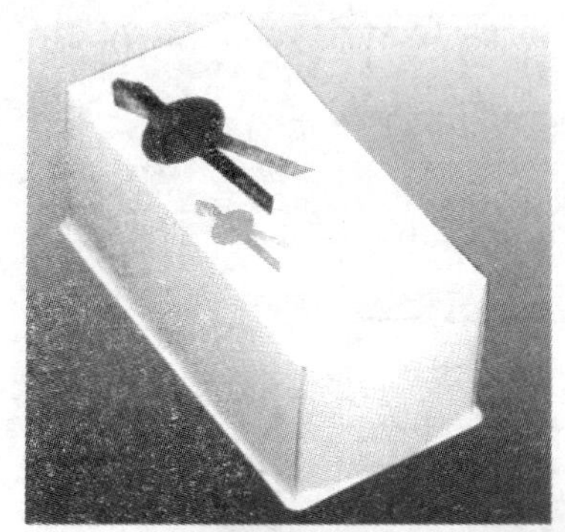

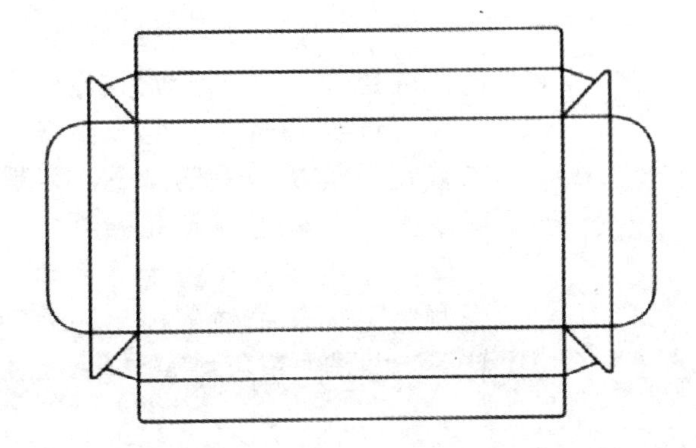

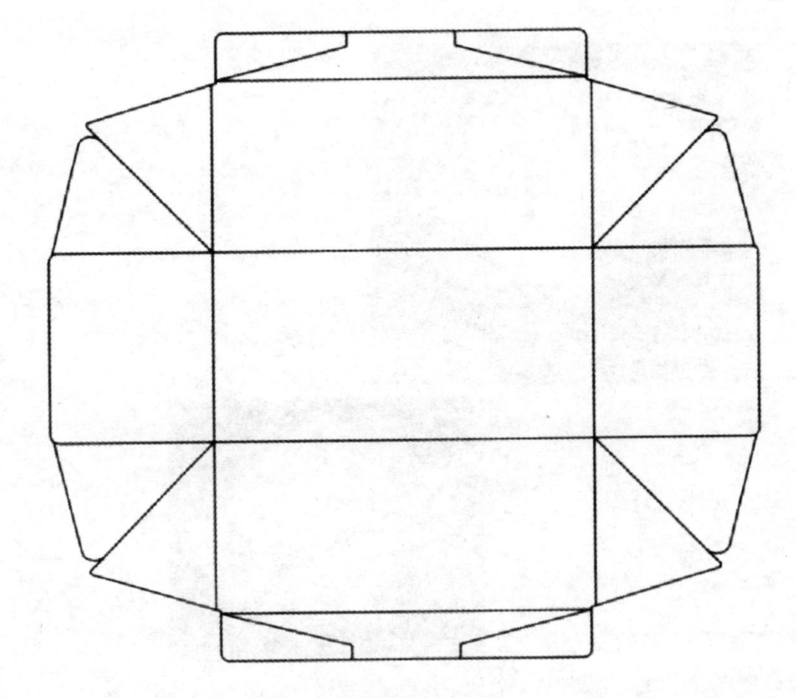

这款是两部分组装的便当容器，由主体（一个E形瓦楞纸成型的小盒构成）和覆盖式盖子组成。其关键在于瓦楞纸盒的构造。双壁框架状主体在保持体裁和强度合理性的同时，组装操作也十分简单。前后侧壁上切成斜线的部分在造型和功能方面是很有特点的。

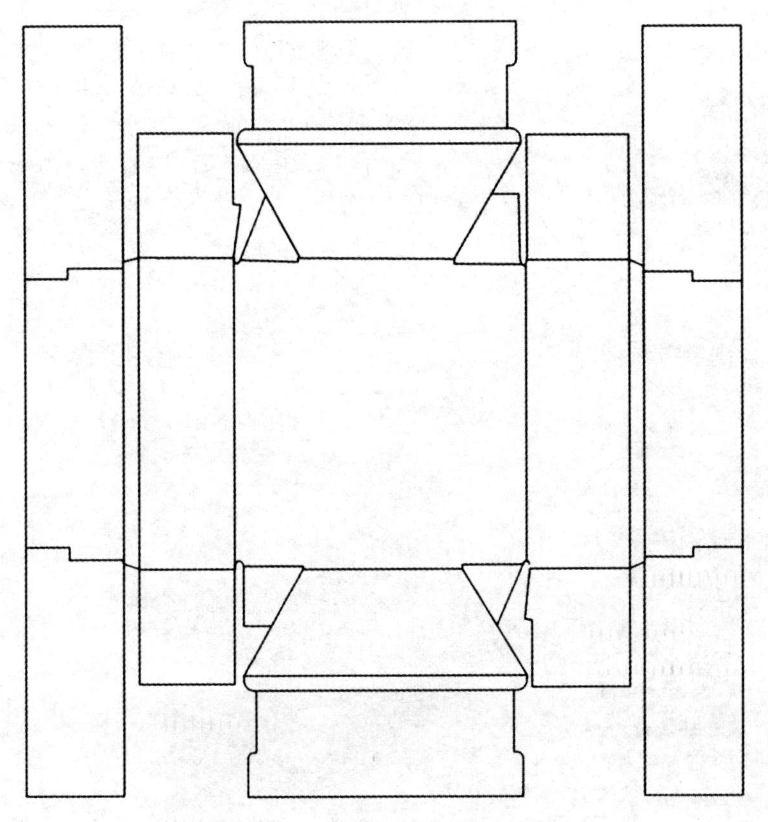

这款是适用于礼品用的典型套装商品包装。形式上为以E形瓦楞纸为中心的两件装组装盒子，主体部分的框架上部整体上呈倾斜状态。以往该部分多采用水平设计，但是这样处理后给人以柔和的感觉。



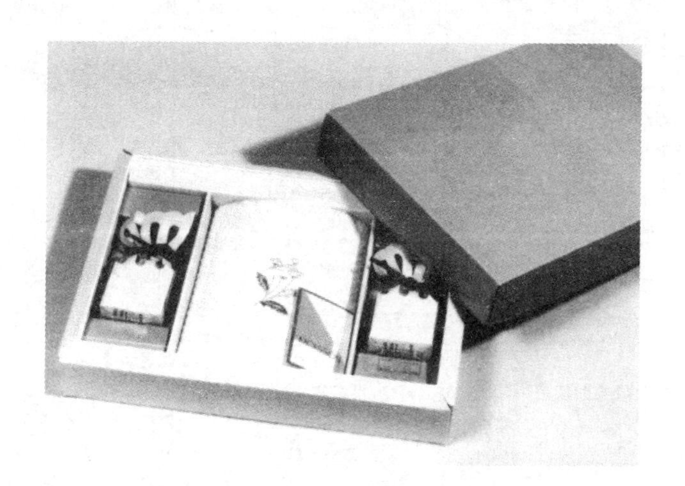

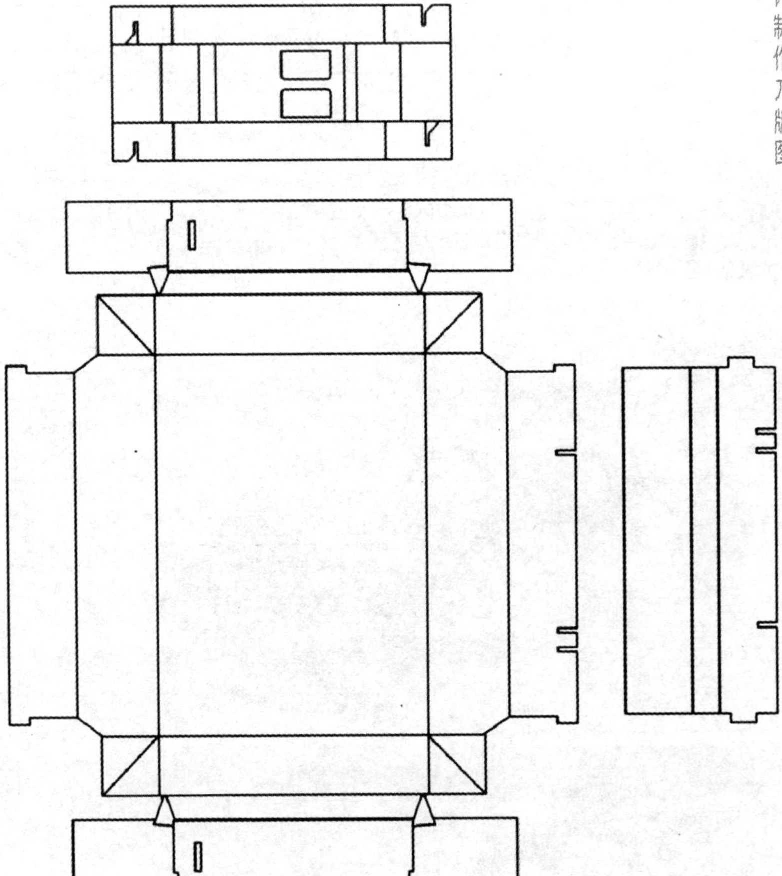

这款是包装礼品纸盒，由主体和盖子构成组装式平箱。在构造上，主体部分将单调的框架部分做了进一步修改，使主体部分用于固定商品的结构处理得十分巧妙，把该部件上下插入，即可完成。



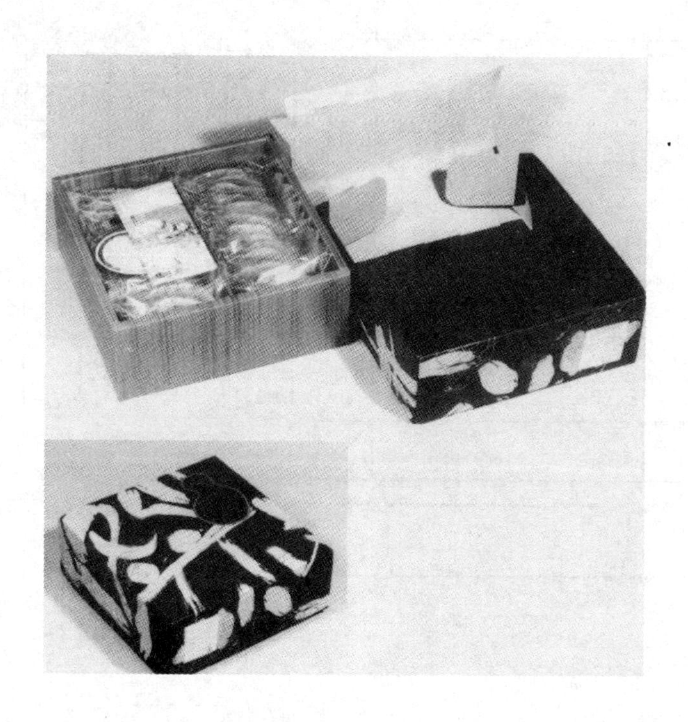

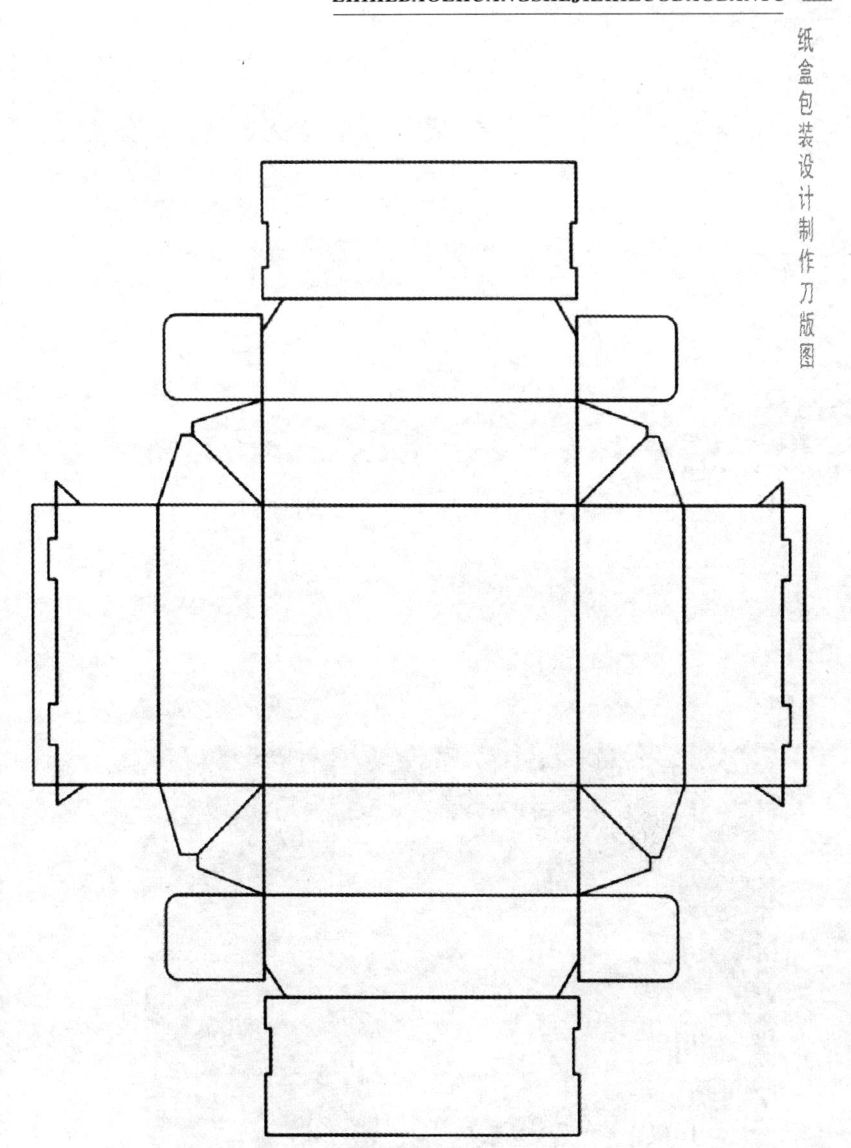

这款是以陈列效果为前提的主体盖子式纸盒，能清楚地显示里面的内容，从而提高了商品的吸引力。将盖子的左右两边折成斜线，使得前面与后面的深度不同，提高了效果。

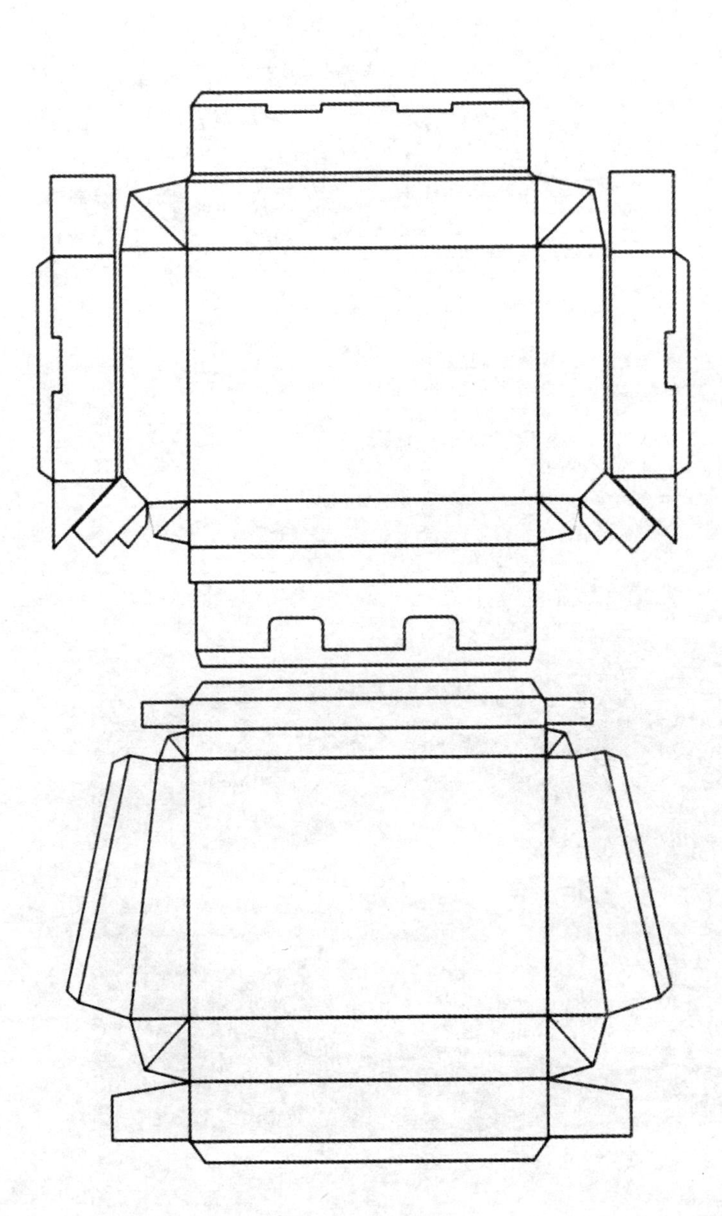

这款是属于主体盖子式平箱。其具体的特点是：主体上部身前一侧呈倾斜状，框架的形状也被加以改变，可以使人清楚地看到盒子上的字，盖子的身前一侧较浅，后面较深，带来了视觉上的变化。

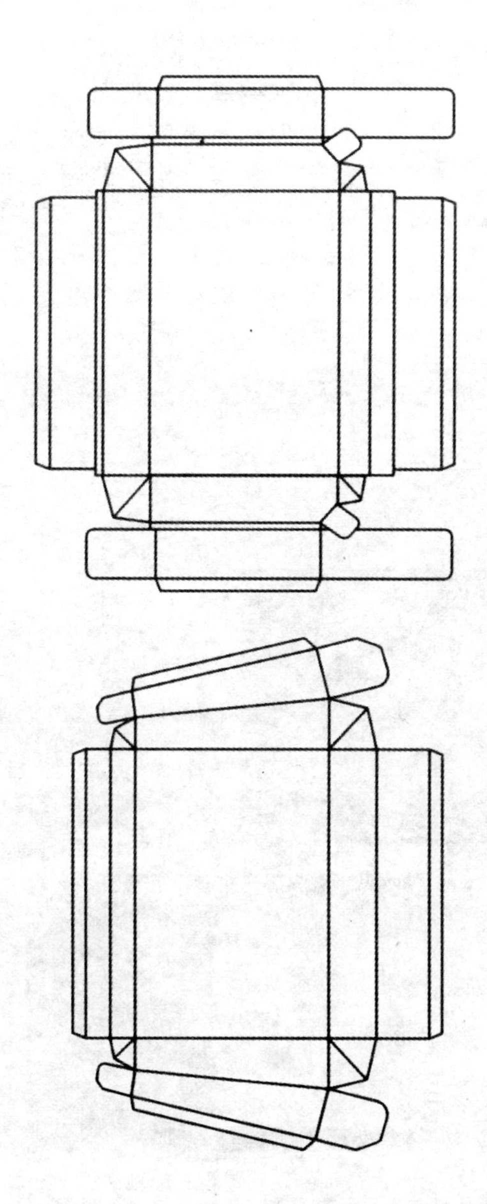

这款是礼品纸盒。盒子本身为两部分组装的标准平箱。放置在内部的框架式小盒的处理是本设计的看点，该部分很宽阔，向内倾斜，给人以柔和的感觉，并带有强烈的礼品性。在结构上采用角部剪切和折叠，操作上很简单。

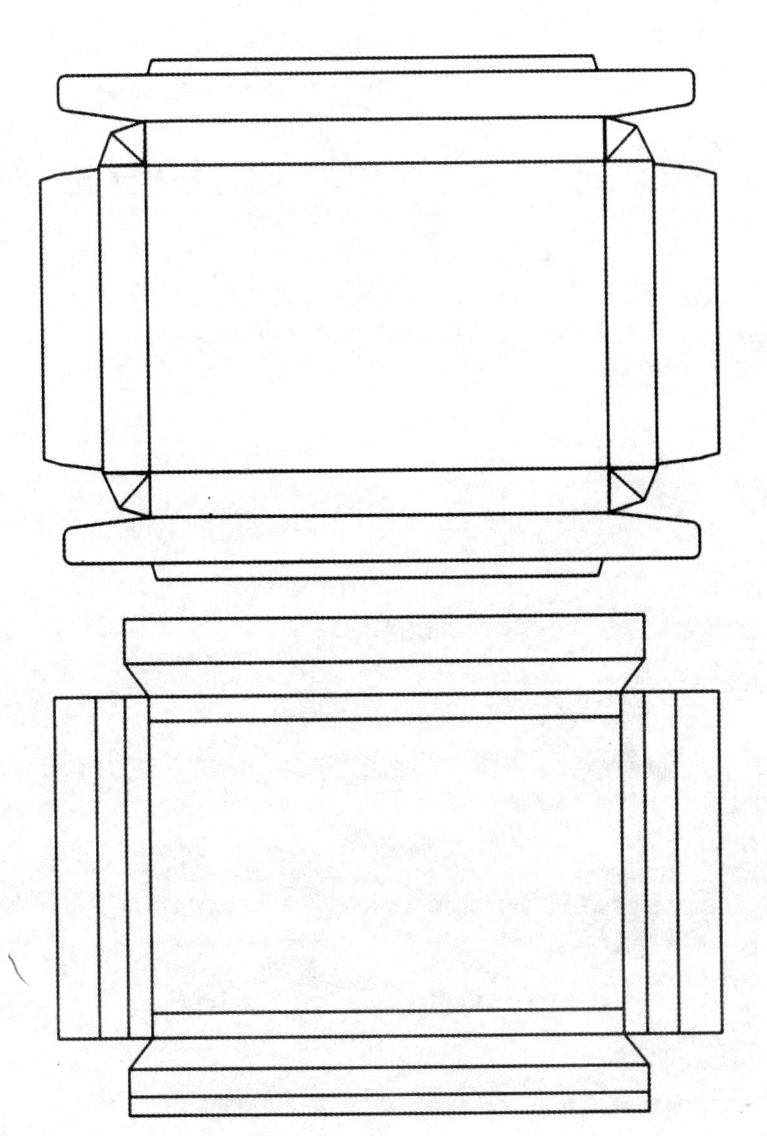

这款是普通的双壁平箱。为了防止里面的小型木制框架掉落，在相对的两个角设有三角形的固定部分，这是这款设计的独特之处。具体来讲，在侧壁的一面开有斜切口，插入到直角侧壁下面的切口。该包装可以悬挂陈列，考虑得十分周到。



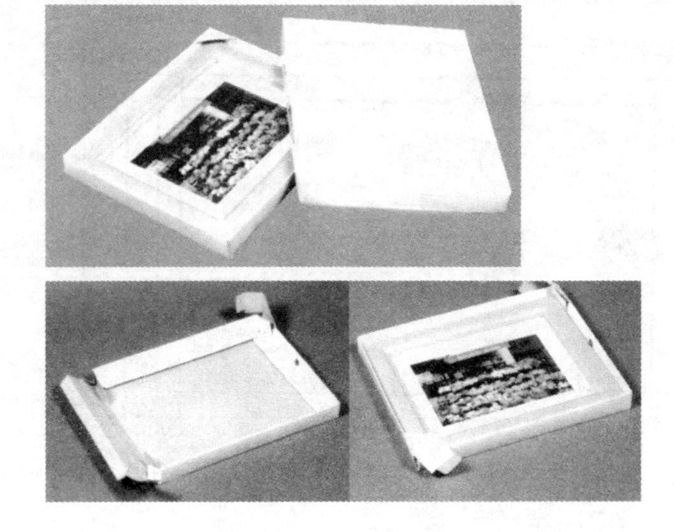

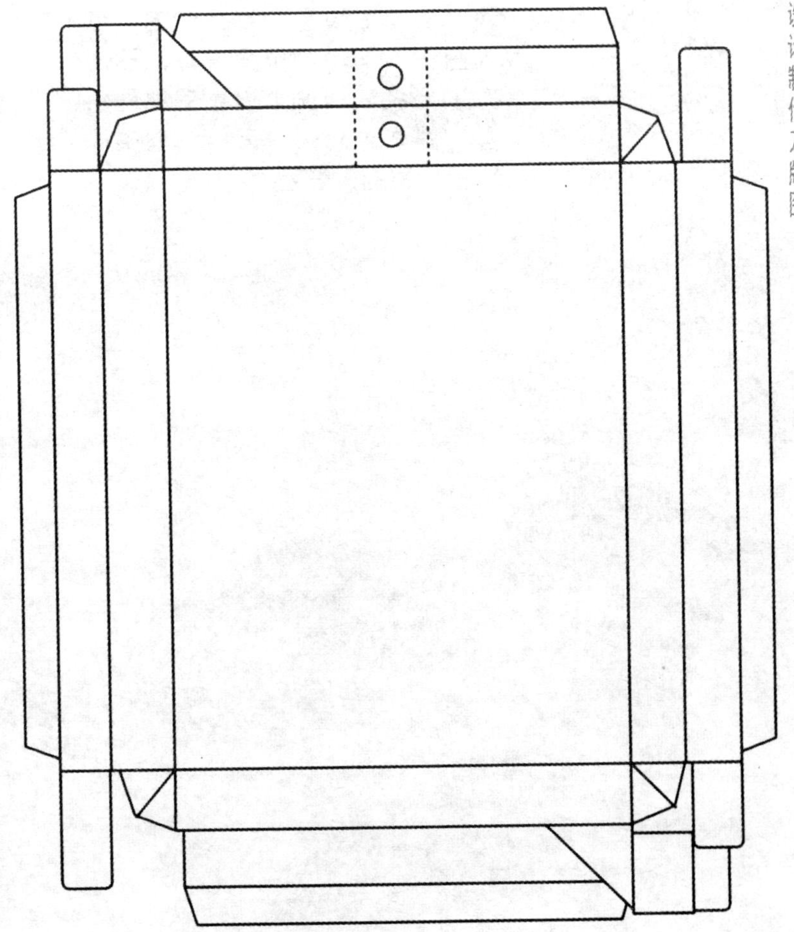

这款是属于变形的框架平箱。倾斜的边框，平板式的内嵌式盖子，从各个角度来看，形状都十分考究。这个设计的部件很多，里面分隔部分采用与框架侧壁相平衡的分隔壁。

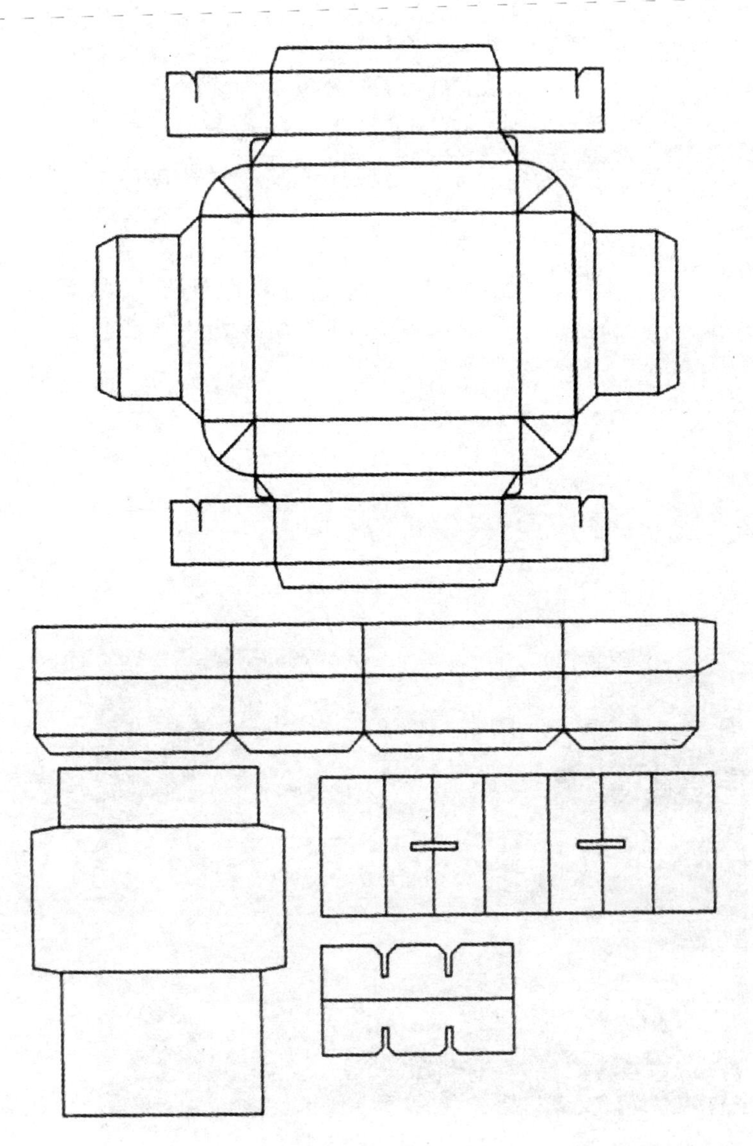

这款是礼品用纸盒，带有双重包装的内盒。内盒为手工组装的变形框架六角盒子，视觉效果很好。在提高商品档次的同时，使人感到内部物品的稳定性。在结构上，由于采用了弧度不大的曲面设计，组装操作时较为繁琐。底部铺有垫板，用来支撑商品。

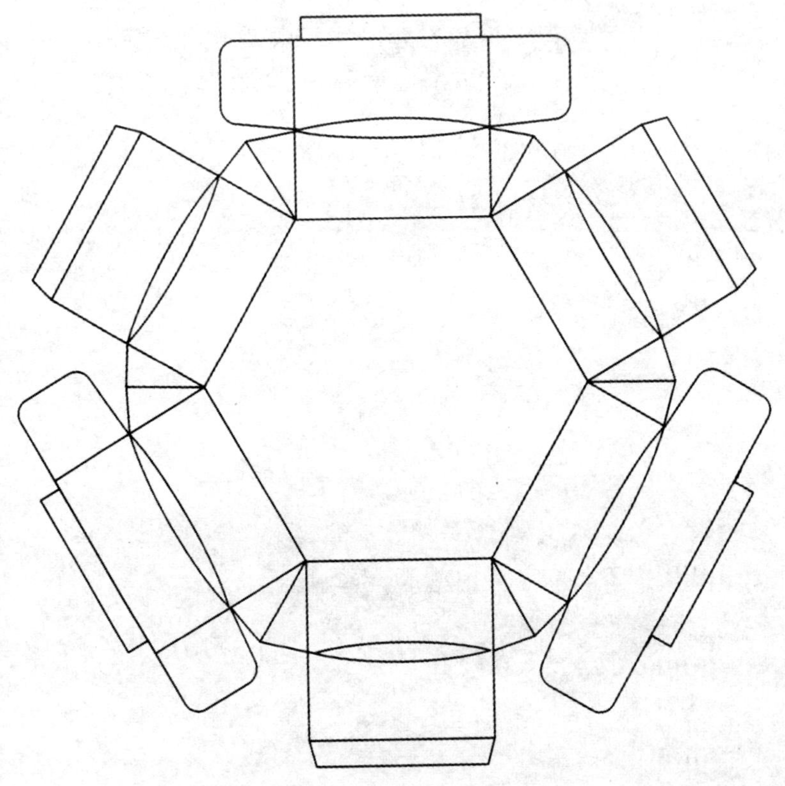

这款是情人节巧克力的包装纸盒，是主体盖子式的变形平箱，形体个性十分鲜明。上盖的设计看起来比较随便，其实突出部分恰恰是本设计的重点。



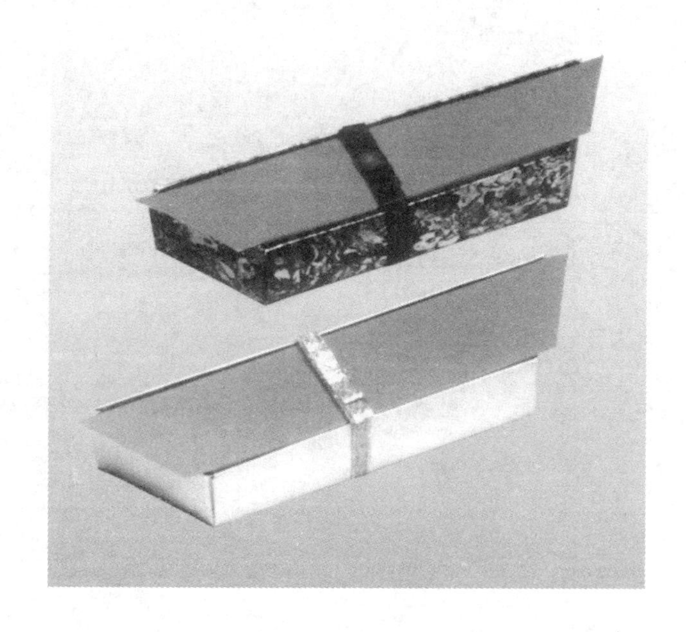

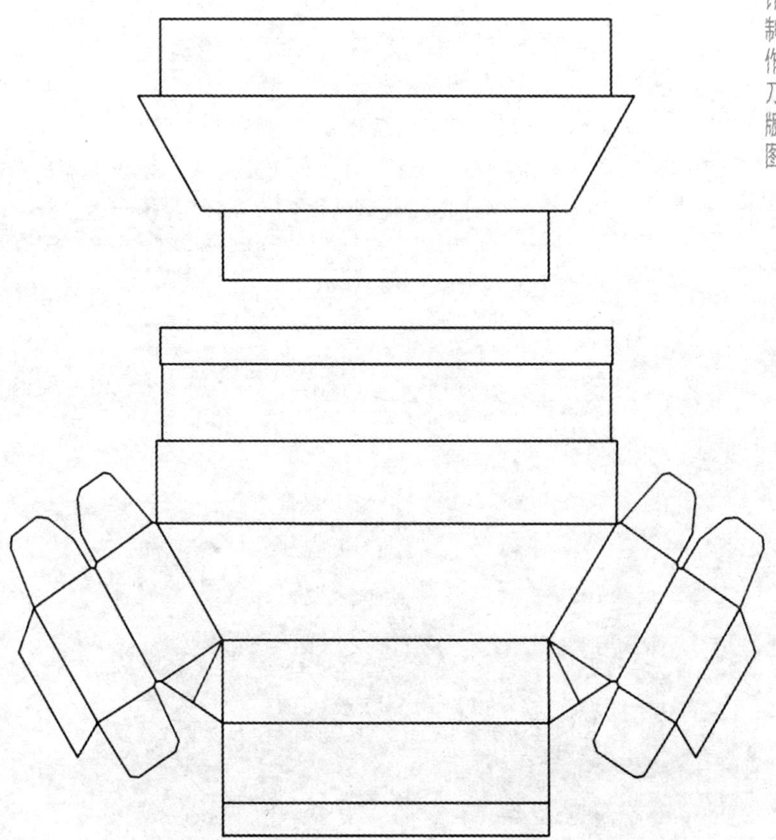

这是点心纸盒，最大的特点在于造型的八角形。其整个造型好似将八角锤的上部水平切去的样子，开口较小。结构上，双壁的底部直接折叠，利用另一边的延长部分从内侧压向底部，同时也形成了整体的形态。盖子为带状，前部与底面外侧挂在一起。八角形的整体造型组装时较为费事，但有独到之处。

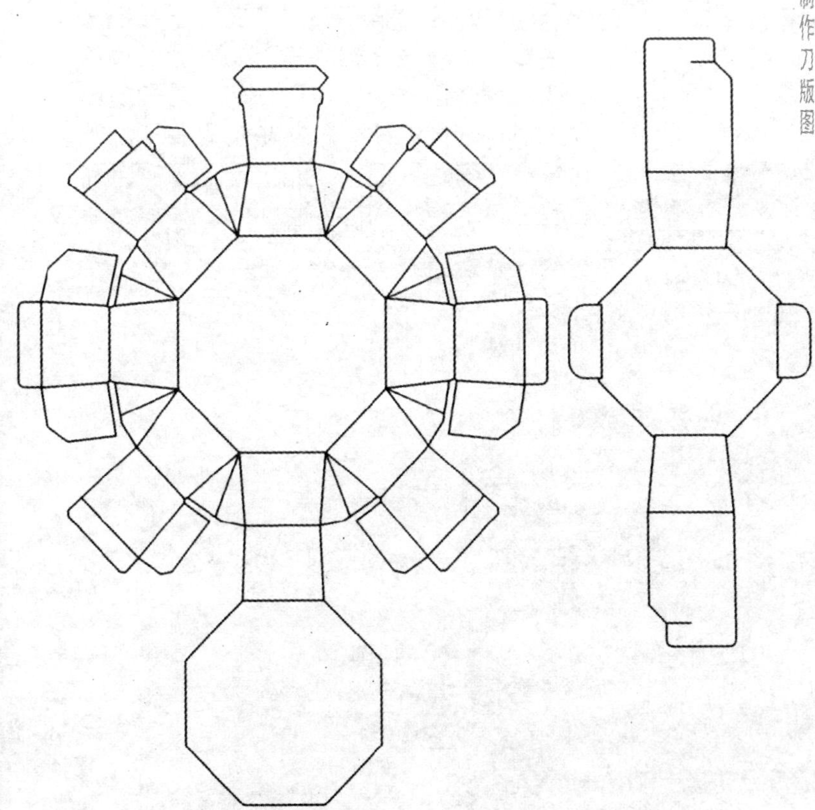

这款是属于框架式平箱。包装品主要为水果，因此采用E形瓦楞纸。虽然其材质为瓦楞纸，但与一般的结构有所不同。主体为框架式组合盒子，底部采用插入的单纯结构。盖子由一张纸板构成，将下面的盒子包在一起，盖子的一端插在底部的两个下端来加以固定。本设计在考虑到保护性和重量的同时，外观上又十分符合礼品性。

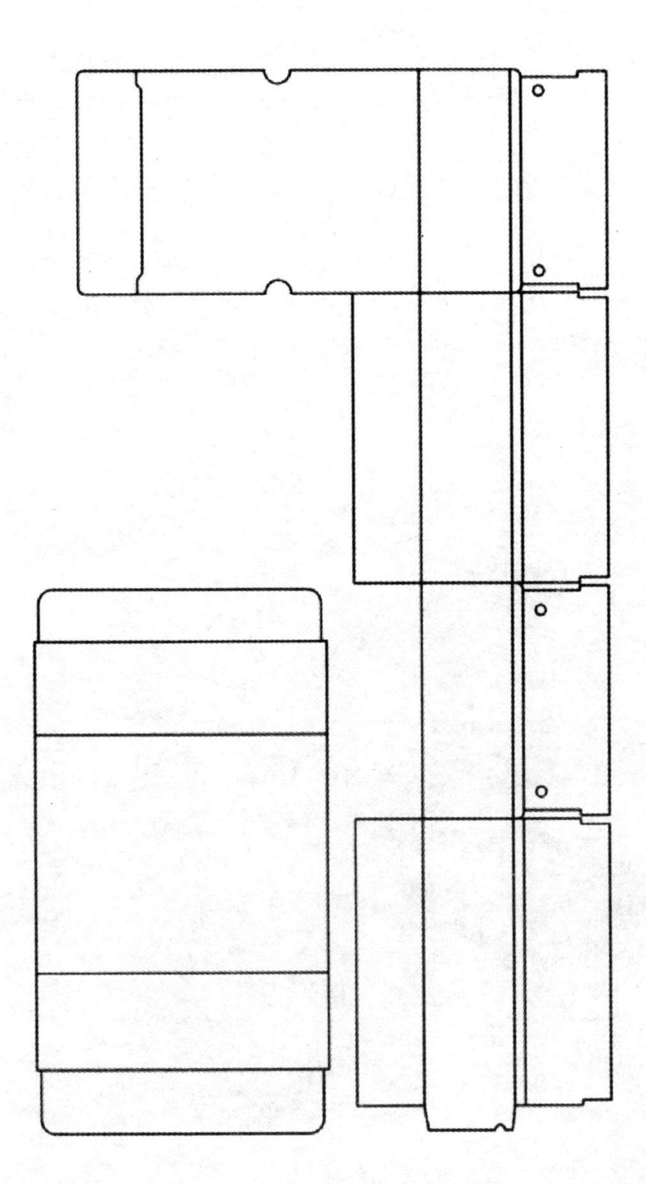

这款是电脑软件的折页式包装纸盒。由主体和固定物品的台座两部分组成，并由E形瓦楞纸制成。主体部分左右两侧呈框架状，在结构上十分稳定，外观十分漂亮。台座部分采用典型的切口折叠处理方法，其凹陷部分对于软件的塑料外罩起到保护作用。



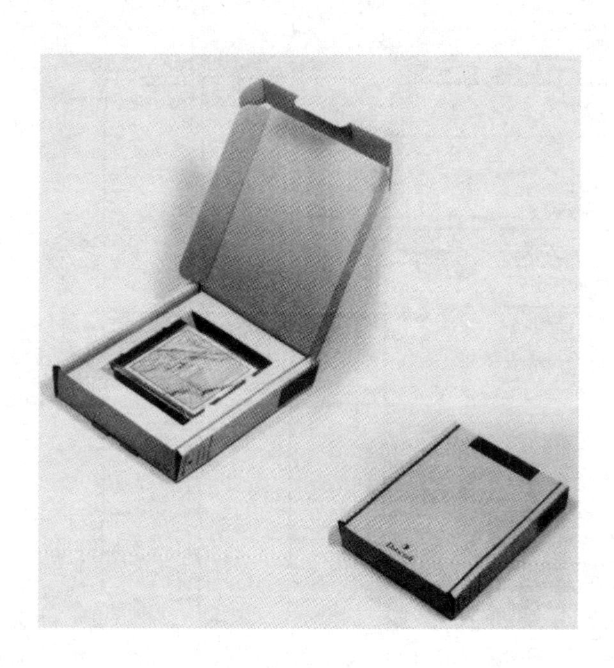

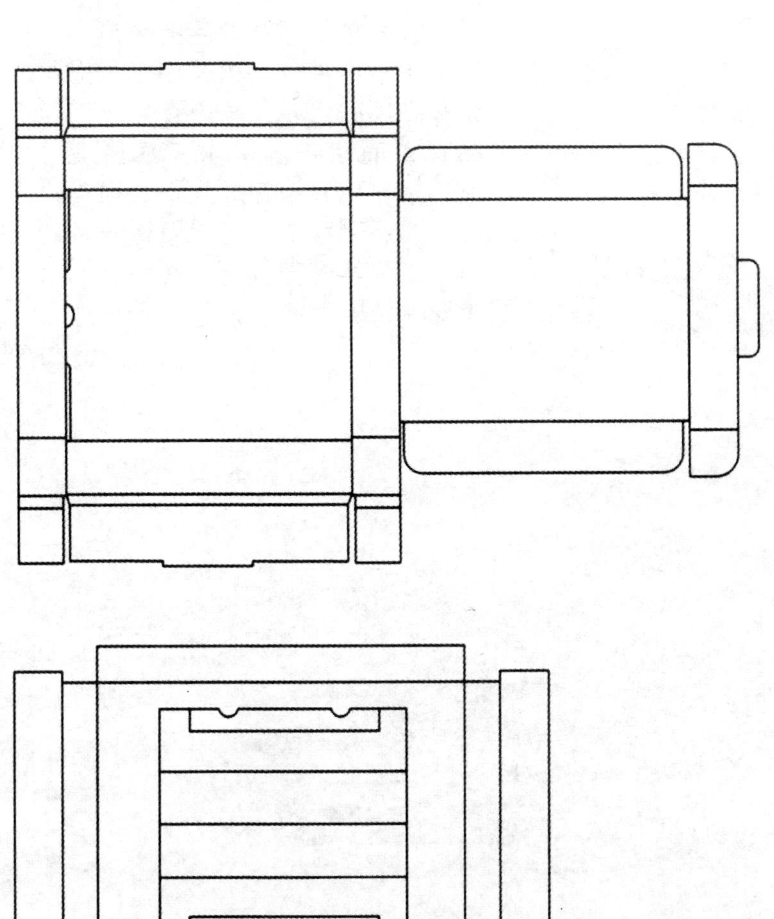

这款是炸面圈的手提纸盒。为了便于携带，结构重点在于提手和底部的组装。为防止由于商品过重而使得底部中央膨胀变形，本设计底部的处理下了很多工夫。将侧壁的一方做得比底宽稍长，将其前部折弯，使整个面承受的重量平均。



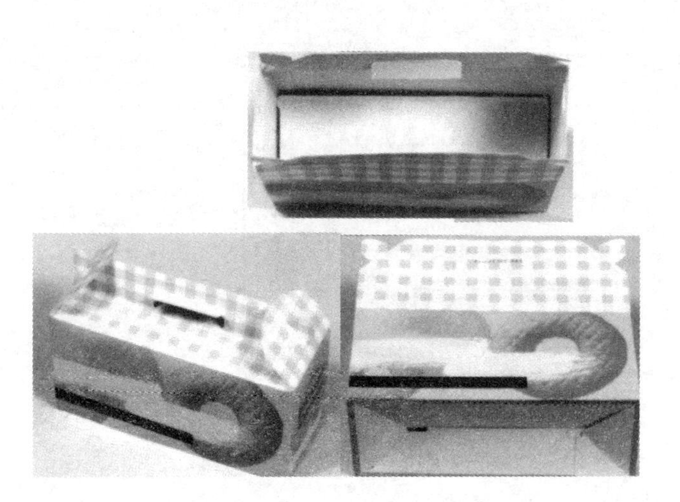

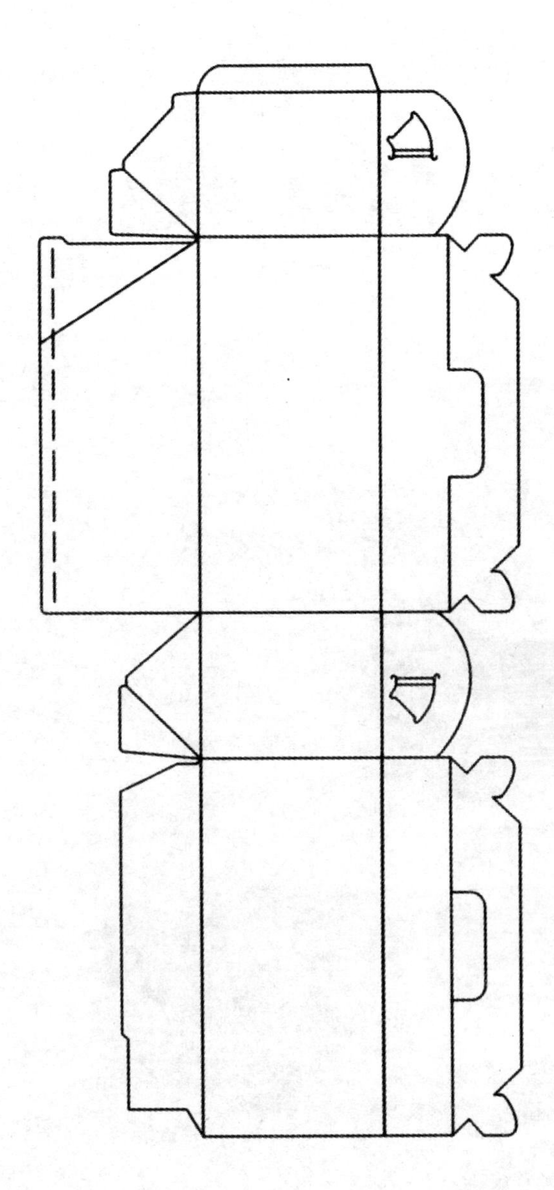

这款是包装足球的手提纸盒，是球状物品的包装例子。其很好地解决了陈列和搬运的问题。在上部设有提手，同时在结构上，为使球面处于固定状态下了很多工夫，防止了皮球下滑。

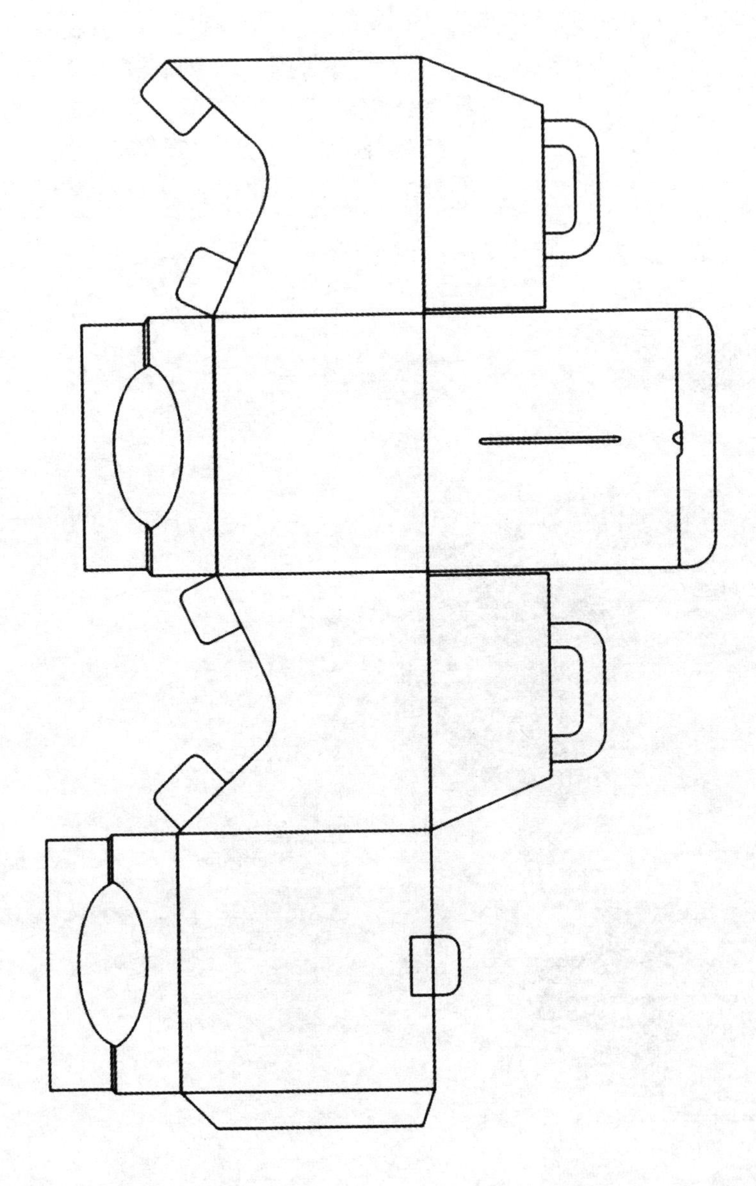

这款是适用小孩的轻便手提纸盒。整体采用以曲面为主体的手提包风格，提手为塑料绳，底部采用组装简便的结构。

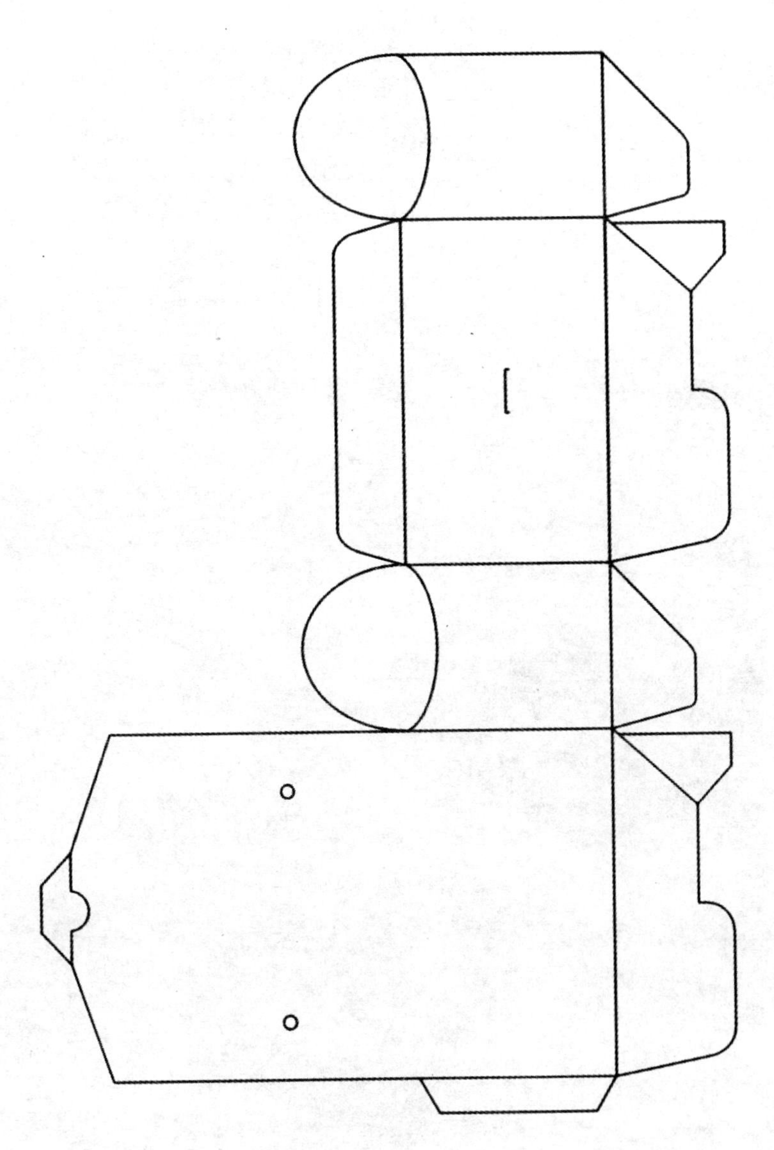

这款是礼品茶杯纸盒。为了提高商品效果，采取了陈列的形式，由三个部件组成，结构更加稳定。由整张平板纸折叠而成，并没有特别的接缝，利用E形瓦楞纸，保护性良好，组装十分方便。

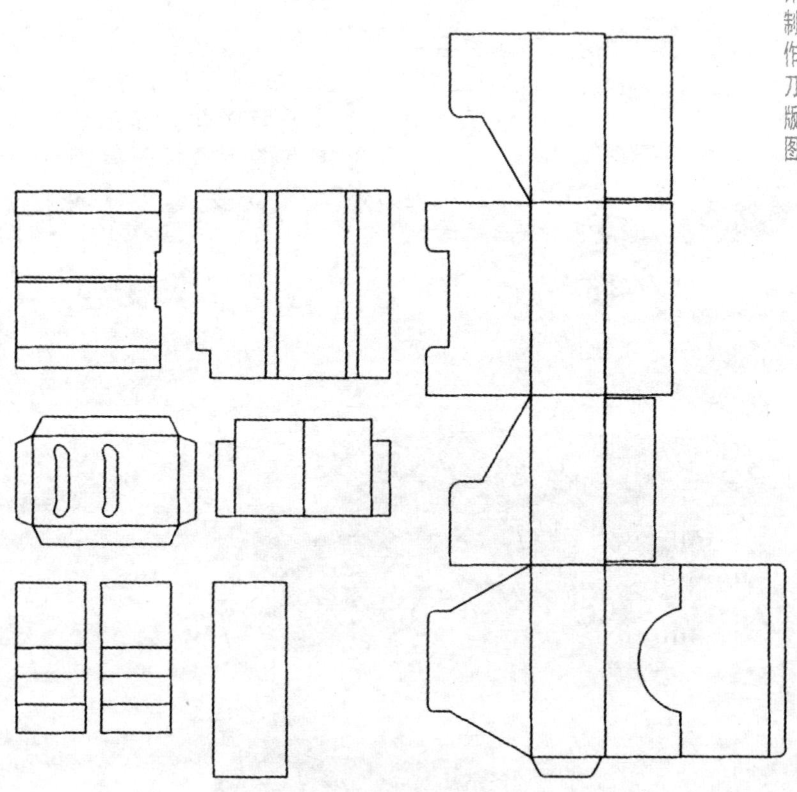

这款是滑雪用风镜或游泳用护目镜的陈列纸盒，由装有透明的塑料封盖的折叠式主体和固定镜子的台座构成。特别是将主体展开后，使人感到总体的复杂性，实际上却并非如此。左右开口部、正面的向内折叠操作等细小的部分处理得十分妥当。

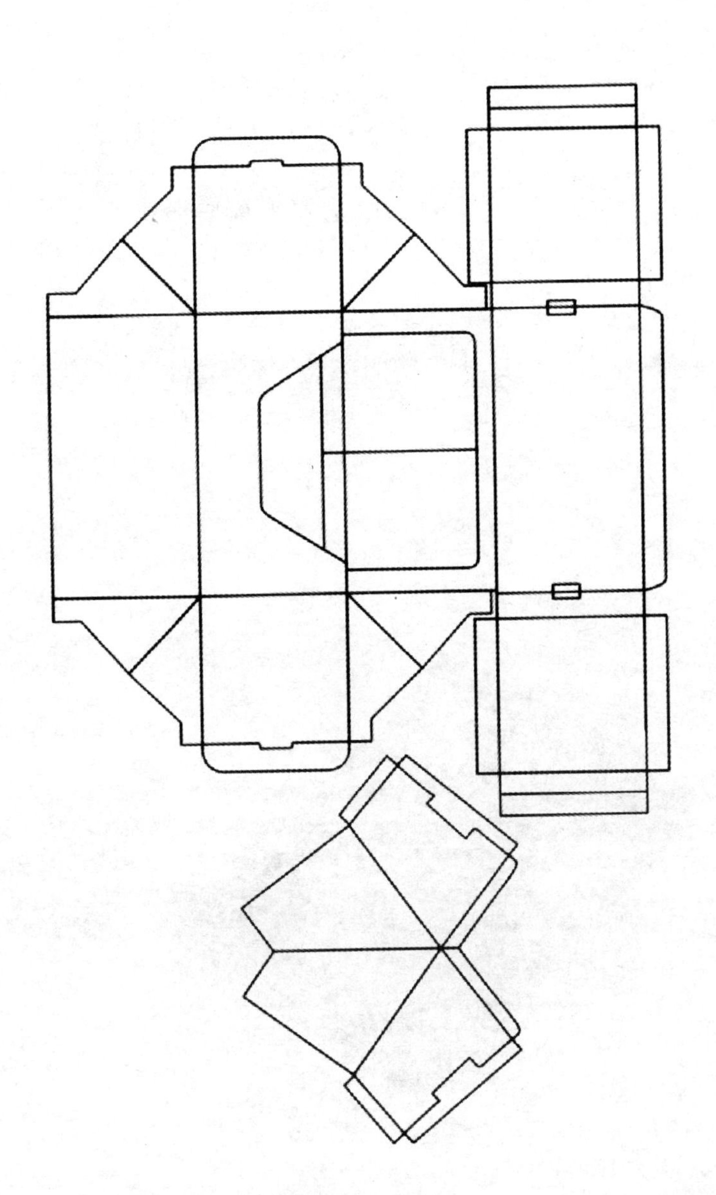

这款是手绢的礼品纸盒。这类商品包装的重点在于将物品的材质、花纹、色彩展示给顾客，因此在形式上以陈列纸盒为中心。本设计在结构上属于框架式的一种变形，上下边与左右边的框架厚度各不相同，手绢展示和固定的形式十分丰富。顶部的盖子采用薄的透明塑料板。

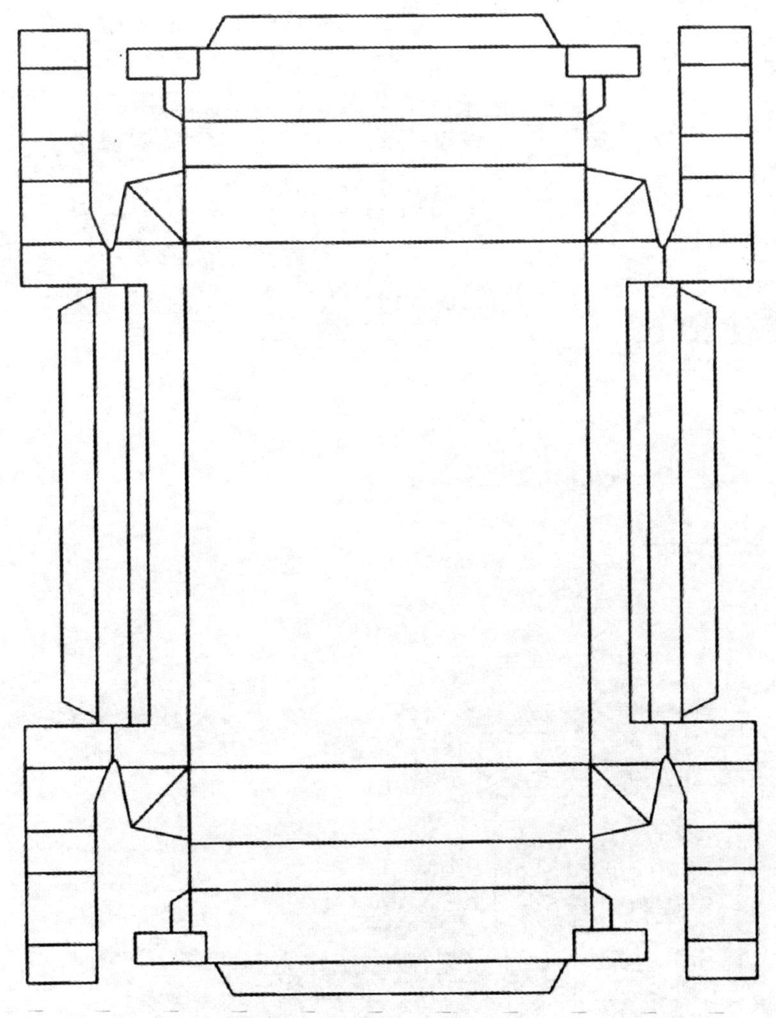

这款是装在小筐内的毛巾、牙刷等套装洗漱用品的陈列纸盒，是专为礼品设计的。左右两侧壁较低，既是考虑物品的稳定性，也考虑了整体外观和结构。本设计基本上属于深平箱的变形，充分考虑到陈列的效果和打开盖子时给人的感觉。

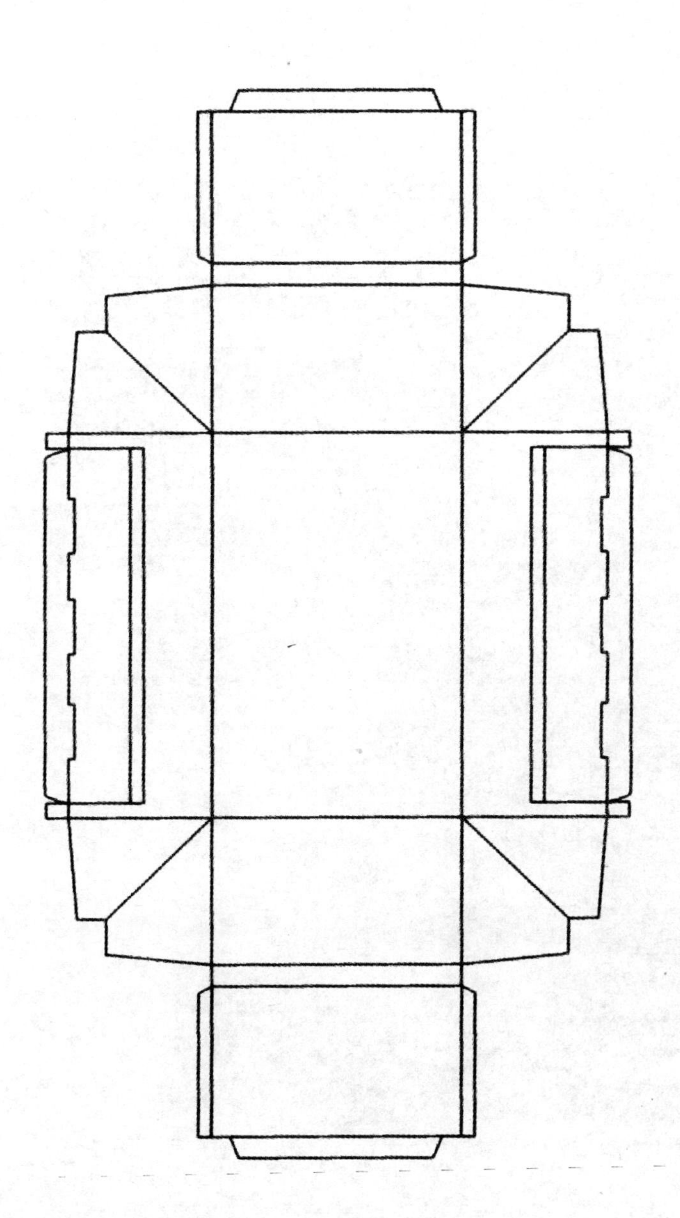

这款是陈列礼品的纸盒，由外箱和固定物品的内部分隔部分组成。如何将形状大小不同的餐具装入盒子中并加以保护是本设计的目的。将一张纸板组装成“口”字形状，来提高安全性，本设计不仅在保护方面下了很大的工夫，而且在展示、陈列效果、提高商品性方面也考虑得十分周到。

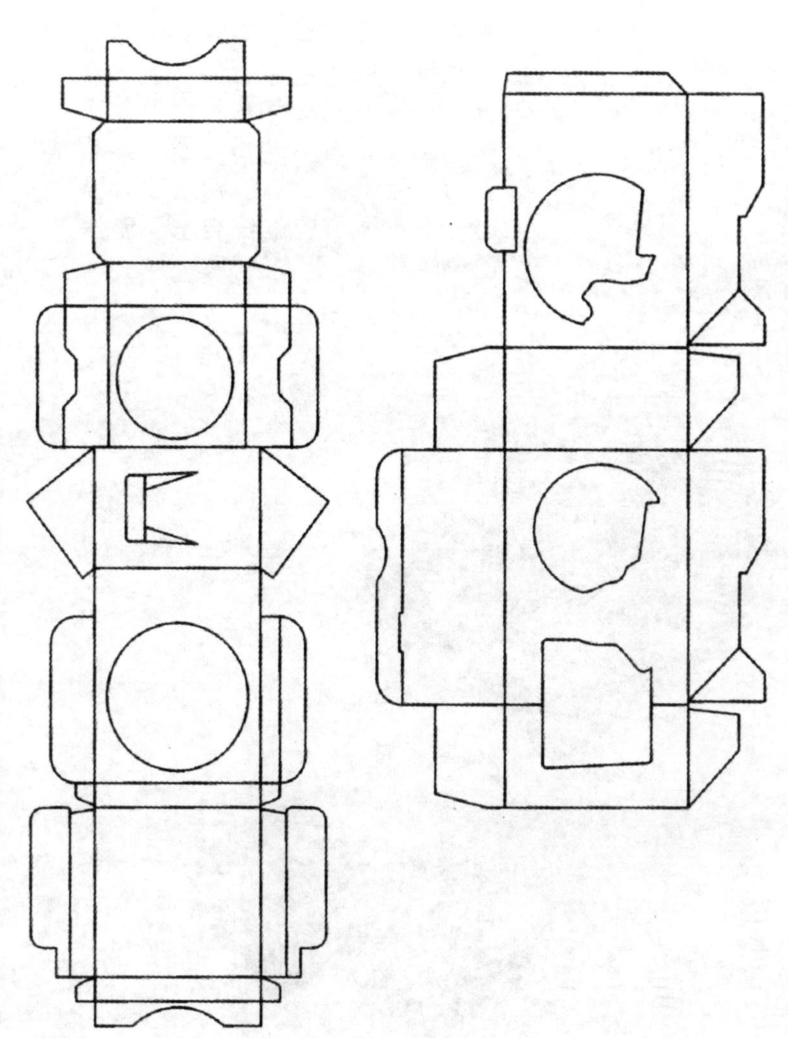

这款是陶制圆杯的包装纸盒，由盖子和台座组成。在强调保护性的同时，又增加了陈列效果。在锁瓶式主体和四边折叠的台座上铺设衬布来固定圆杯。盖子的三方侧壁中心的构造独具匠心，左右两侧的斜线突出了整体的效果。

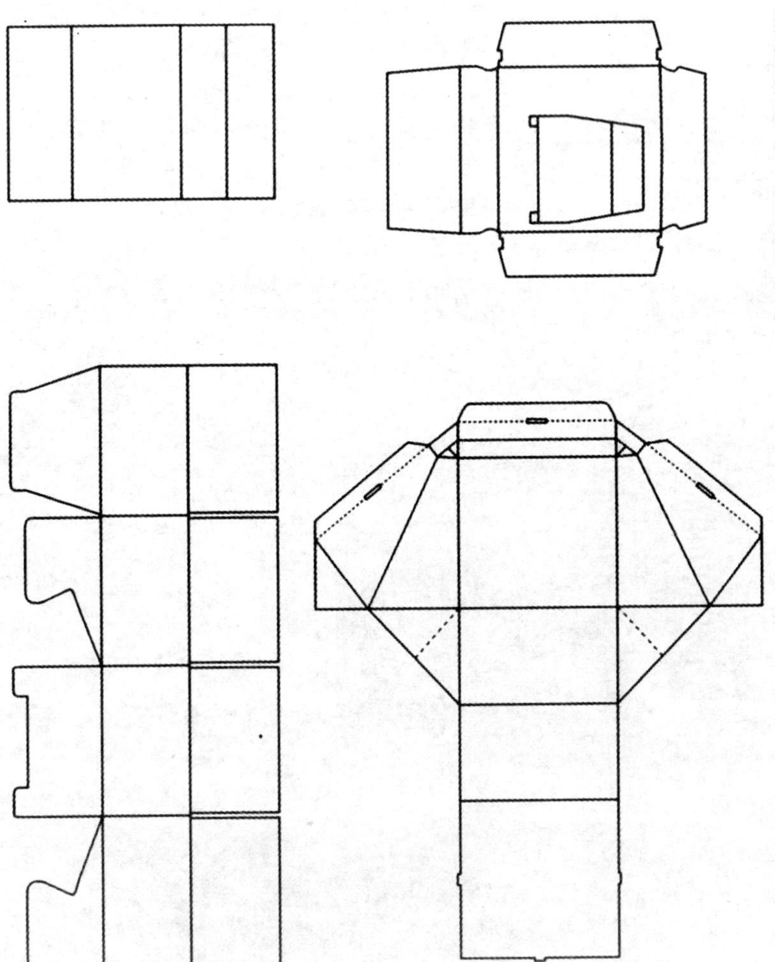

这款是五瓶装酒包装纸盒。体积较大，由B段和E形瓦楞纸构成，其设计重点在于内部分隔部分的设计。该部分由四个部件组成，覆盖B段骨架部分的装饰部件采用曲线折叠设计，较为繁琐，但是感观很好。为了以防万一，在瓶子的头部和底部插有垫片。

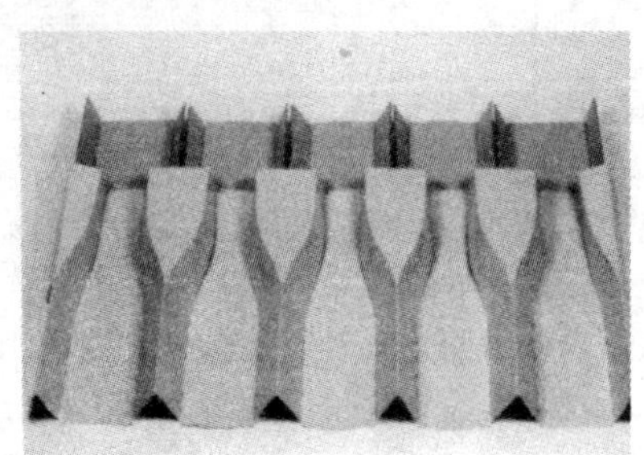

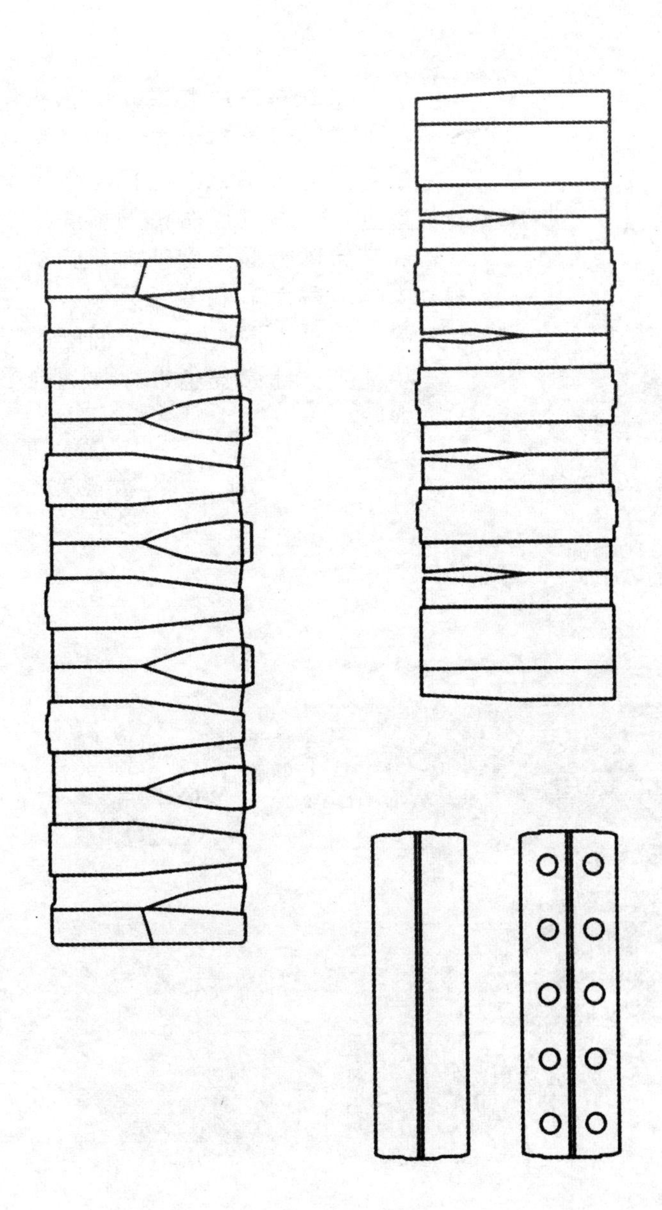

这款是三瓶装果汁的礼品包装纸盒，以瓦楞纸为中心，其重点在于分隔部分的结构。分隔壁直立，带有安放瓶首的斜面，下部突起部分插入到前内壁的切口内加以固定。瓶盖部分放入上端的凹陷处，同时插入上面的圆形小孔内，提高安全性，视觉效果很好。



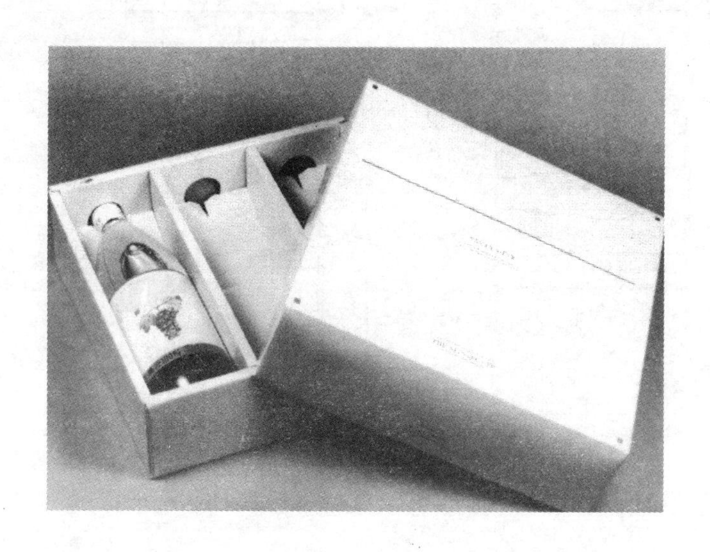

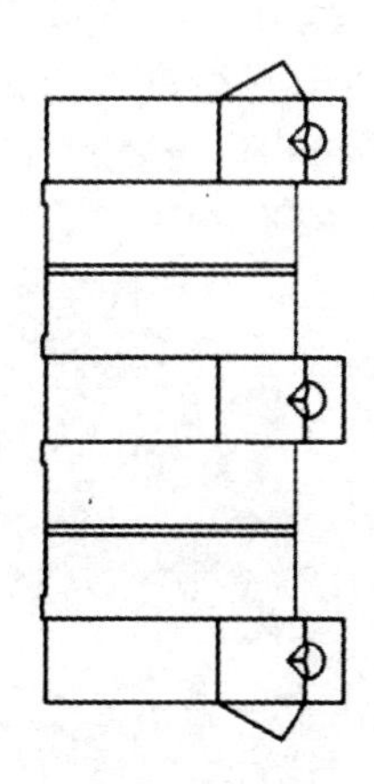

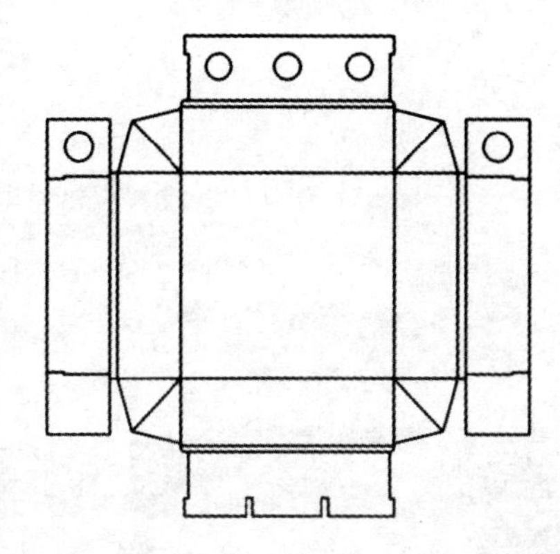

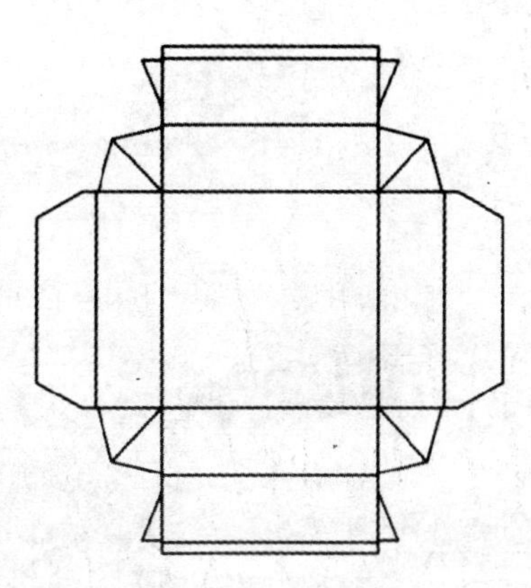

这款是三瓶装酒的包装纸盒，采用B段和E形瓦楞纸的组合构造，其重点在于内部的分隔与本体的接合。基本结构为，将一张纸板从左右两侧向中央靠近形成分隔壁。上部三角形的地方稍稍向上跷起，形成斜面来安放瓶子的头部，这是本设计的独特之处。这一设计既考虑了包装的功能又增加了视觉效果。

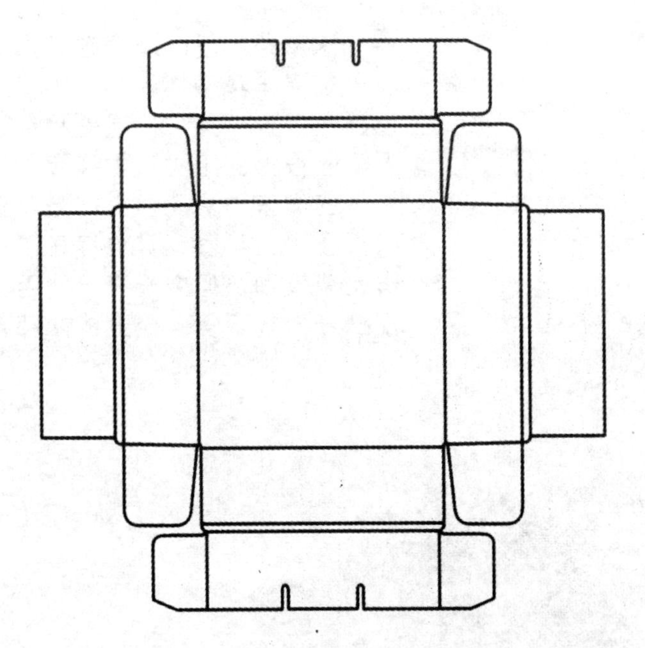

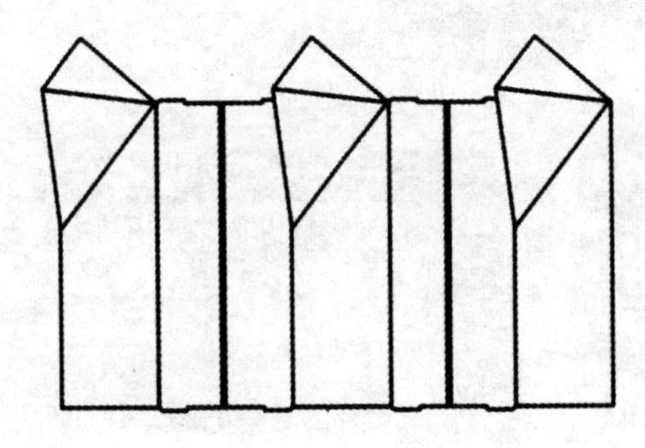

这款是礼品咖啡套装纸盒。由于物品本身容易损坏，因此本设计在保护处理与礼品性相结合上下了很大的工夫。组装起来的主体的侧壁与盒子中央的分隔壁的折叠十分牢固，其难点在于操作比较繁琐，但由于充分利用了瓦楞纸，才获得了极大的内部空间。

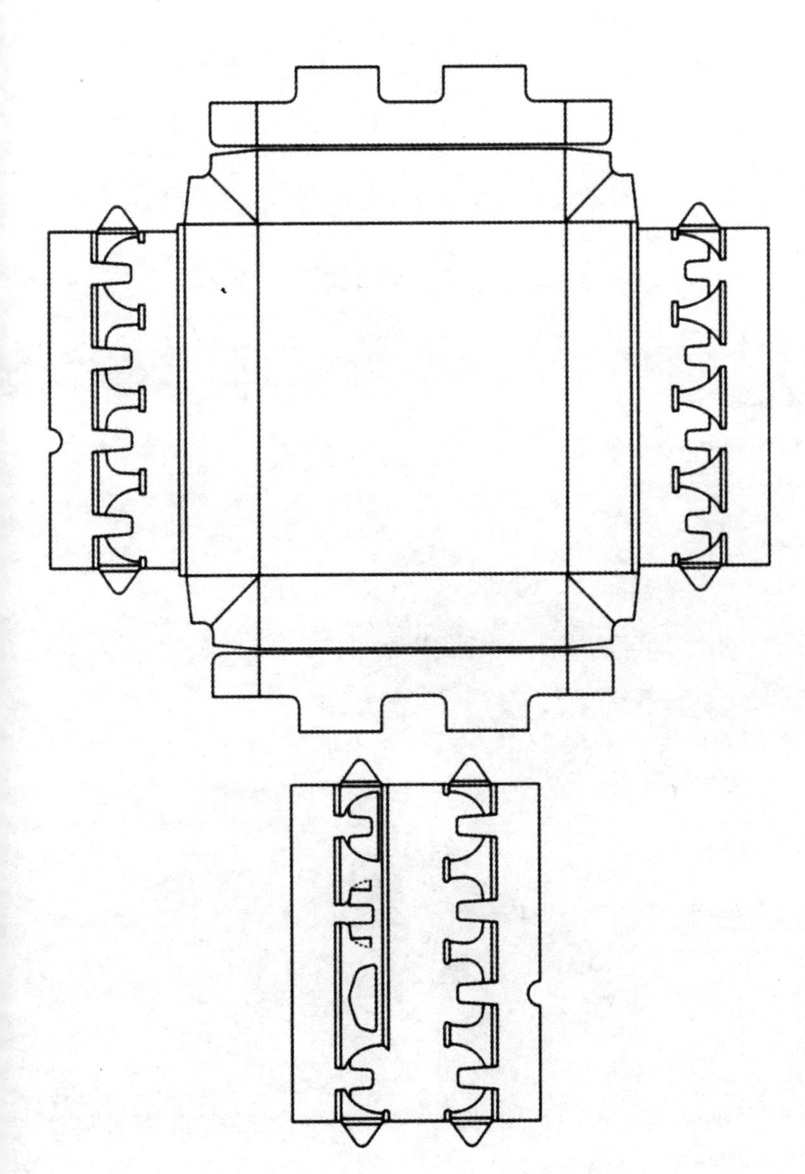

这款是礼品用酒包装纸盒。出于保护考虑，部件的数量很多，共有五个部件，由瓦楞纸和加工纸制成。在减少整体重量、组装操作简单化、作为礼品的视觉效果方面具有很大的特点。



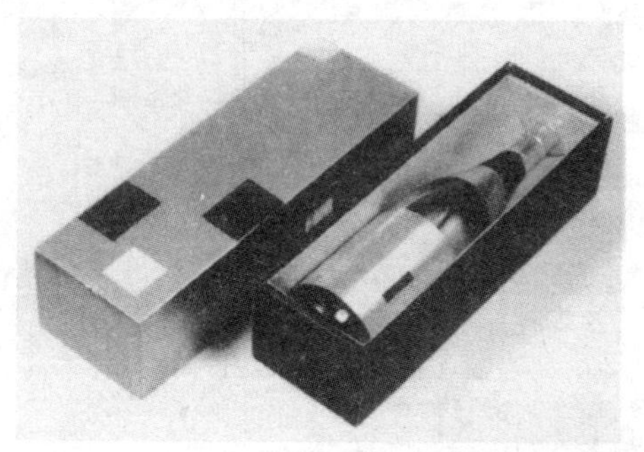

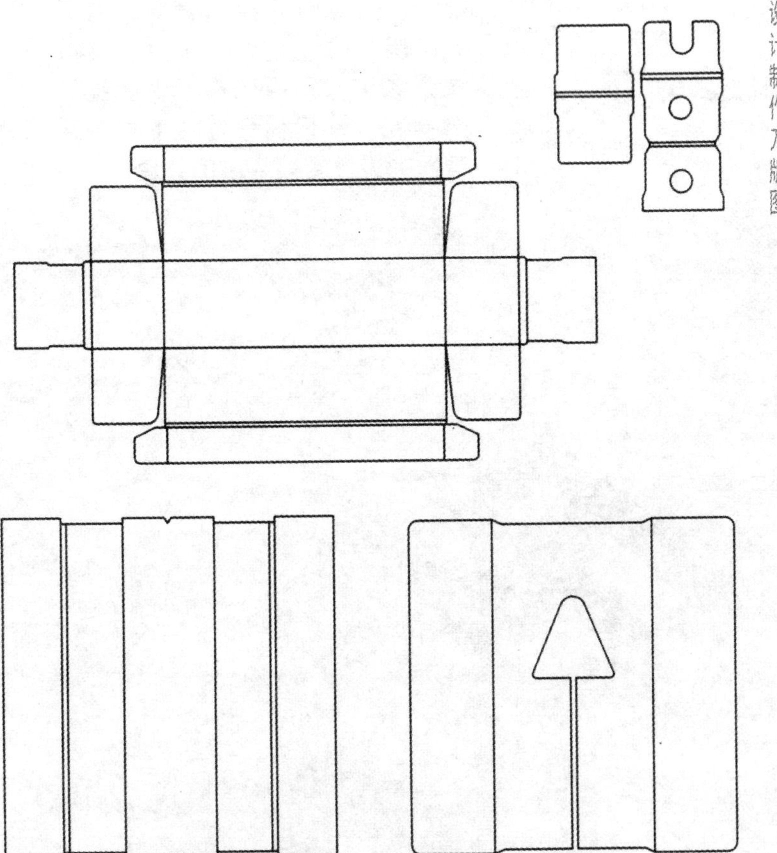

这款是瓶装威士忌纸盒。本设计十分强调礼品的美观。为了提高保护性，结构上采用瓦楞纸十分结实，利用化妆纸板能提高商品性，从现代合理性的角度来看，本设计带有复古的味道。

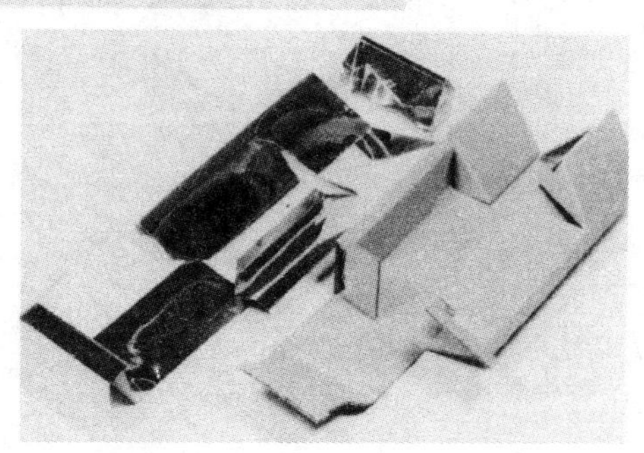

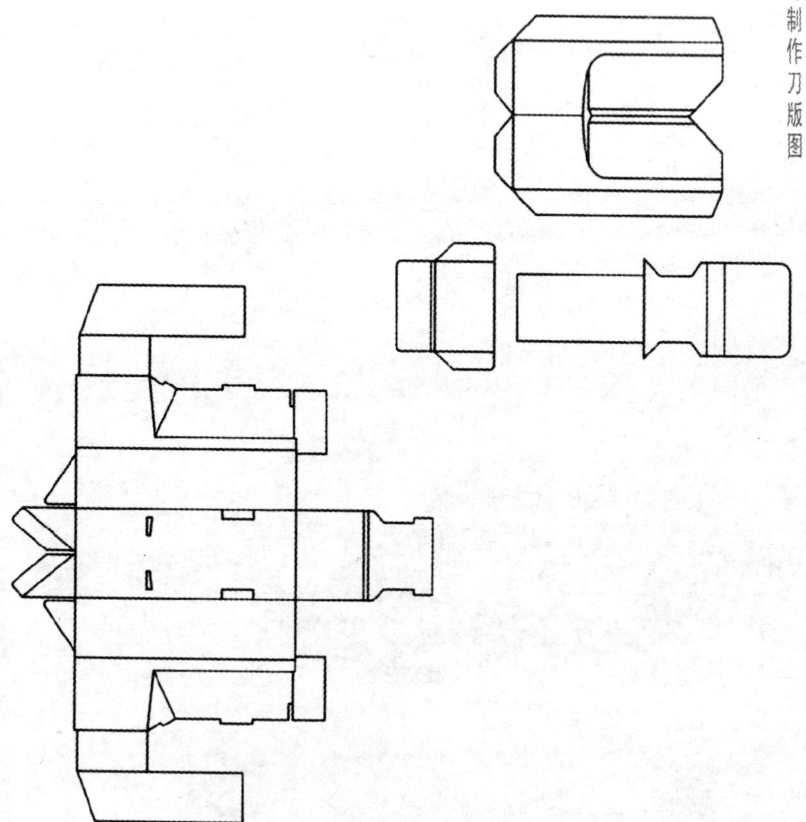

这款是礼品瓶装威士忌纸盒，主体和盖子采用该类纸盒常用的标准组装构造，重点在于台座。本设计将提高瓶子的保护和视觉效果与简易化融合在一起。将一张十字形的纸板周边各部粘合起来，形成内侧壁，产生出空间，将瓶子放入里面。周边增加了重合部分，提高了保护性。

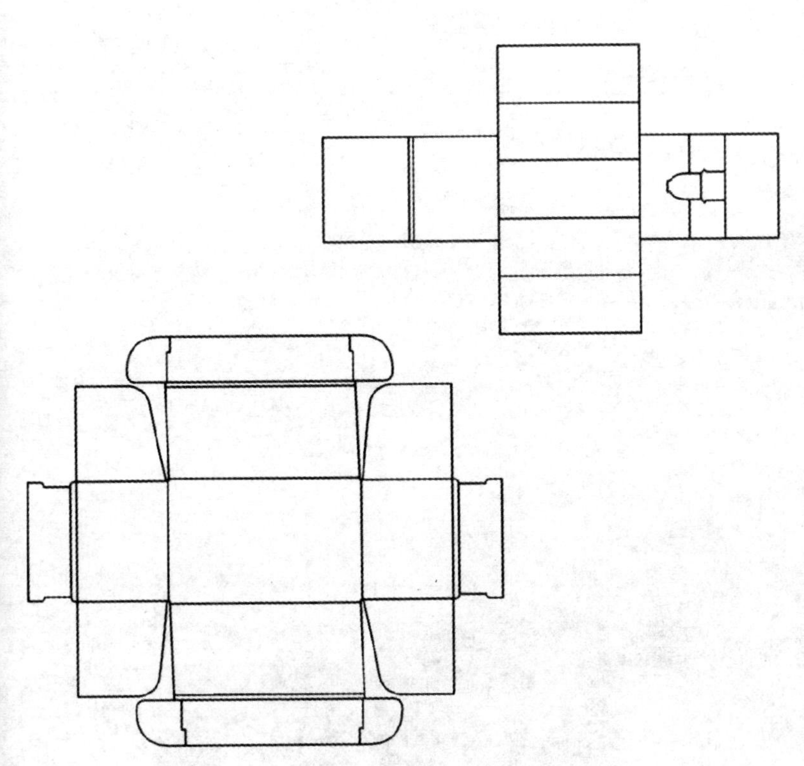

这是一款六个装酒杯纸盒。充分利用E形瓦楞纸的性质起到保护作用。直立在底面的分隔壁互相连接，组装方便，形成六个空间，利用自动制成的盒子，对于尺寸形状不同的玻璃杯也可以采用相同的结构。

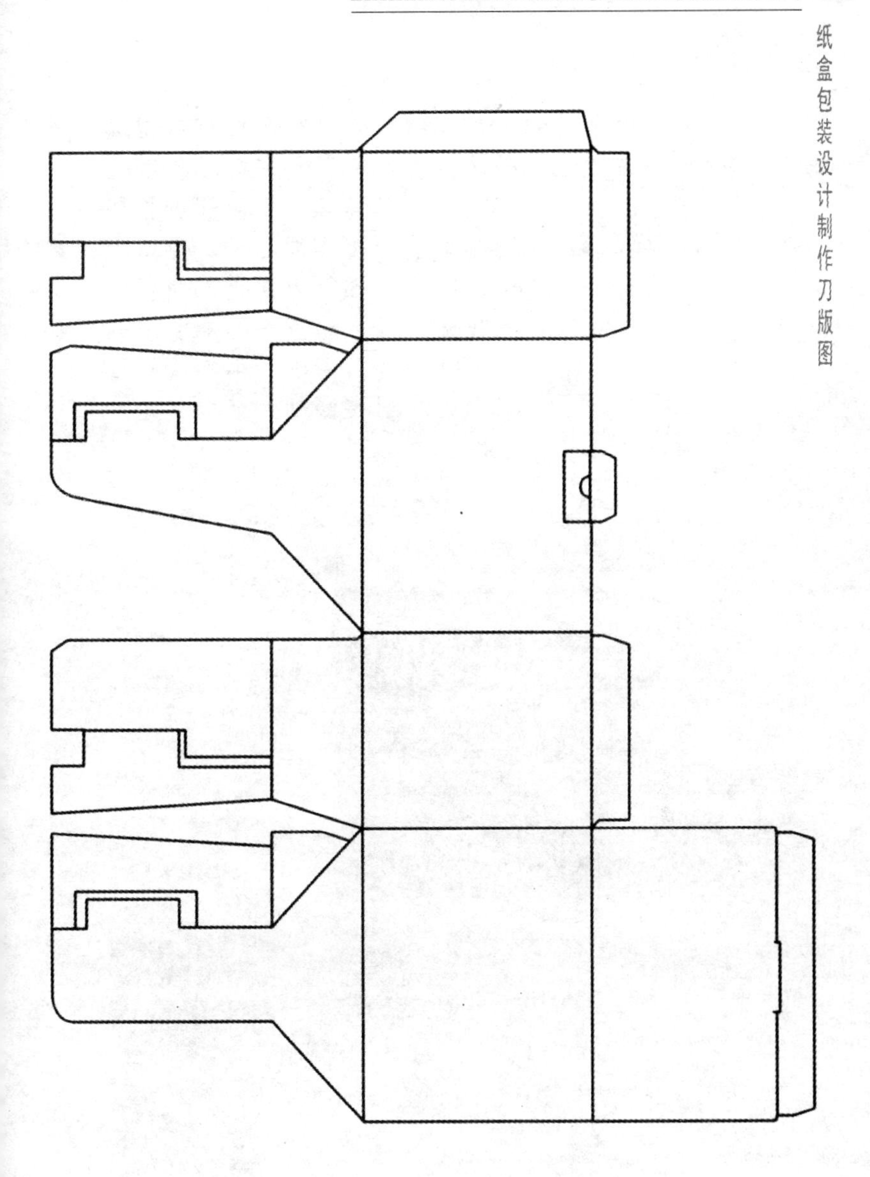

这款是六个装平底杯的组装简便纸盒。包装品多为易损的玻璃制品。其特点在于以保护为目的的组装，操作很简单。侧壁较长，形成底部向上直立，背壁形成底部并向上直立。用两手将对角压向内侧，瞬间即组合成底部和侧壁，组装便利，结构十分简单。



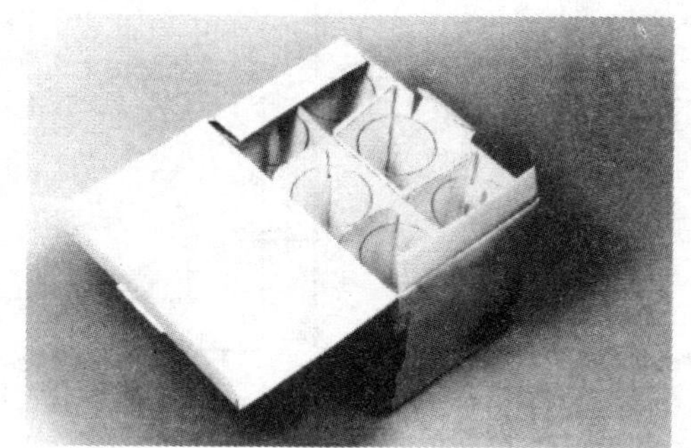

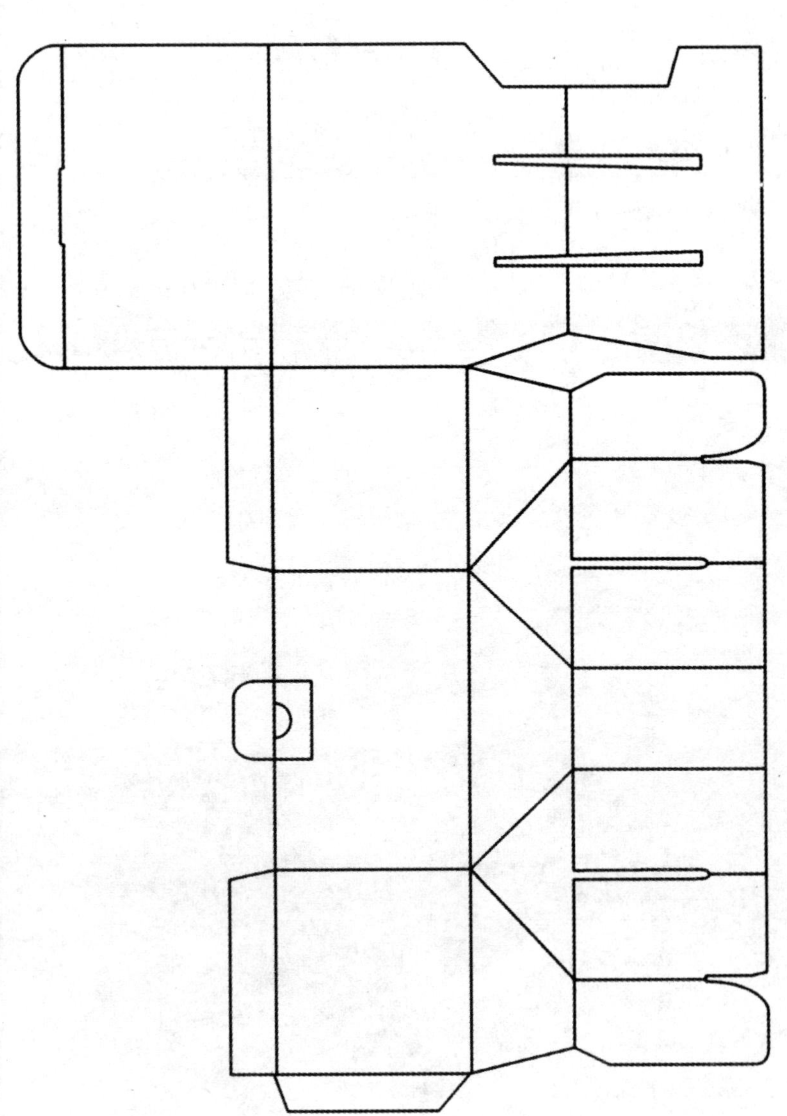

这款用于六个装酒杯。该设计的重点在于为了保护物品，设有分隔壁，将内部分成六个空间。本设计将底面较长部分从中央与前后壁的延长部分相插，形成中央较长部分的分隔壁，把左右侧壁的延长部分放于直角位置，将其上端与各自的上部挂在一起，使得侧壁整体更加稳定。

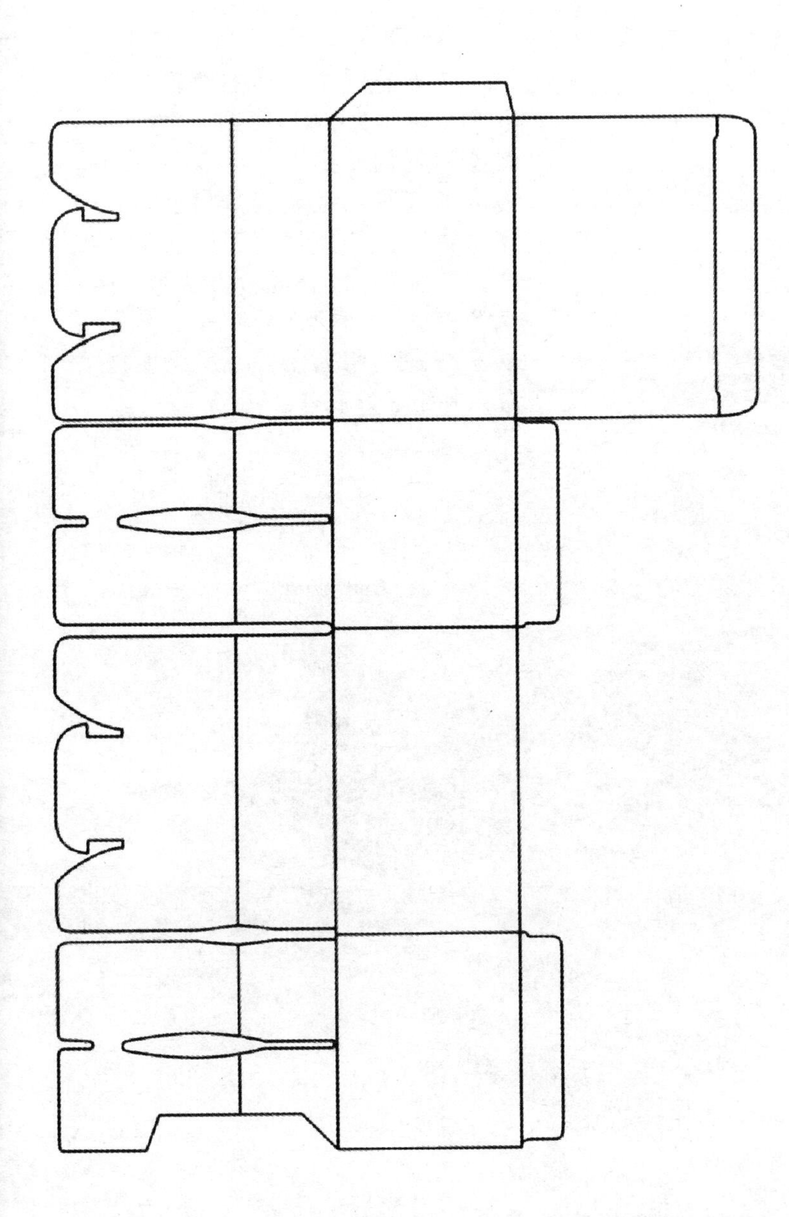

这款是六个装杯的组装简便纸盒，材质为E形瓦楞纸。采用一张整体的简便组装，重点在于巧妙的形成底部组装和分隔壁。具体来讲，把与侧壁相连的底部折叠，并且部分加以固定，形成了六个空间，即把折叠起来的盒子从左右向内用力压，使得侧壁直立，并组装好底部。



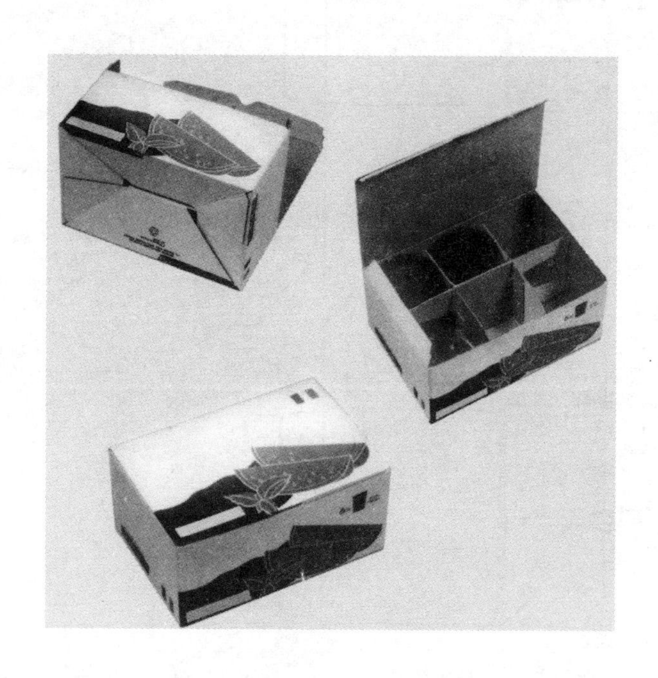

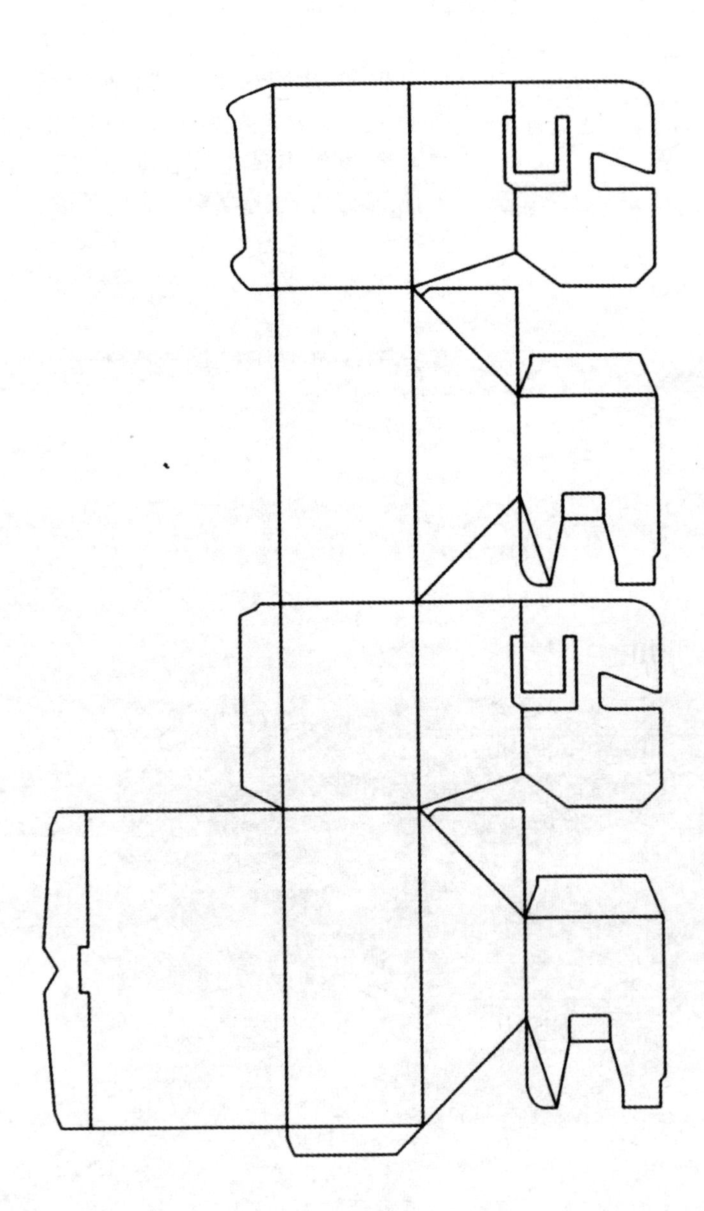

这款是四个装高脚杯的包装。由于玻璃壁很厚，商品很重。本设计主要考虑包裹整体的外侧和防止物品互相接触。特别是内部的分隔部分的处理是本设计最大的特点。这个将一张两处连接的纸板从连接处回折成90度，形成竖壁和横壁的想法十分大胆。

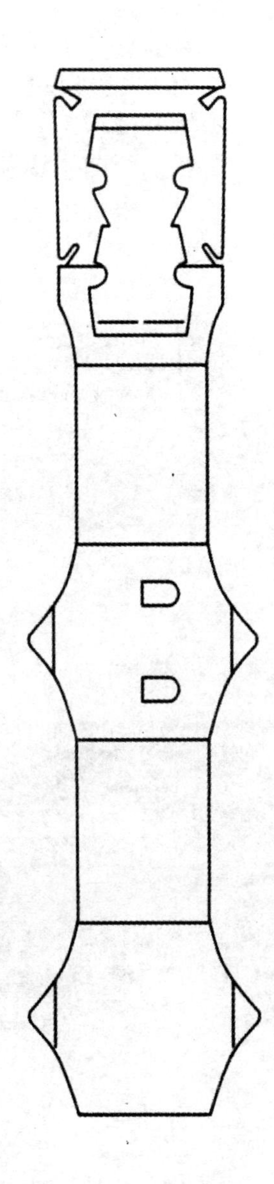

　　这款是咖啡礼盒。重点在于能够将每个棒状小袋整齐地排列，兼顾稳定，同时能够清楚地看到上面的字迹及结构处理。将一张纸板的周边立起，把棒状小袋的两端插入倾斜部长边的切口内，整齐摆放。由于印有字迹的一面倾斜，增加了商品对顾客的吸引力。

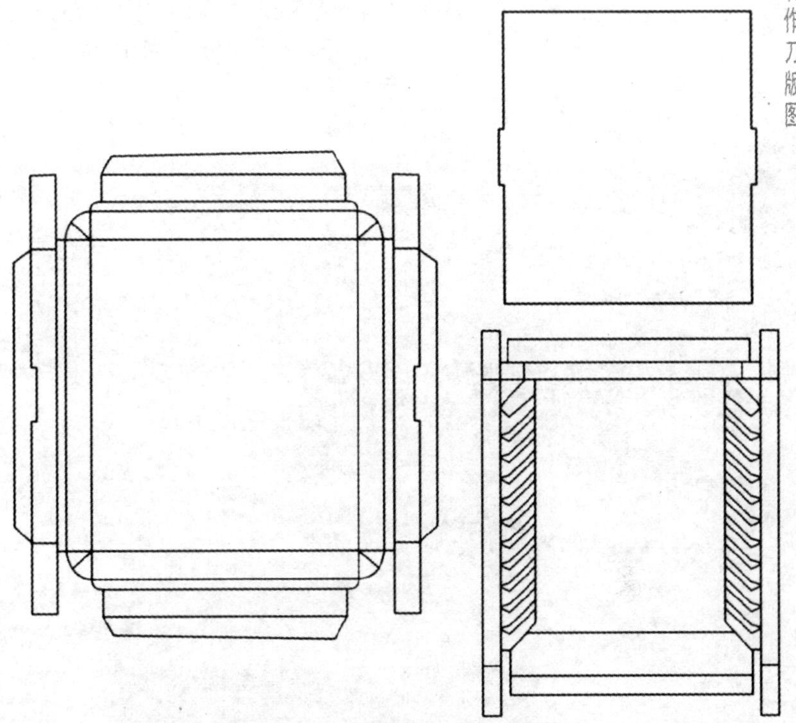

这款是台形礼品巧克力纸盒，取下盖子，会看到带有一段下垂的较长部分的变形框架。从效果上可以看出，增强了巧克力质感。在结构上，纸盒形状独特的地方有些复杂，部件也很多，追求形状的特异。

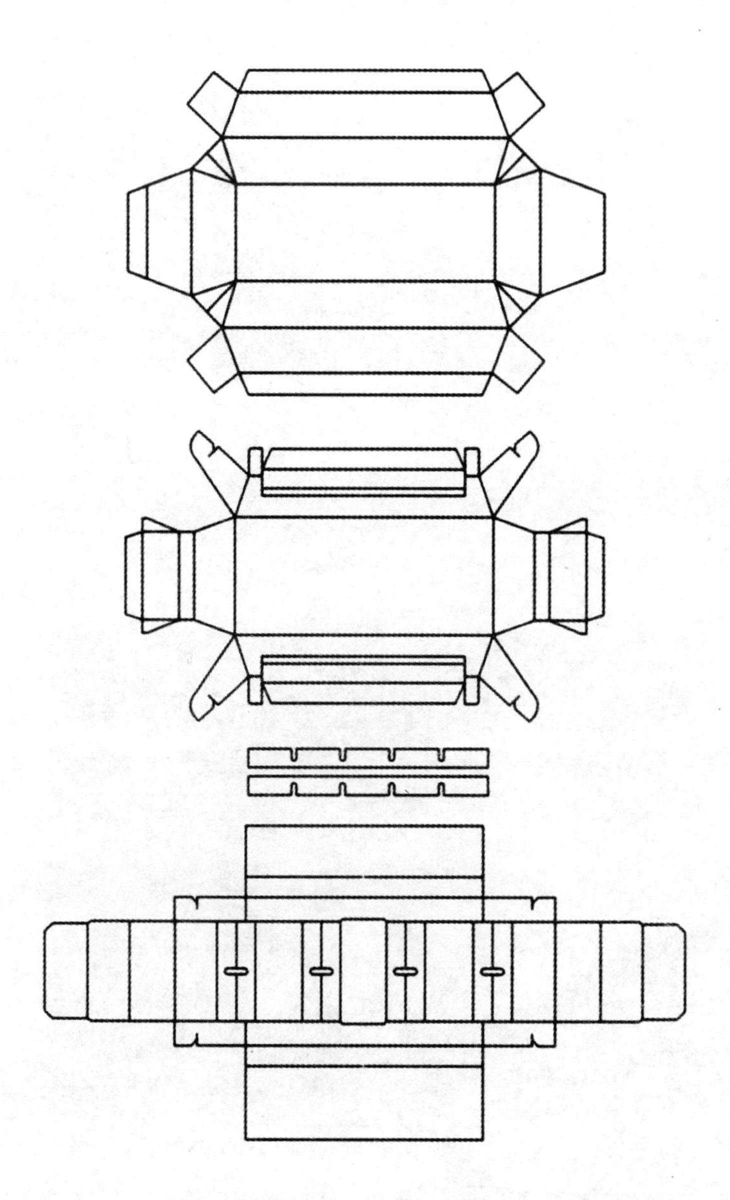

这款纸盒结构上的重点在于摆放15个蛋糕的分隔部分兼台座。既要保护商品，又要吸引顾客，台座采用斜面设计，为了保持稳定性，纵向设置了两列分隔壁，该部分插入台座的切口里。由于在台座背面形成弯曲，十分坚固，组装时较为繁琐。

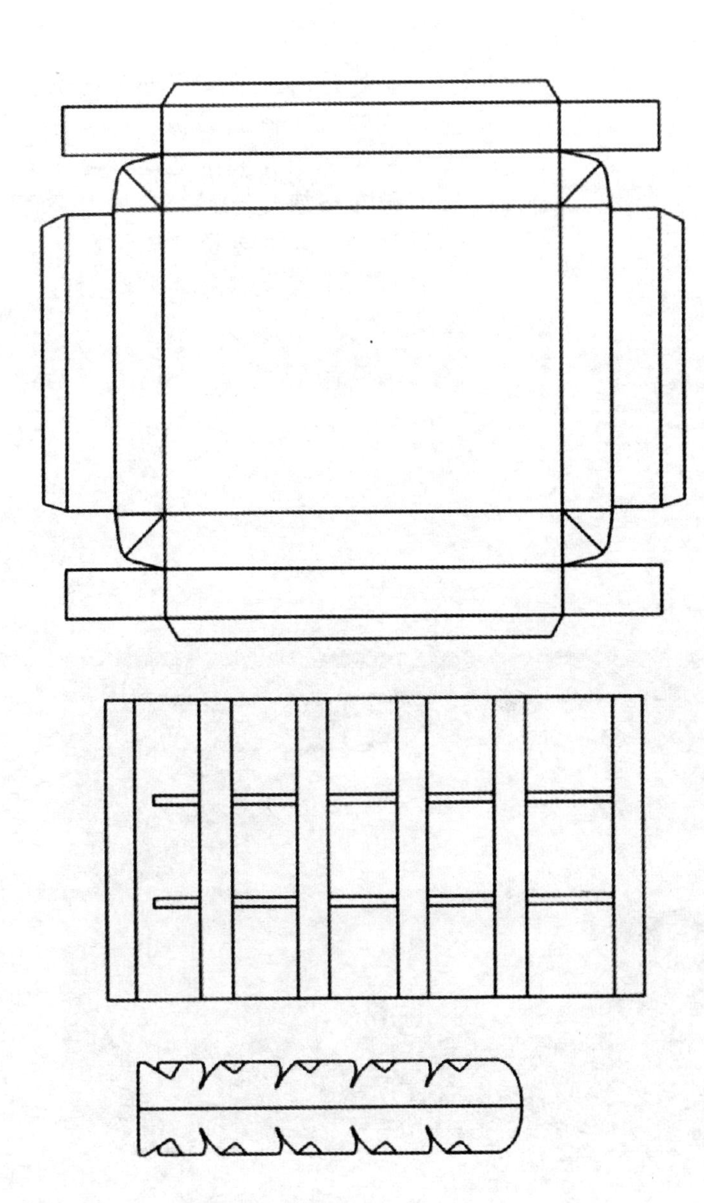

这款是内部分成三部分的纸盒。主体为带有框架的平箱。盖子为平板式顶面双重粘贴，与主体的背面粘结在一起。内部分隔通过折叠完成，其直立的突起部分插入主体框架内壁的切口加以固定。

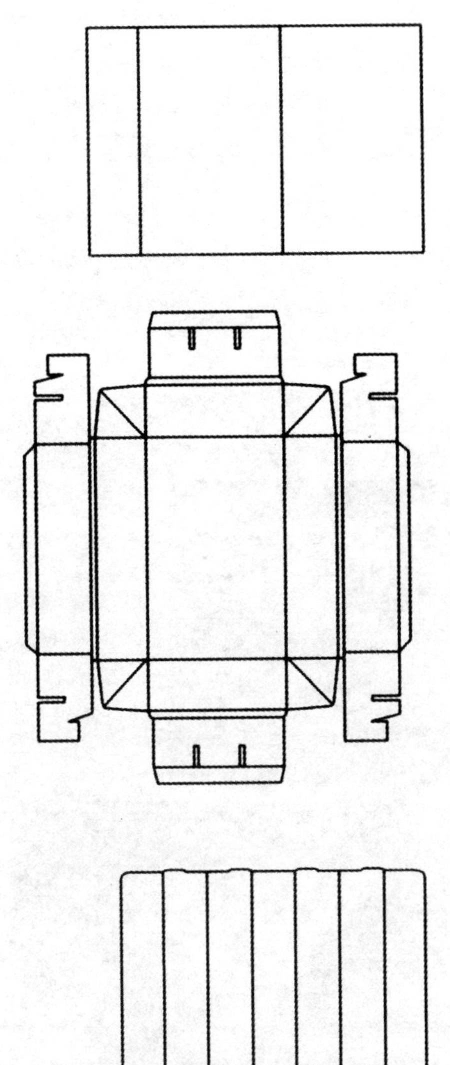

这款是兼礼品性的纸盒，是顶部打开的框架式平箱。顶部采用粘合处理，中间的分隔部分很简单，但考虑周到。从左右向中央靠近制成分隔壁，将背部折叠，使摆放的物品倾斜。这一结构方案整体的视觉效果很好。

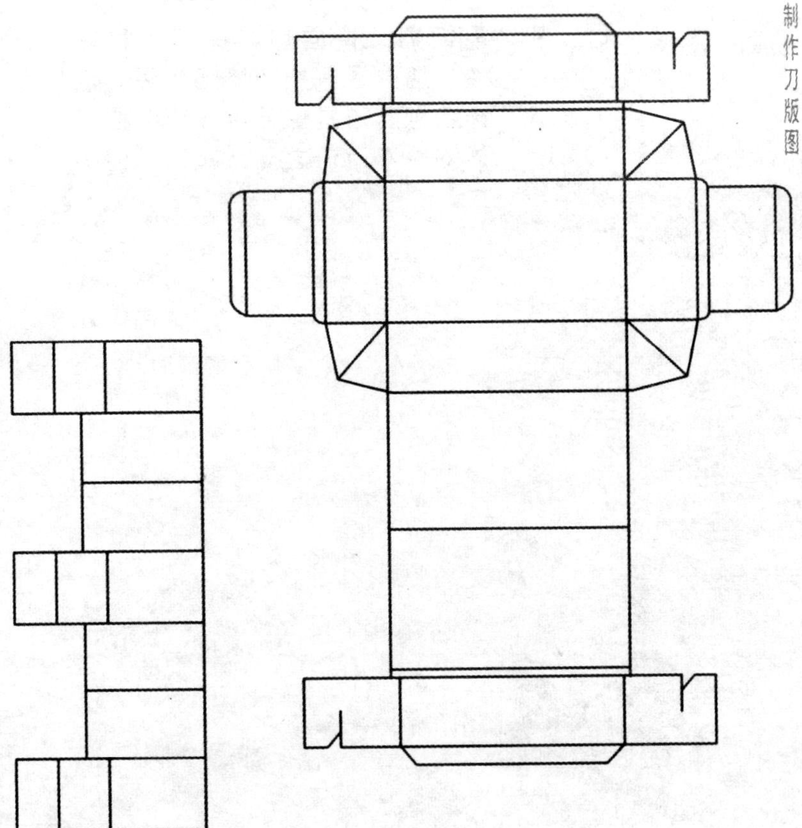

这款是两个装熟制品的包装纸盒，采用一体式结构。放置食品的内侧和形成外壁的部分是双重结构，背面粘结保持了稳定性，加强了保护商品的作用。这种结构方法是保护球体或曲面物体的基本方法之一，实用价值很大。

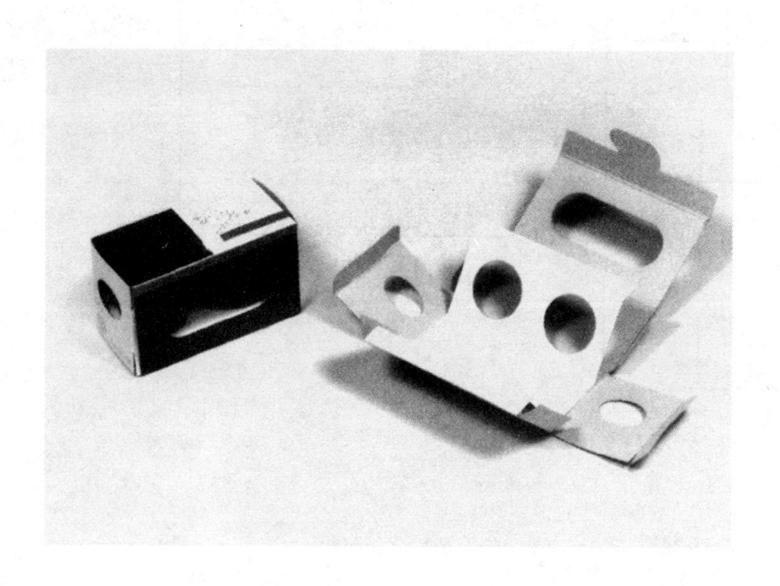

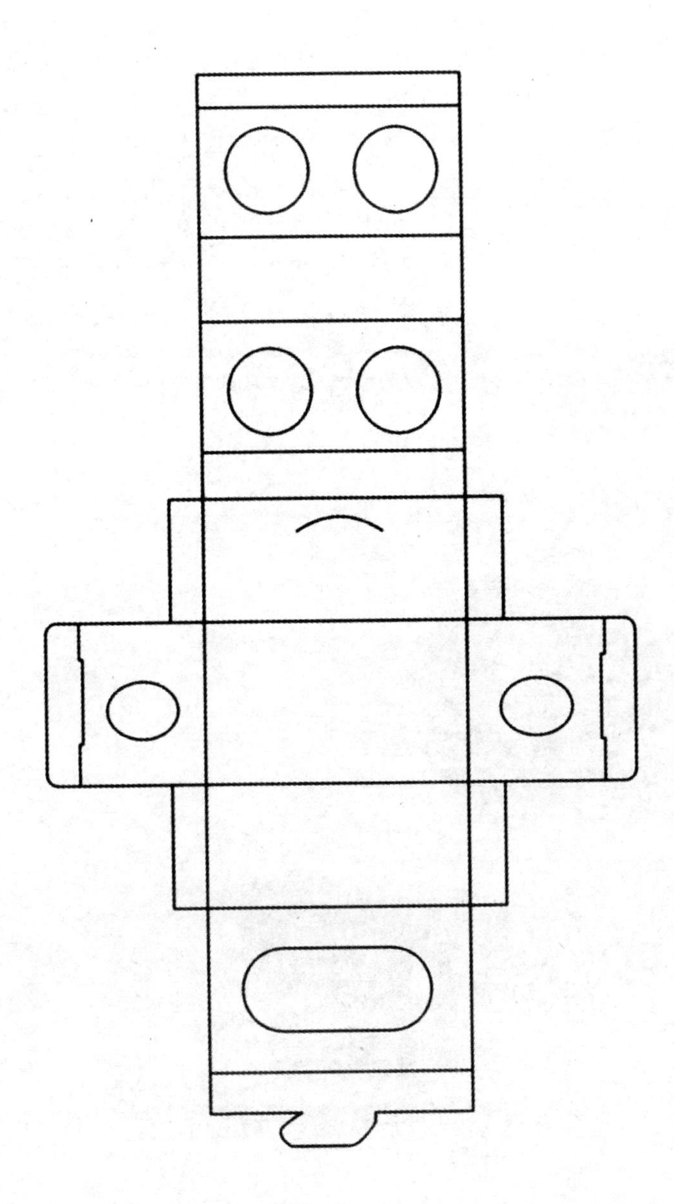

这款是包装照相机部件的瓦楞纸盒，是由盒子外侧和具有缓冲面的内部台座组成的连体式盒子。以组装方便的底部为基本，利用两个延长部分制成台座，将物品放置其上，而且副翼式的延长部分和盖子的上部结构连成一体，提高了保护性。由于采用连体式结构，组装时较为繁琐。

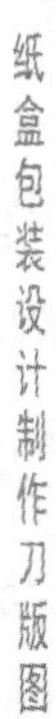


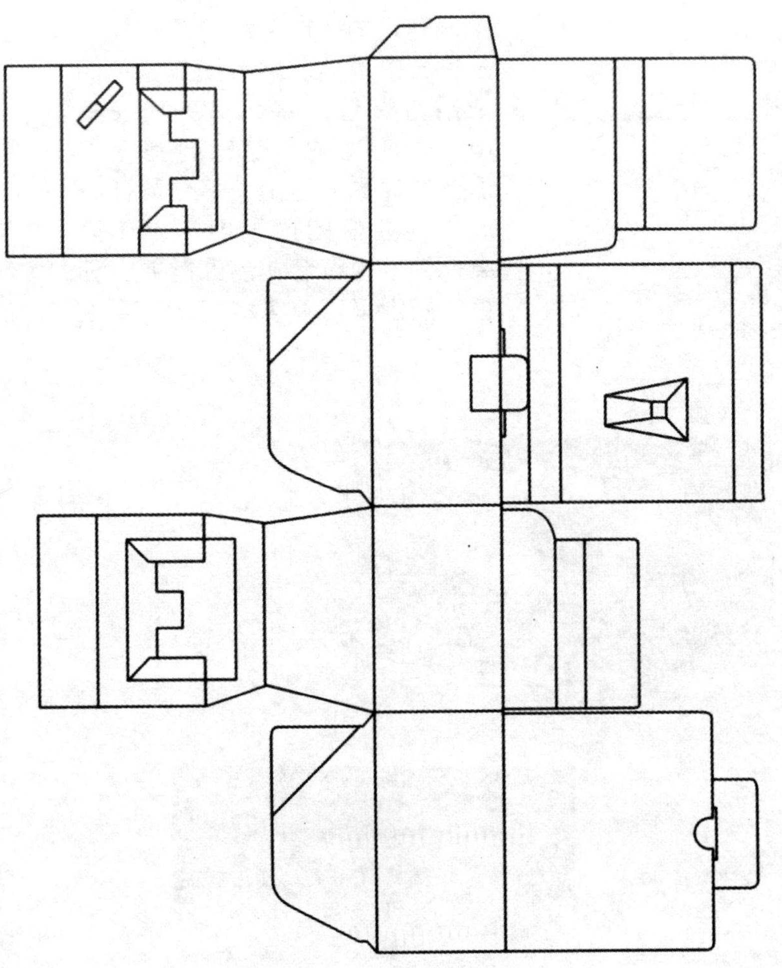

这款是陶制钟的包装纸盒。保护易坏的陶制品的分隔结构是本设计的重点。把一张纸板的两个地方立起，将物品夹放在其中，将上部的舌状部分插入切口，实现最终固定。将分隔部分放入组装好的盒子内，操作简单，外观也符合礼品的需要。外箱的周围采用双重结构，安全性

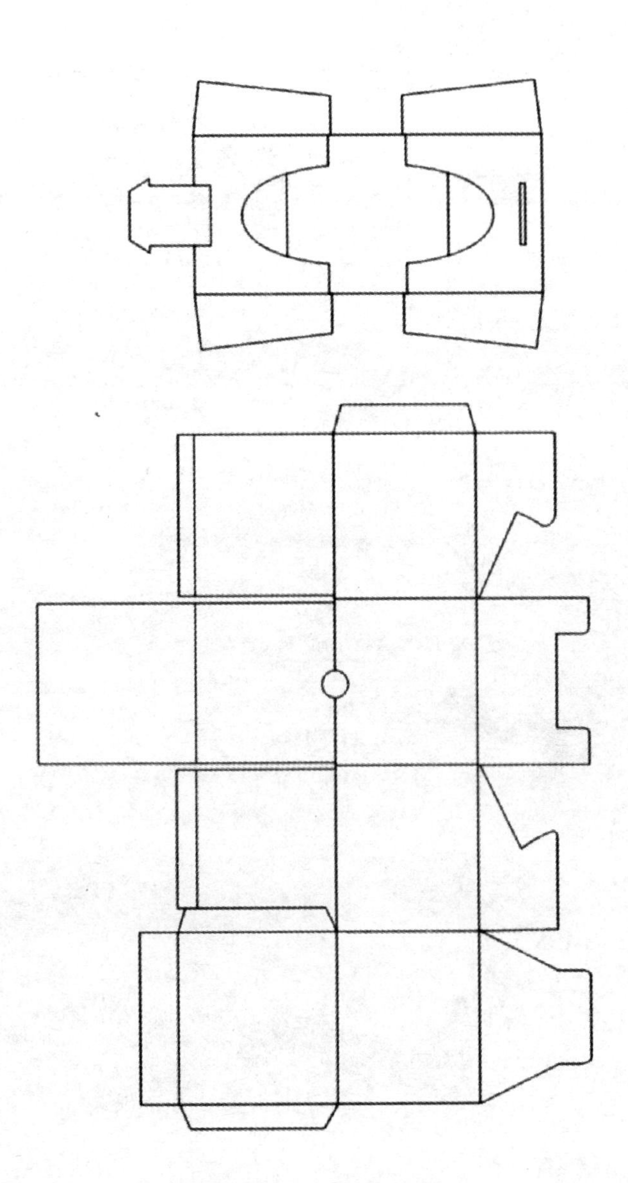

这是两款盘子的窗式纸盒。由于物品带有彩色图案，因此要将里面的图案展示出来。在结构上采用四面包裹、中间留有小窗的形式，保护性、稳定性和对顾客的吸引力全都具备。

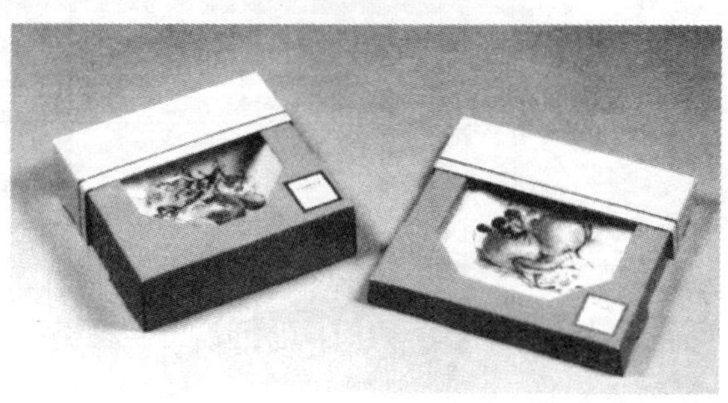

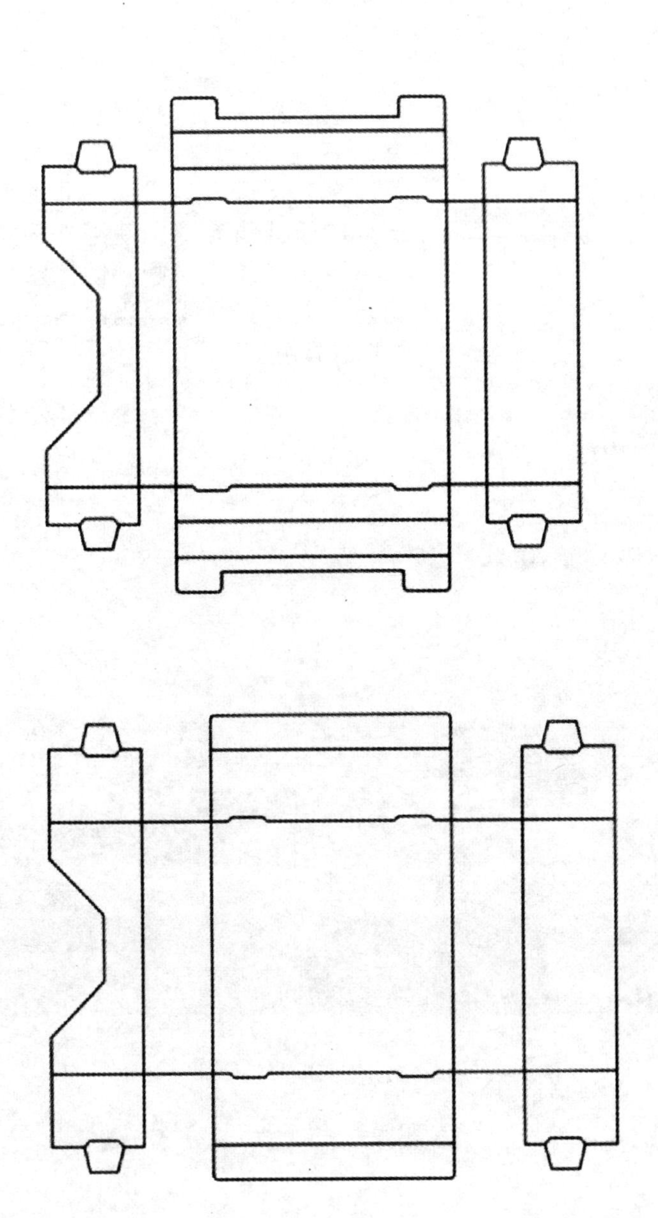

这款是厨房用品展示窗式纸盒，在形式上是标准的袋式盒子。在其上面开有贯通三面的窗子。由于此类商品的使用性和功能可以用眼睛来判断，因此窗子就起了很大的作用。当然指尖也可以触摸到。

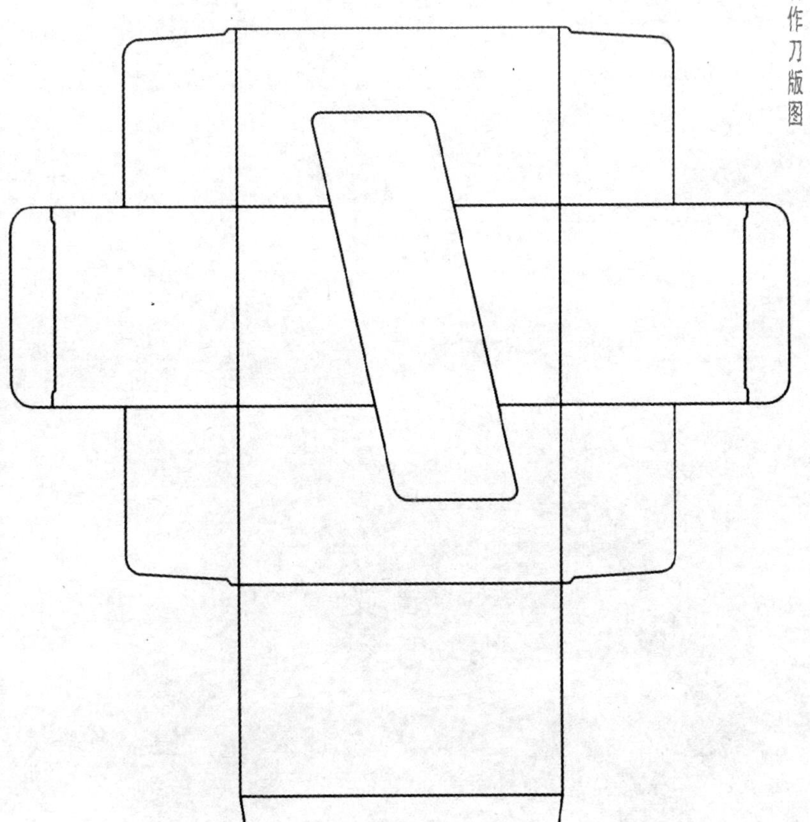

这款是带有窗子的香皂纸盒。要将盖子打开才能通过窗子看到里面的香皂，因此与基本的展示窗式纸盒略有不同。将包装纸折成易于放置香皂的筒状，曲面主体形成了独特的形状。

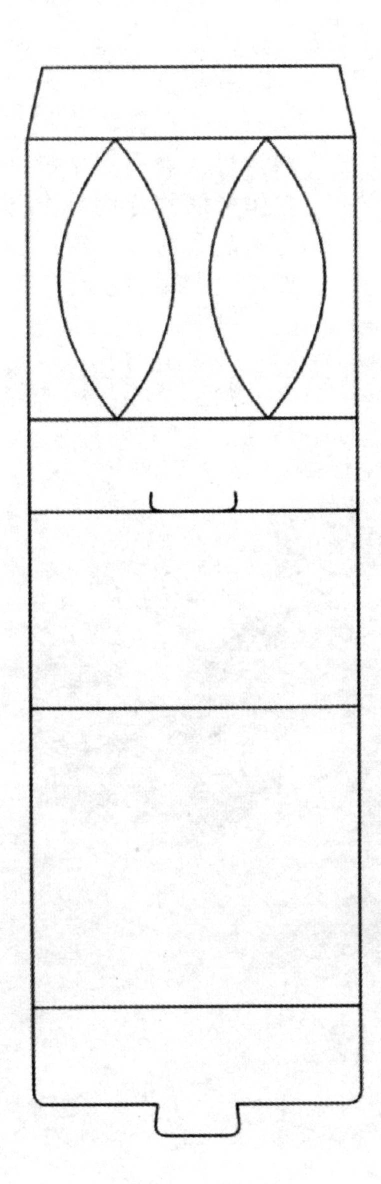

这款是礼品用糖果纸盒。在构造上十分简单，利用透明的塑料薄板，盒子被做成包裹糖果的立体形状。在侧壁上部利用其缺口形成了窗子，再用包装带将上部重合的部分系在一起，即告完成。

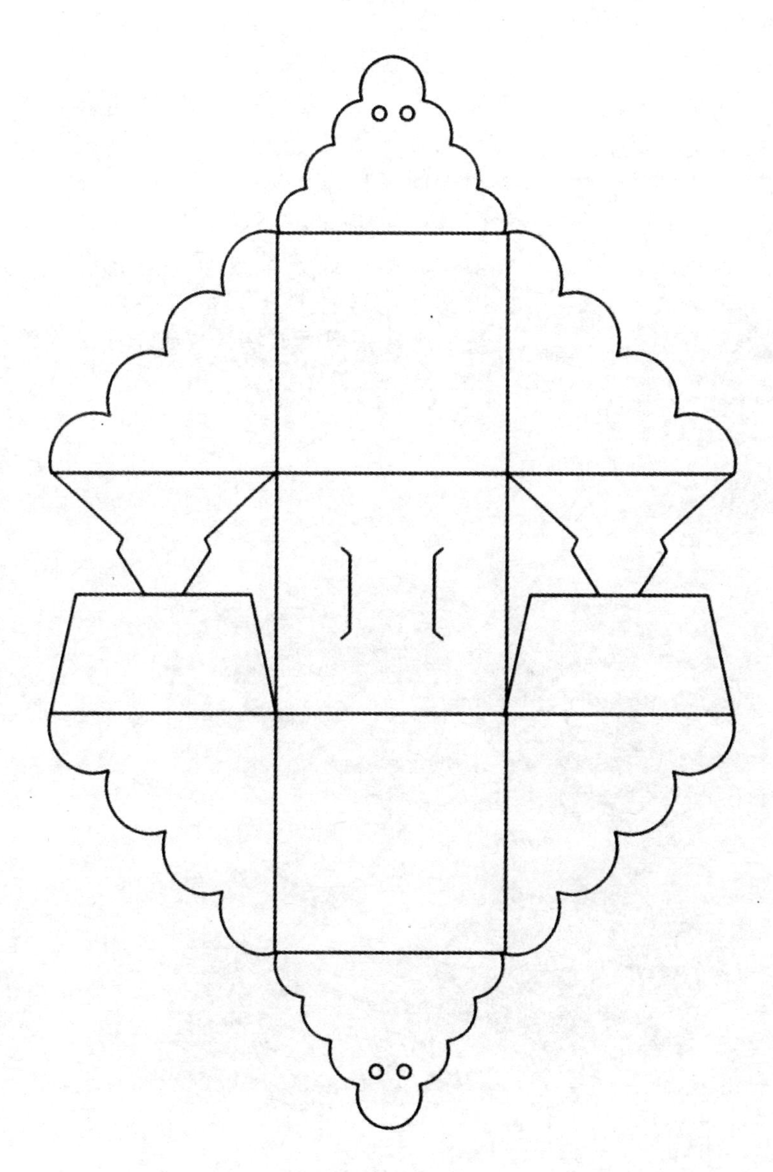

　　这款是具有实用功能的笔筒兼包装纸盒。由厚纸制成的组装式笔筒为本设计的特点。由形成周边侧壁的部分和底部两个部件构成。把侧壁的下部折向内侧粘结，将其前端折成水平，并将底板部分平放在其上，形成底部。整个笔筒采用两点插入来固定。

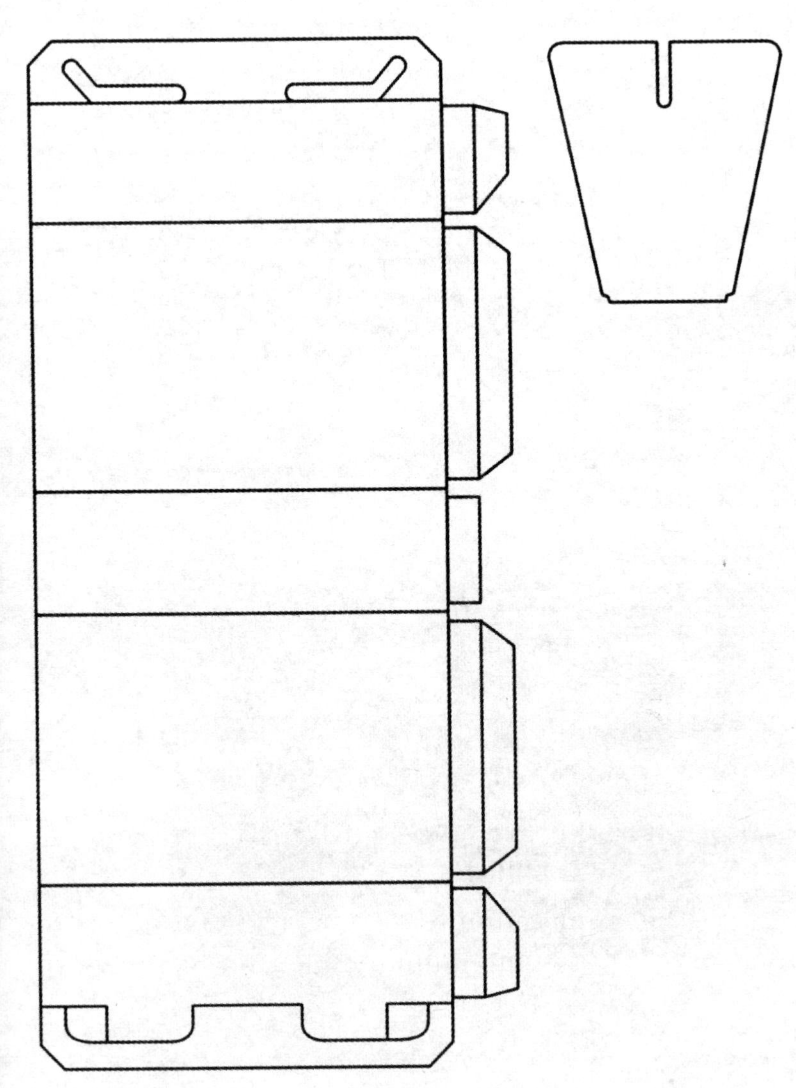

这款是礼品纸盒，这是利用六角形顶部中央的接头，组成独特的结构，加强了视觉效果。其结构特点在于将六角形各面的边立起，把顶部挂在一起，侧壁的三个三角状向下的部分虽然给人以不稳定的感觉，但是很有趣。

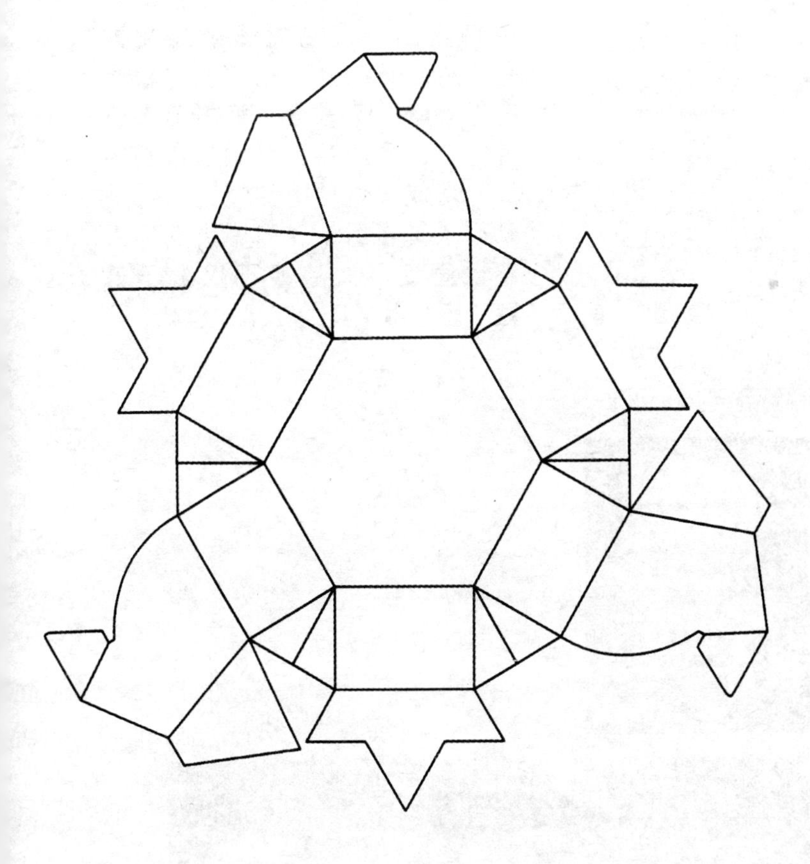

这款是书籍的包装纸盒，其结构接近于简易盒子或折叠器具。将展开图上下的L形部分覆盖在书籍的上下部分，把右侧部分直立起，同时将其前端沿线向内折，形成放置书籍的空间。将书籍放入其中后，利用中央的插入部分固定。此包装不仅限于书籍，还可用于其他物品的包装。

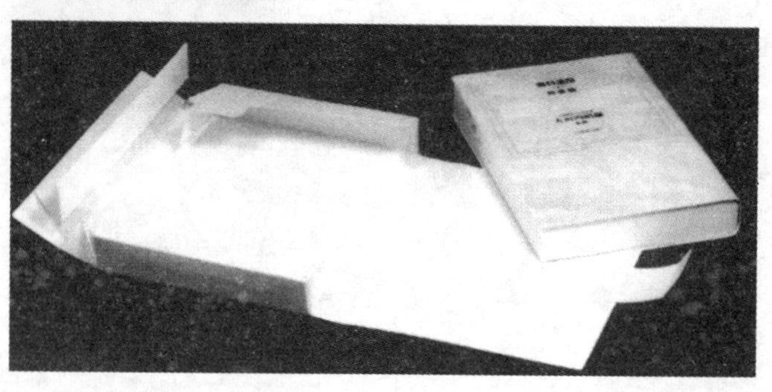

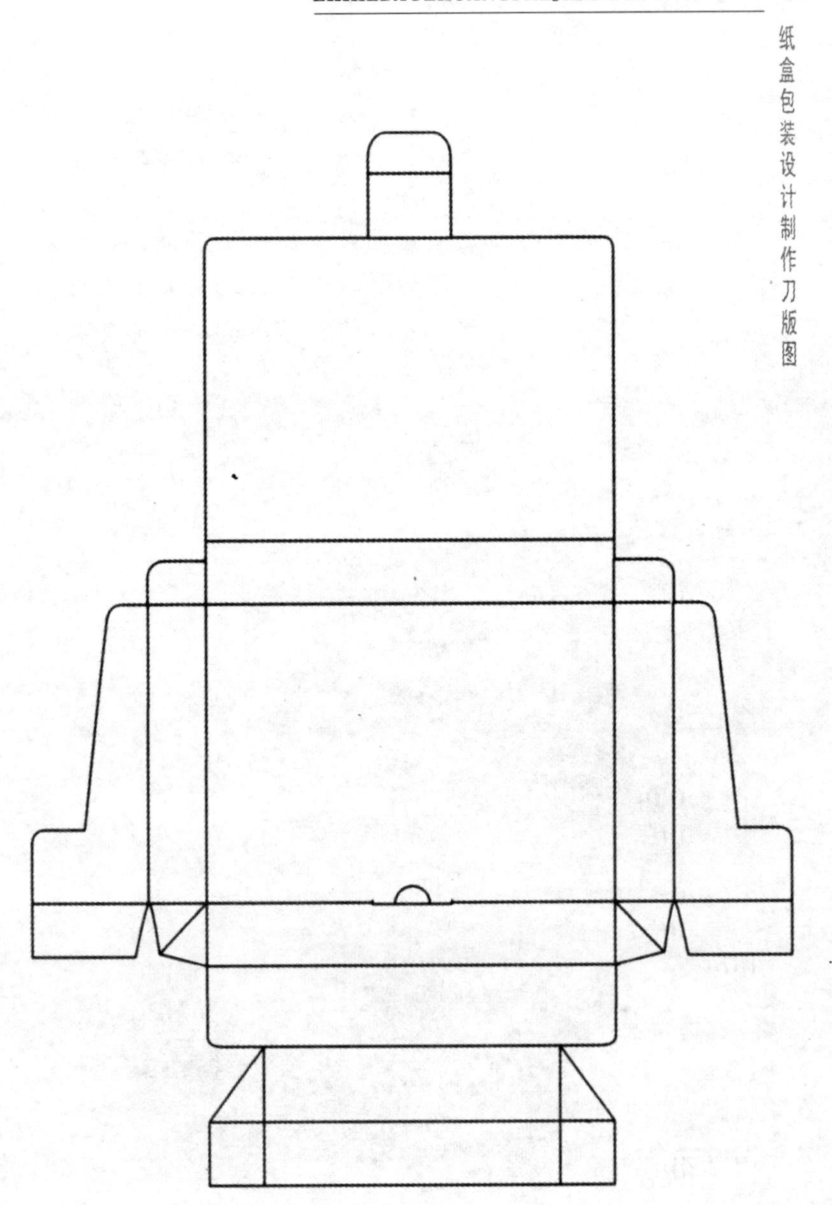

这款是礼品用巧克力包装，是情人节商品。该设计大胆着眼于以往没有采用过的形式，由小盒形成的双重结构十分独特。将包在透明袋子中的巧克力放入其中，然后将两端突出的带状部分的前端挂在一起粘合。为了确保稳定，整体被收入到透明的塑料袋中。



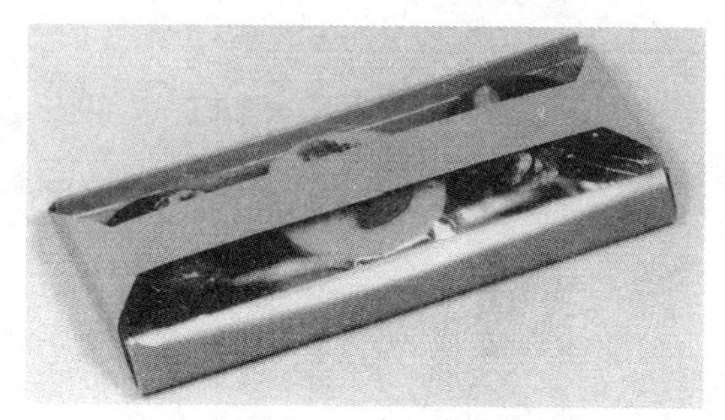

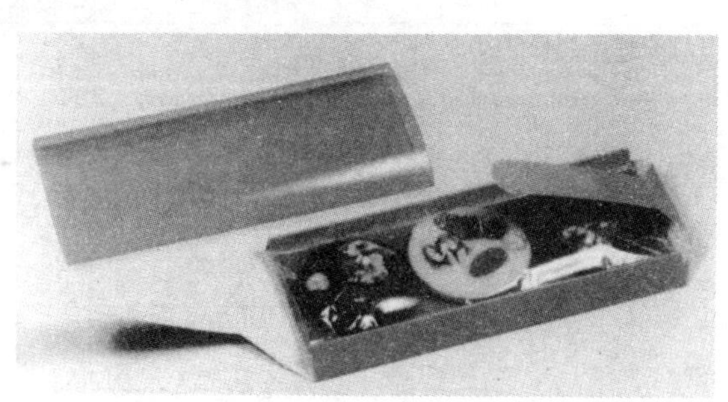

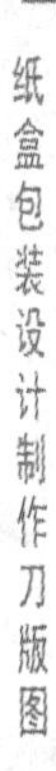


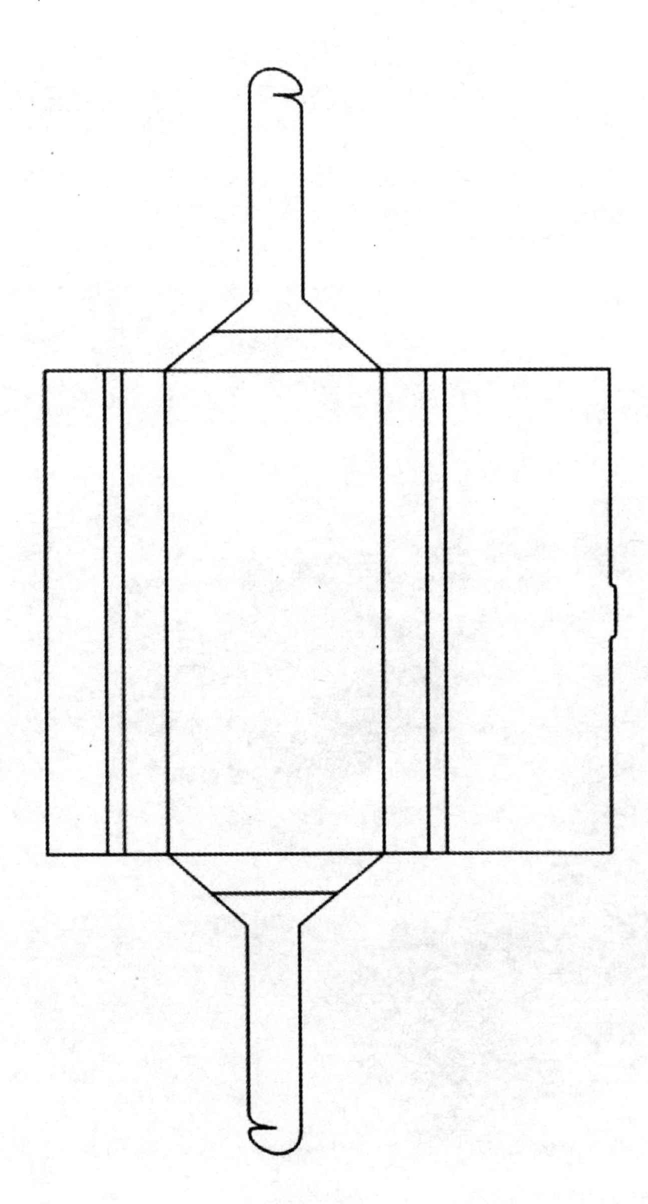

这款是便当纸盒。侧壁呈曲面，既保持了强度，又强调了形状的变化，同时还增加了整体的个性化。由于使用曲面作为中心，利用曲面实现了包装的视觉变化，提高了商品性。最终固定通过较长两端切口的互接，并附以橡皮筋来实现。

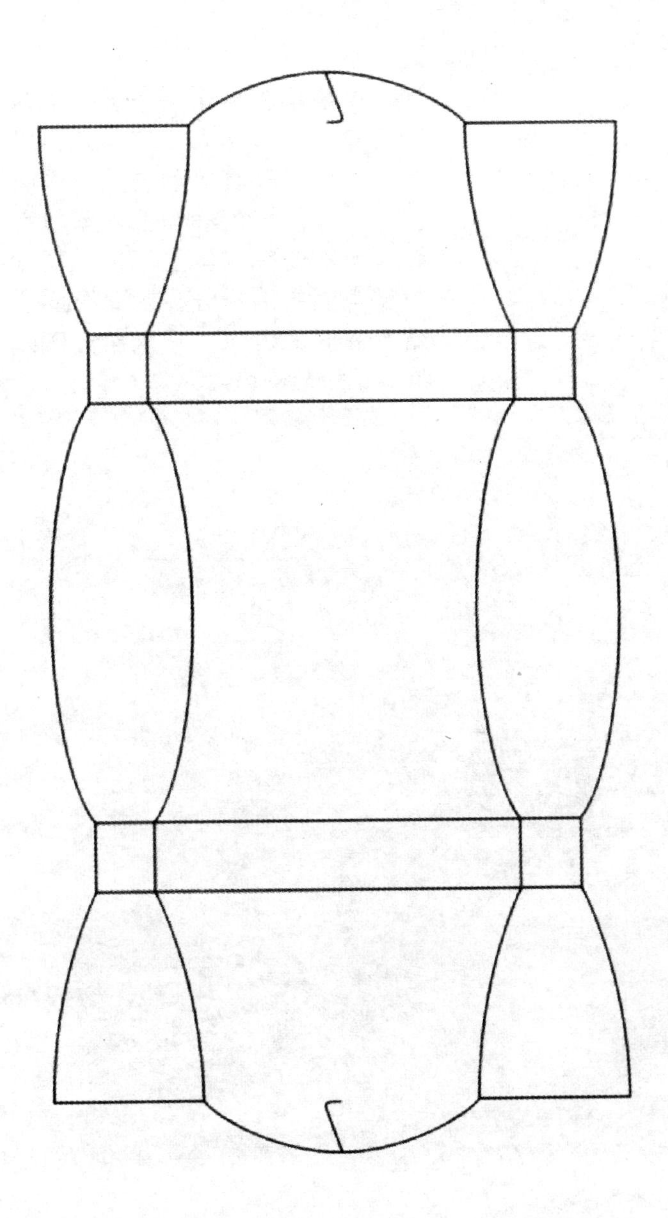

这款是礼品用点心的简易包装纸盒。展开图为十字形状，将四块点心放在其中心部上，周边部分立起形成侧壁，把侧壁包在点心上即告完成。上部各个面的角没有明显的折线，因此形成了略带曲面的形态。追求柔美的效果是该设计的重点。



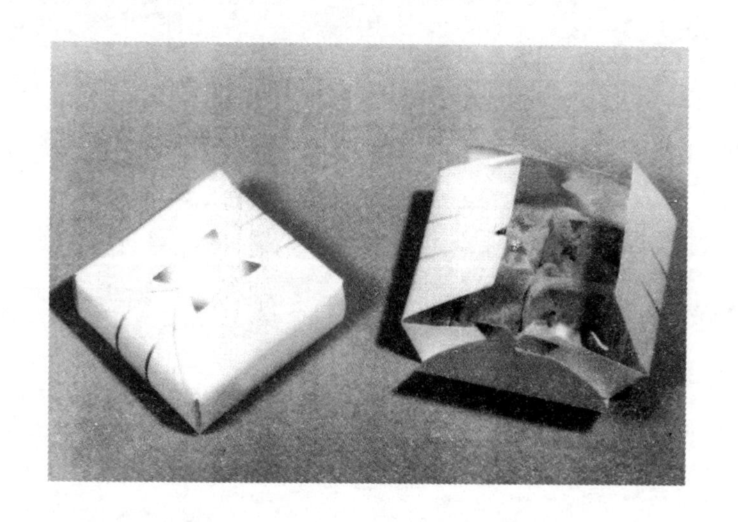

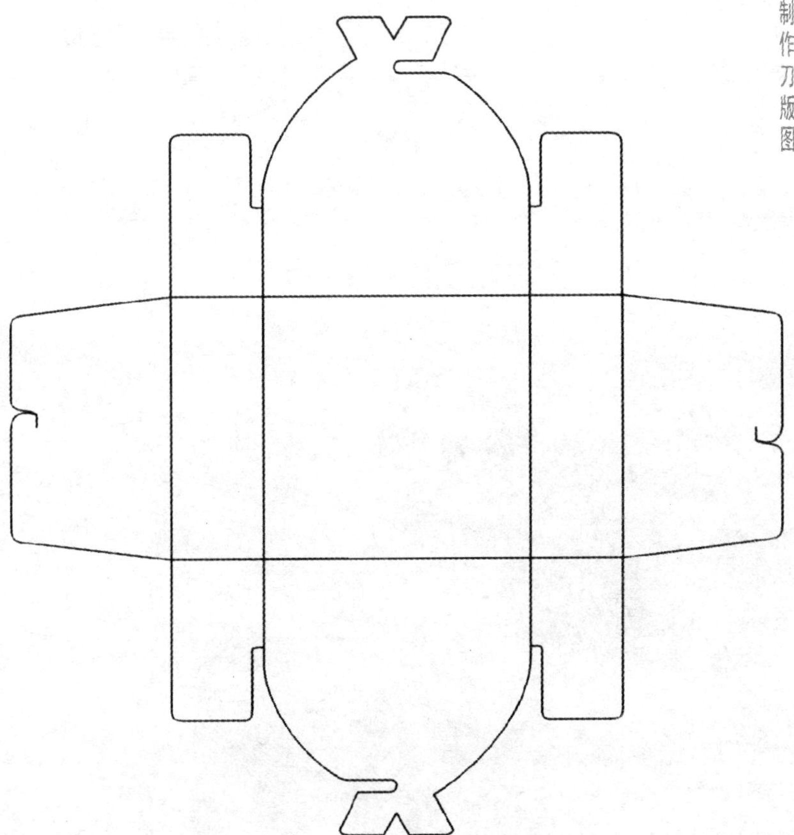

这款是为出游时携带自制的食物而设计的纸盒。将一张用铝箔加工而成的纸板，制成符合食物形状的立体器皿，利用折叠和组装，其结构十分简单，操作十分方便，给人以愉快的感觉。



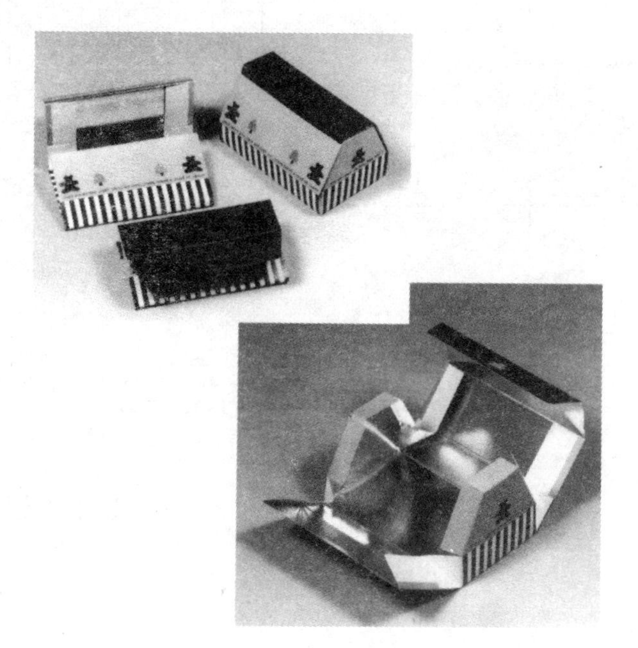

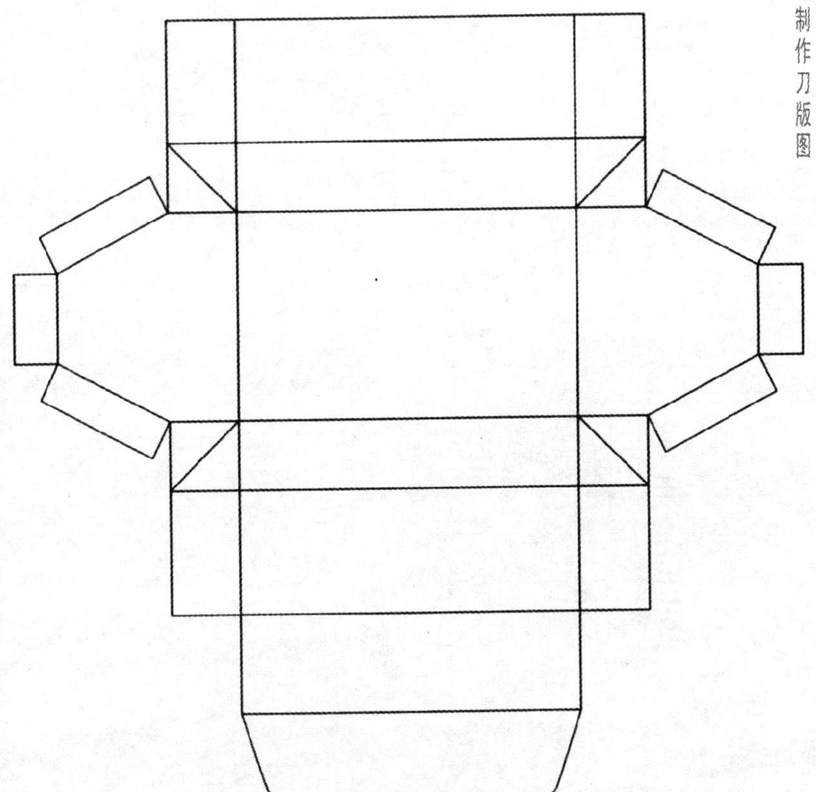

这款是六个装点心纸盒，在结构上属于筒形盒子的变形。无论在视觉上还是在结构上，兔子的脸部都是强调的重点，因此该部分的组装操作较为繁琐。本设计将包装的形态、结构与视觉都很好地融合在一起。

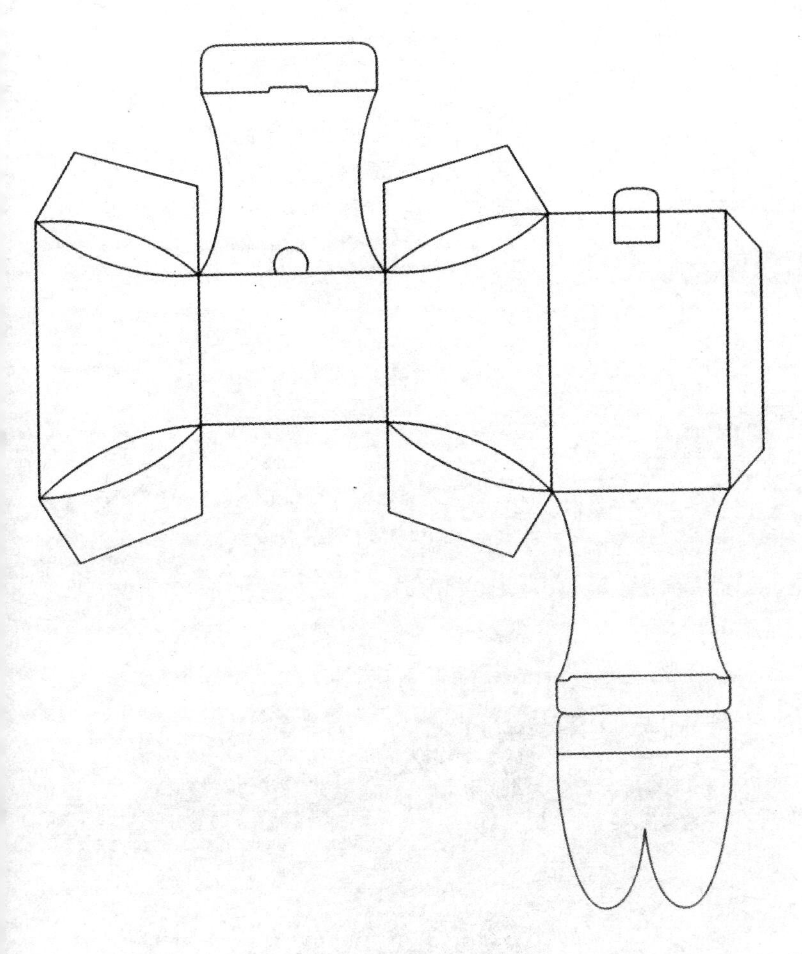

这款是糖果纸盒，在形状上强调个性的可爱，心形的包装体现了小礼物的特点。在结构上采用一处粘合，将左右两部分向内压，从而使部分形成空间。为了防止糖果散落在心形的上部，利用包装带和别针将开口封闭。整体上给人以愉悦的感觉。

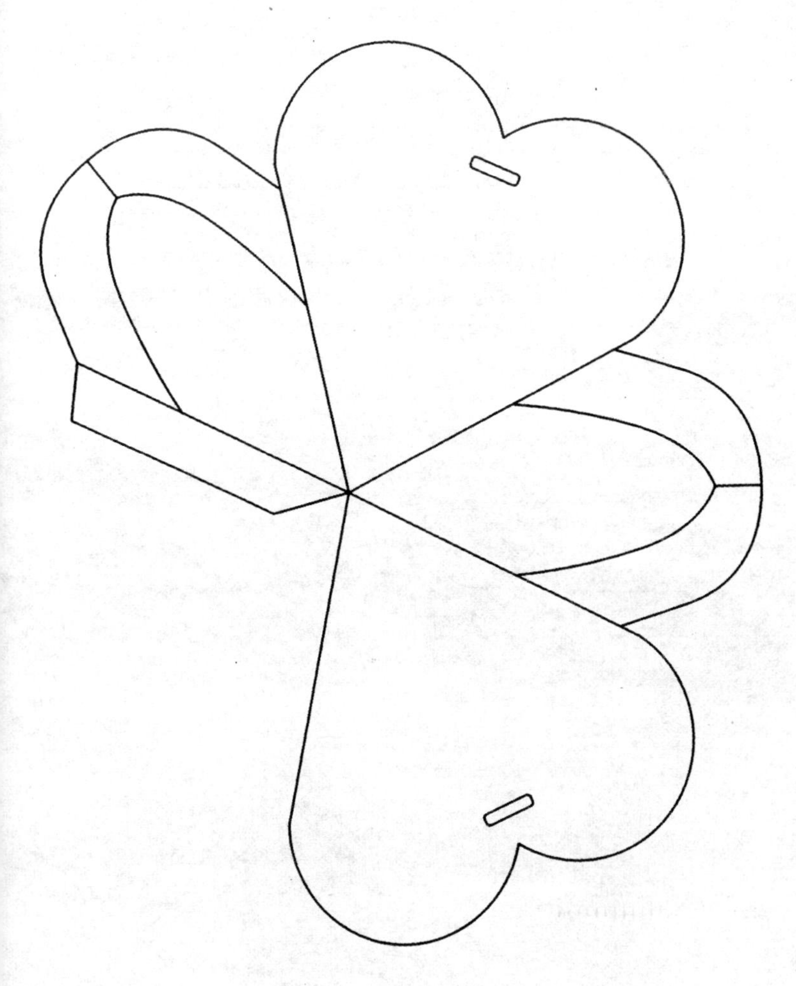

这款是点心的简易包装。该包装是由一张纸板构成的简易包装，用手即可组装起来。由于物品形状特殊，受到震动会发生移动，因此容器各个基础部分在中心线上重合，解决了这一问题。纸盒的形状具有很强的商品特点，同时三角形也起到提高强度的作用。



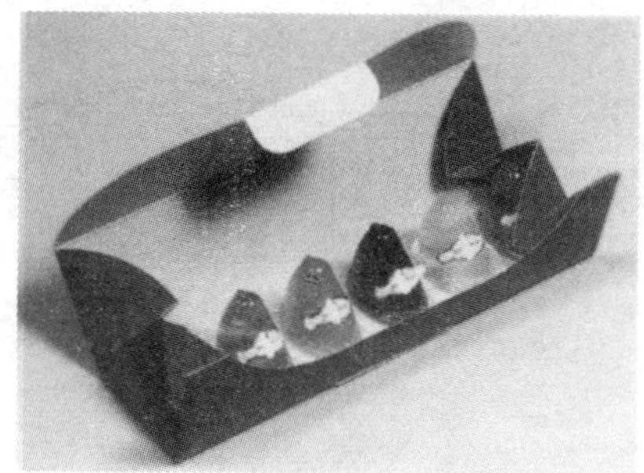

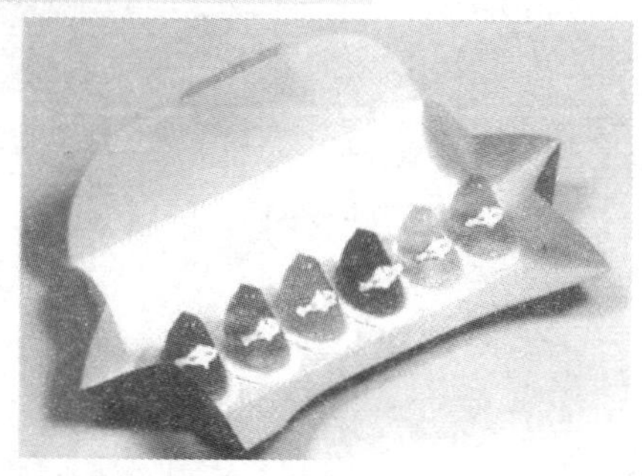

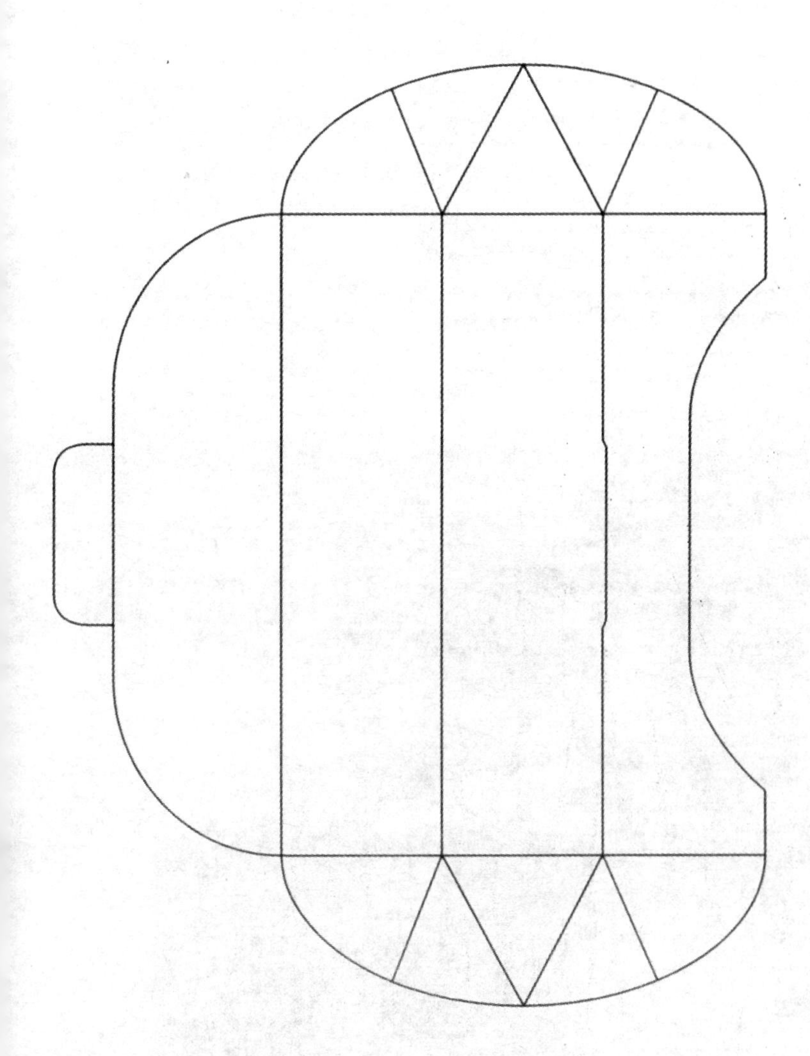

这款是兼礼品性折页式盖子的纸盒。将底部周边立起作为侧壁，形成容器。将一面侧壁的延长部分做成容器的顶部，并反向折叠，插入下部的切口固定，形成覆盖顶部的盖子，该部分呈斜面状，产生独特美观的视觉效果。

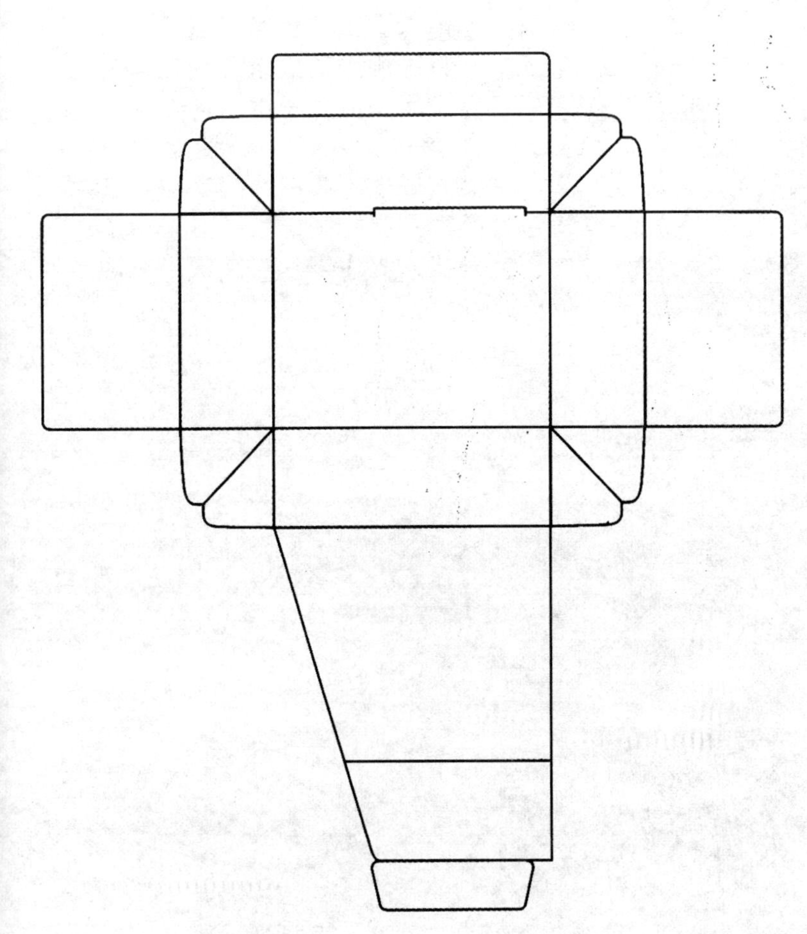

这款是点心用的折页式盖子组装纸盒，在结构上近似于简易盒子，十分简单。将底面周边竖起形成带有侧壁的容器。用横向较长的一面的延长部分作为盖子，将其向身前方向折弯，并插入底部折叠曲线的切口。由于包装品为易损物品，设计时采用了内部分隔式，利用发泡材质的小盒加以保护。

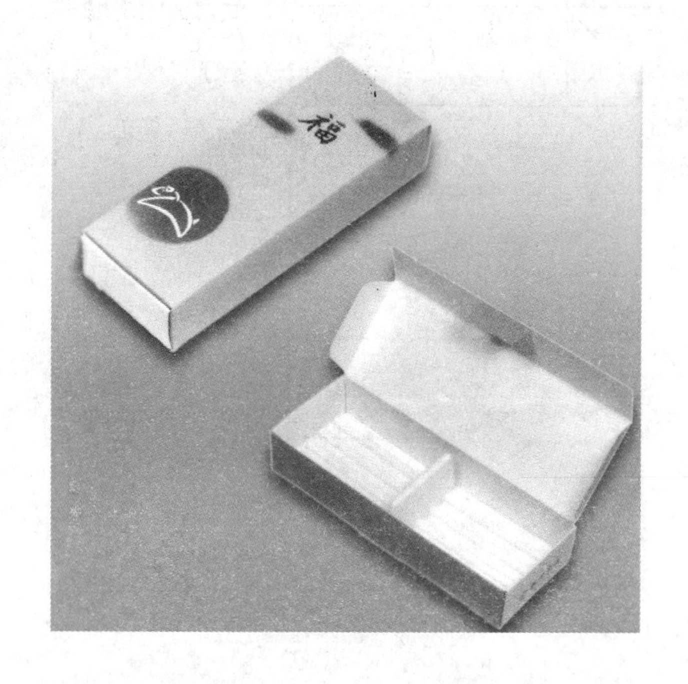

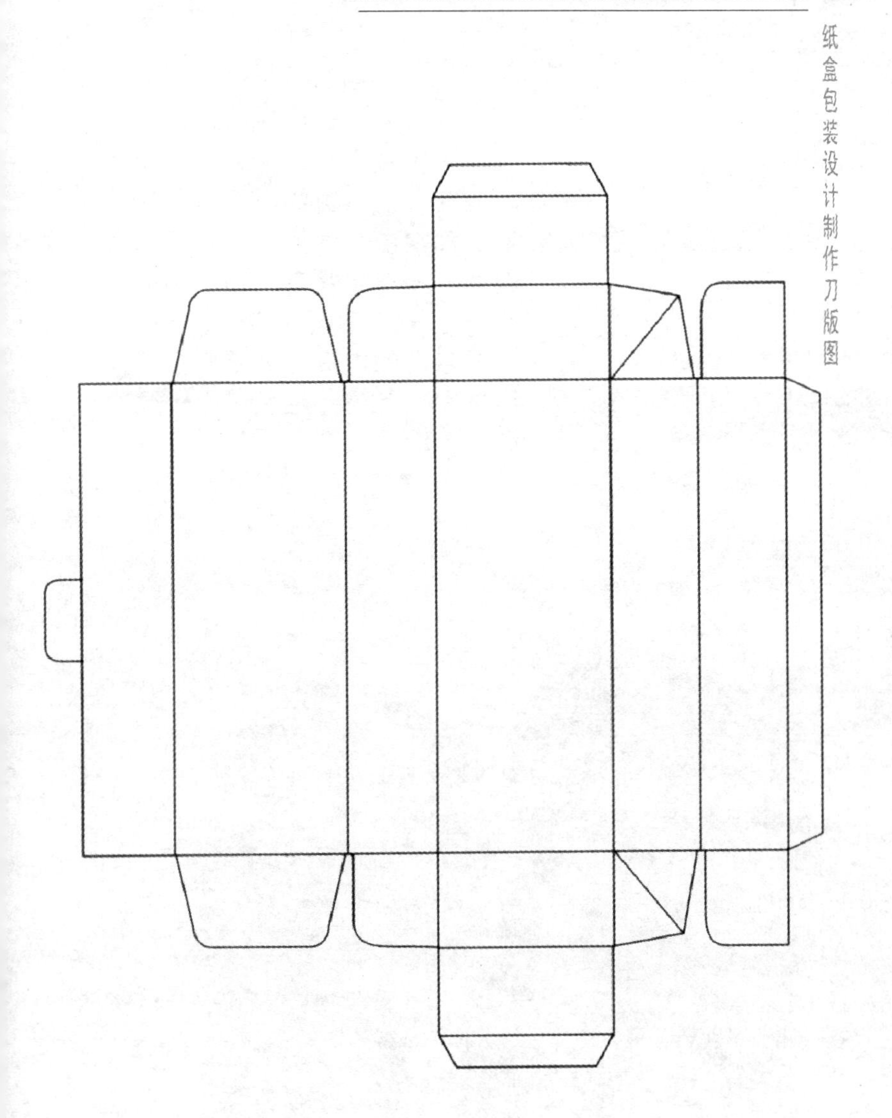

这是一款糖果纸盒，在一张纸板上设有两个粘结处，将平袋状的部分沿各边的折线向内压，形成星状的立体形状。由于折线很多，操作起来有一种拼图的感觉。上部的两个地方重合在一起，各自的中央部分设有插口，用来固定盖子，组装过程十分有趣。

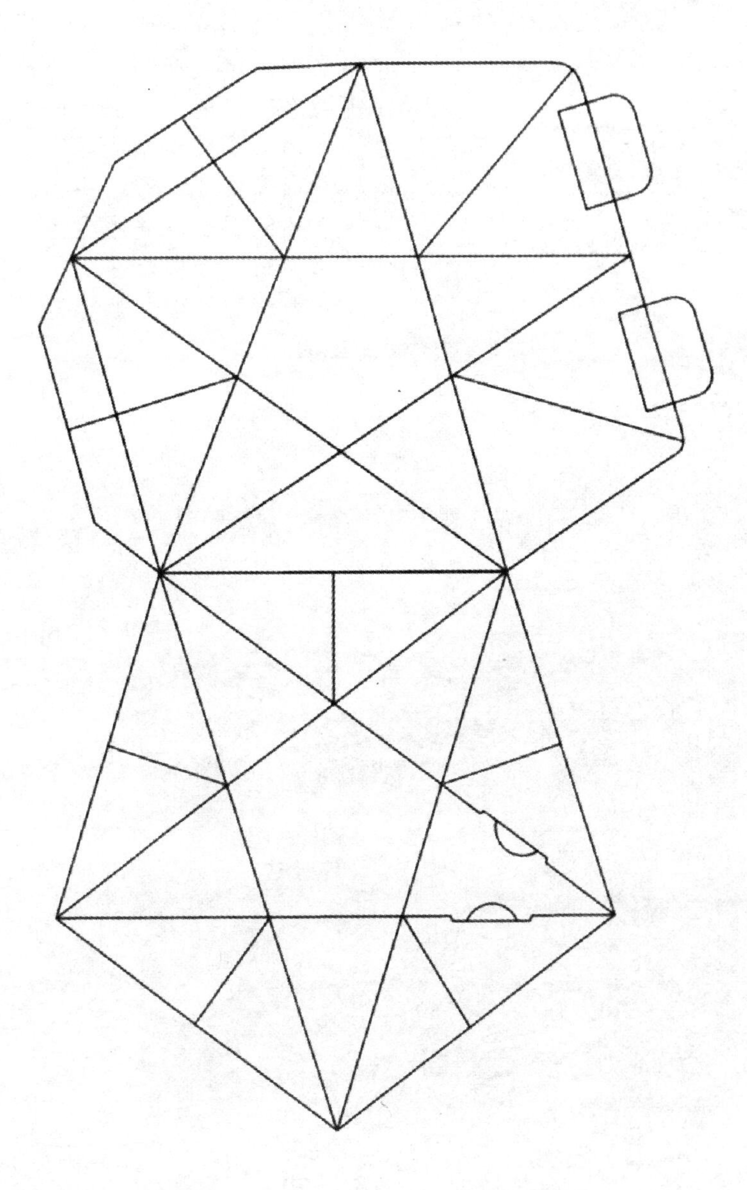

这款是系统化生产线上生产出的套装巧克力纸盒。该包装以前多用于香烟，现在用于巧克力的包装，引起了大家的关注。该设计由两个部件组成，采用全自动生产，既保持了强度又易于拆开，给人以清新的格调，被称为图卡式纸盒之首。

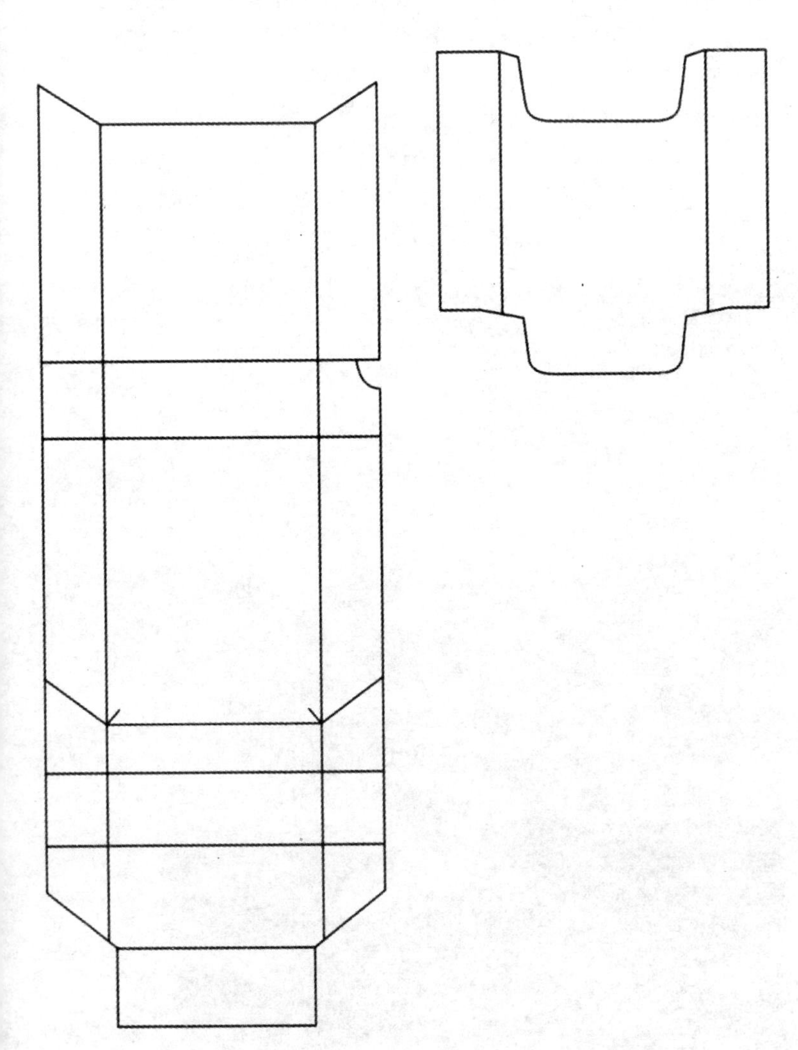

这款是软式蛋糕包装的另一种方案。该设计避免了以往包装易坏物品所采用的坚硬四角的设计，而采用了贴合物品形状的方案，在形状上很有特点。具体来讲，将上边的两个地方折成曲面，强调了造型上的柔美，对于传递商品很有帮助。



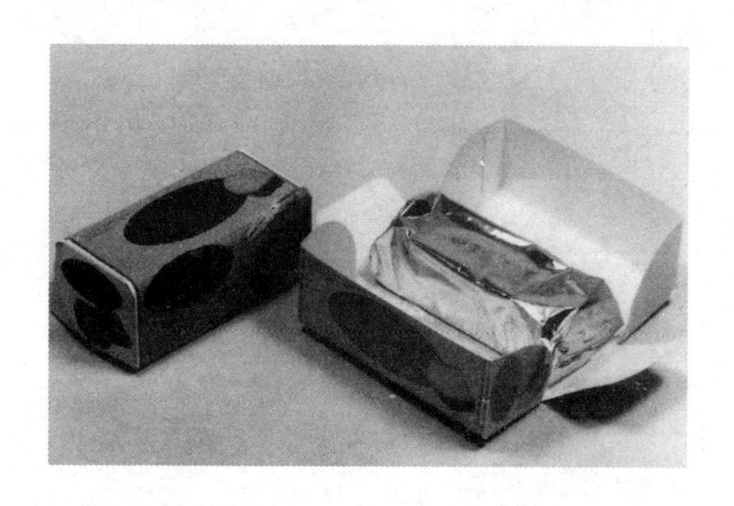

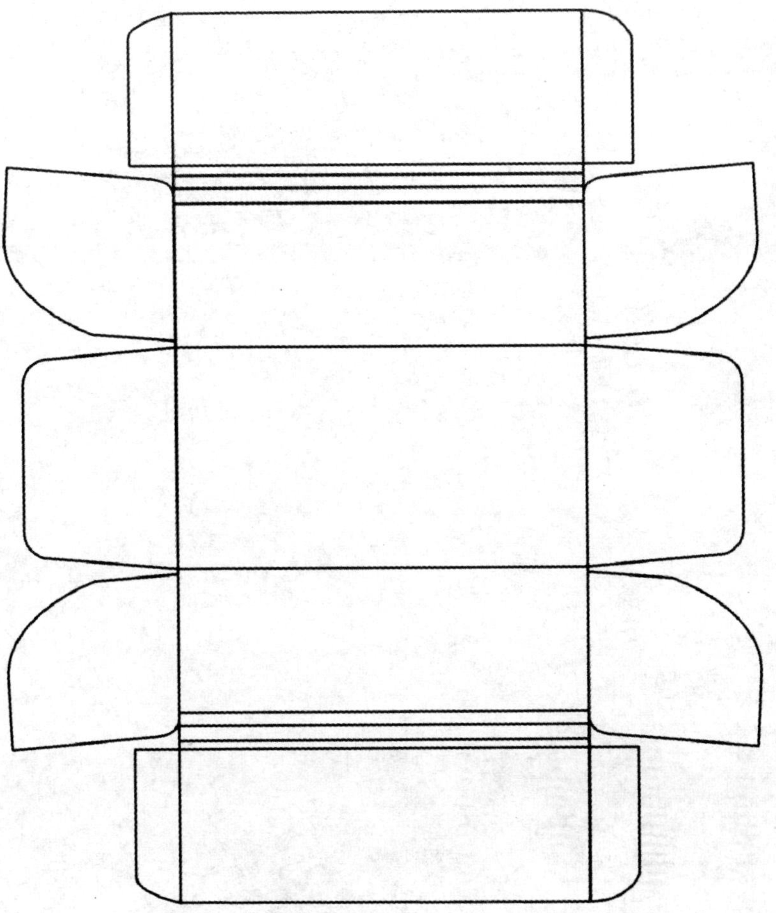

这款是大批量生产的新创意纸盒。主要用于26个装小型板状巧克力包装，通过透明塑料可以看到半数的巧克力，很有吸引力。除去透明的塑料板，将标识部分折向下方，形成盖子的处理方法也很新颖。采用底部的两处粘结的手法，很适合系统化生产。

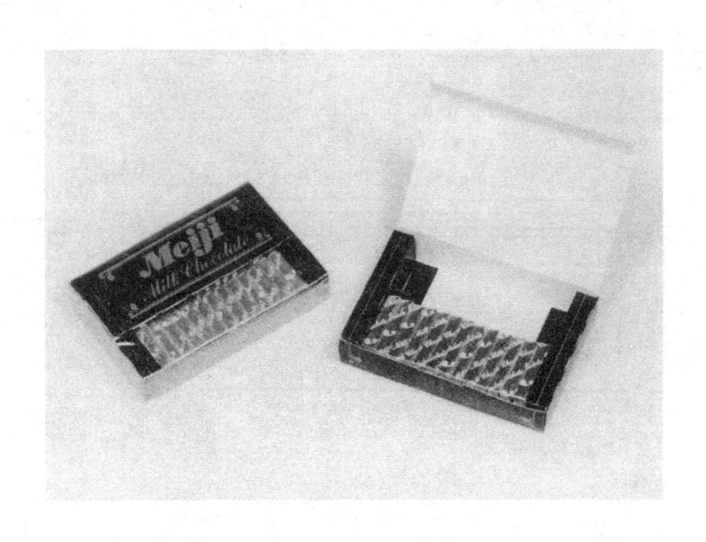

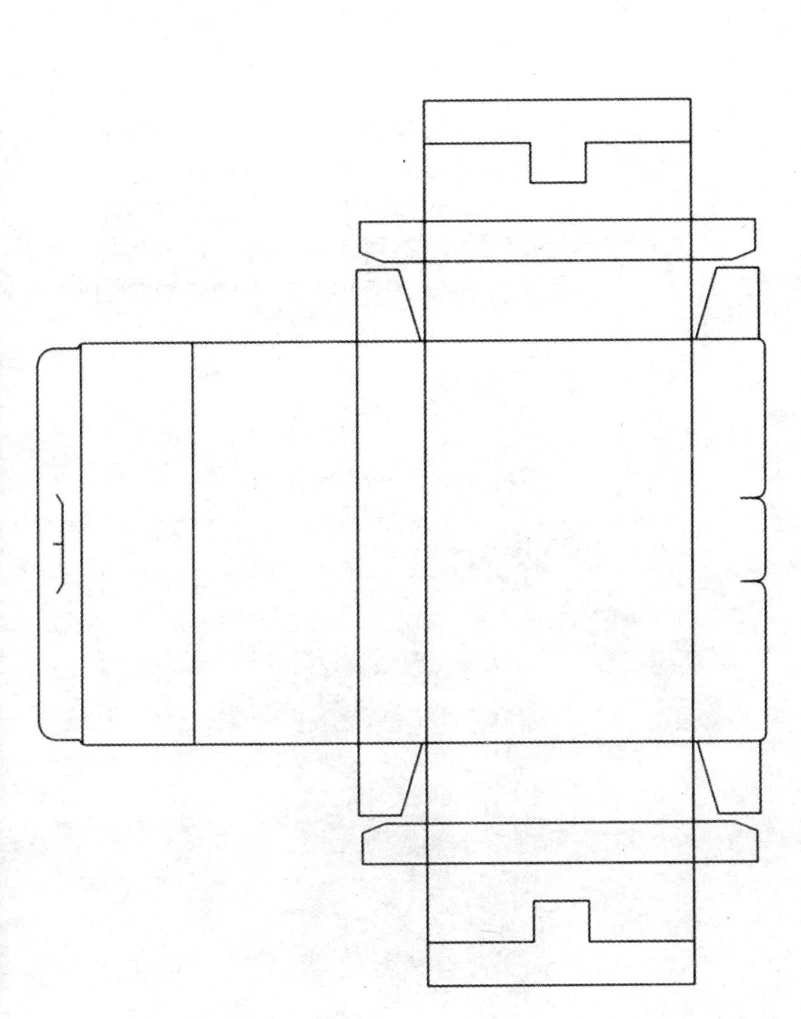

这款是三瓶装玻璃瓶的提手。将一张厚纸板粘结成筒状，在上面开几个圆形的小孔，用于安插瓶子的头部。将两张稍有间隔的横板上的切口挂在瓶盖处，固定瓶子。瓶盖的下部采用双重锁定，结构十分牢固。取下瓶子时，只要沿上部的小切口撕开即可。

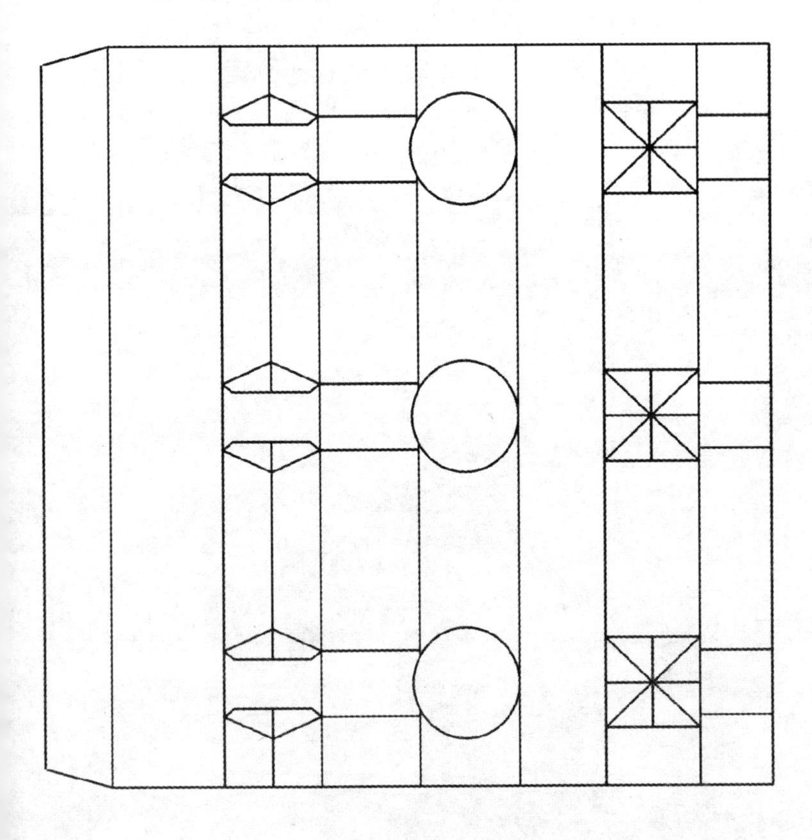

这款也是三瓶装玻璃瓶的提手。将一张厚纸板折成断面为台形的筒状，形状十分简单。瓶盖部分插入到圆形的小孔内，通过中央部分的切口挂在瓶盖处，固定瓶子，左右摇动毫无问题。

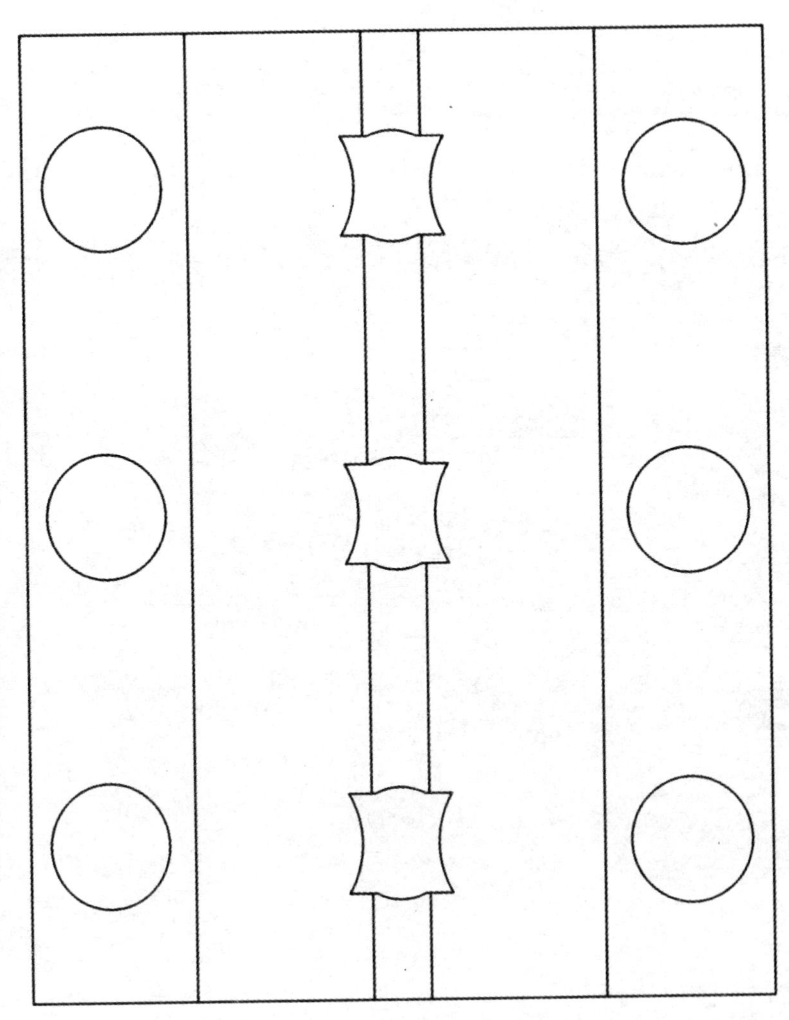

# 纸盒实用类型

## 顶底相连的纸盒

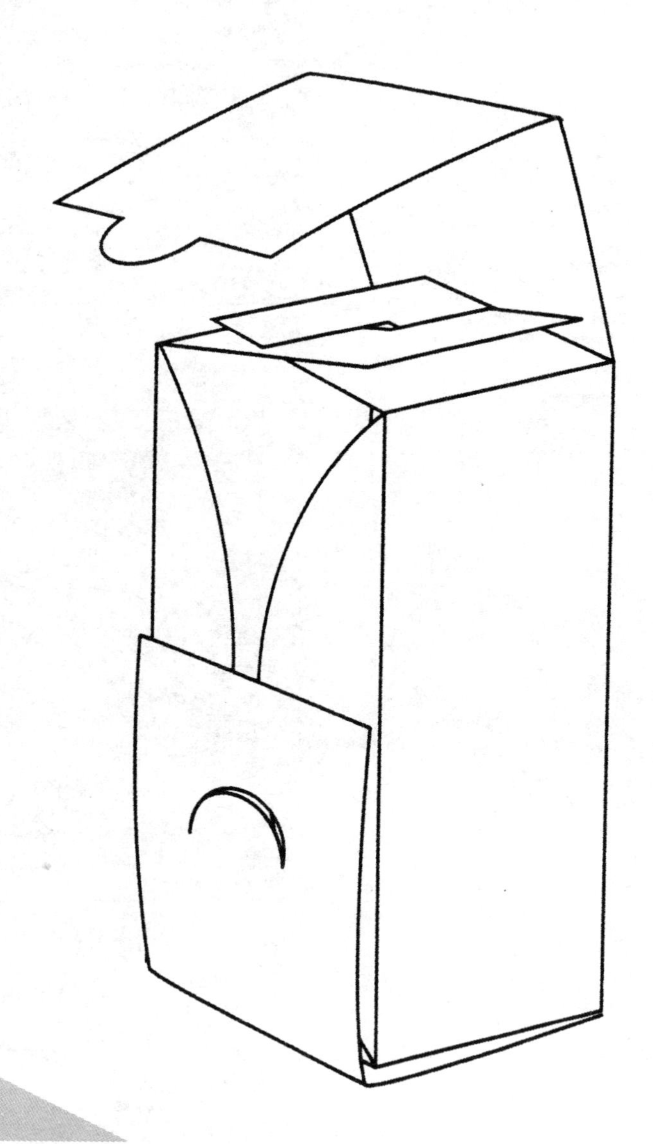

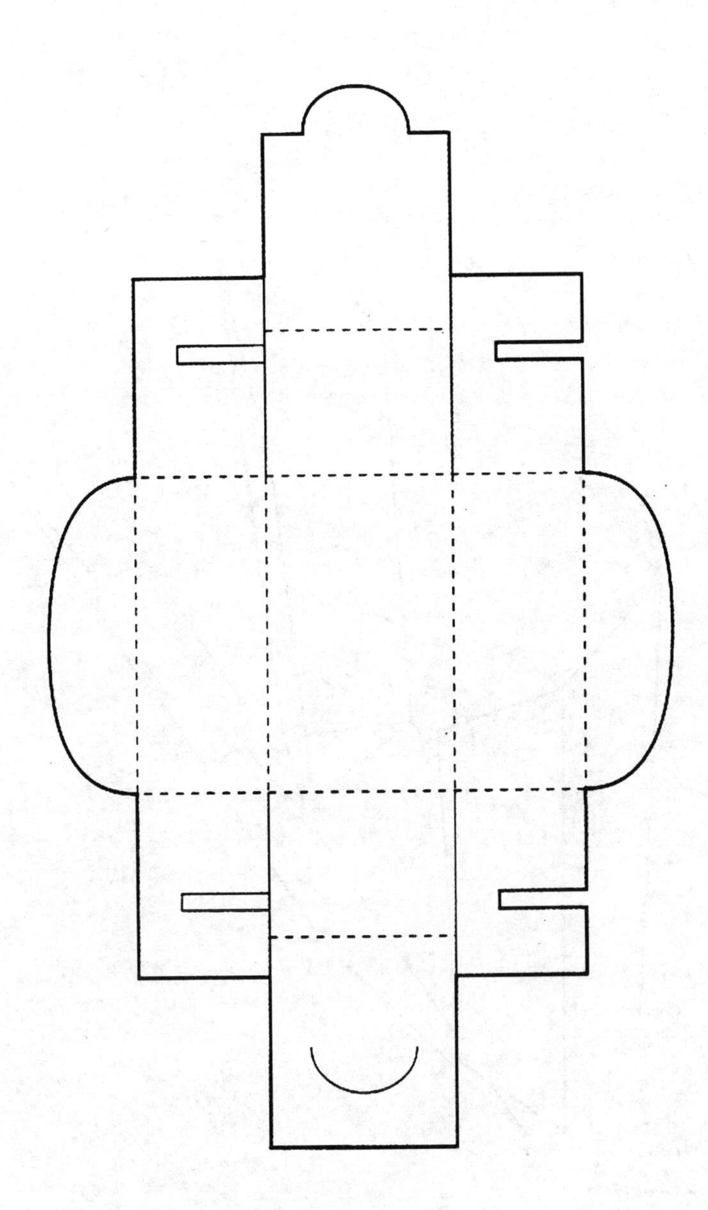

## 开放式纸盒

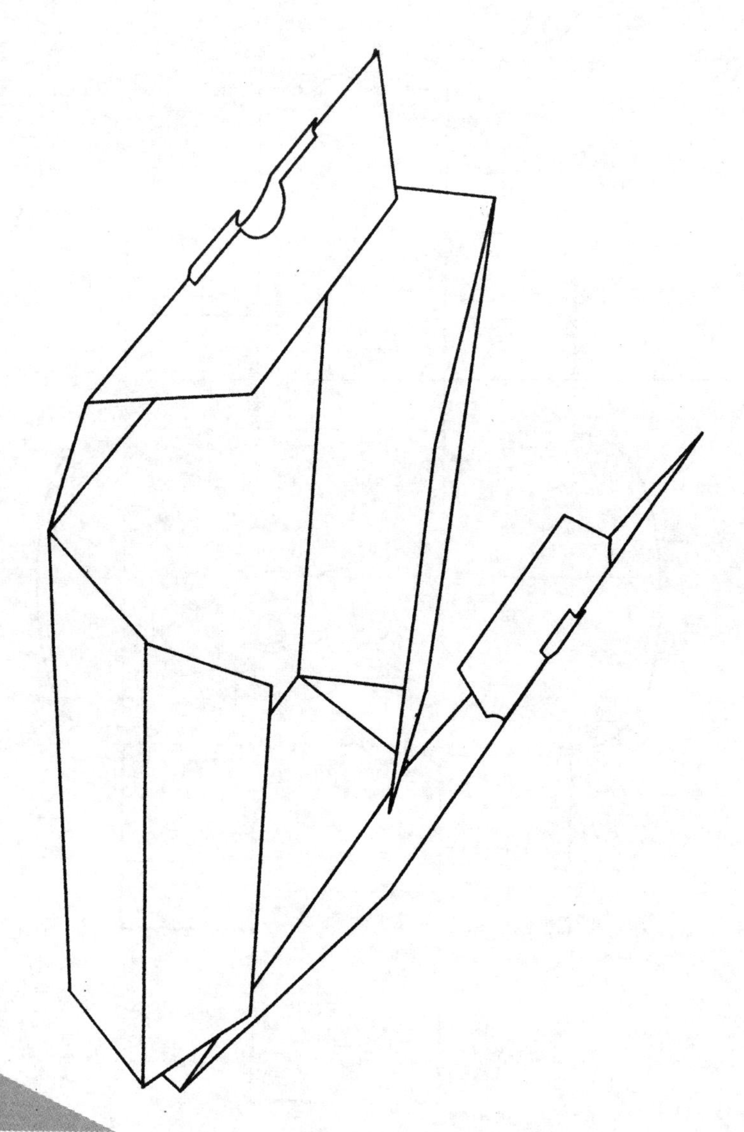

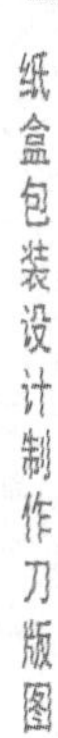
纸盒包装设计制作刀版图

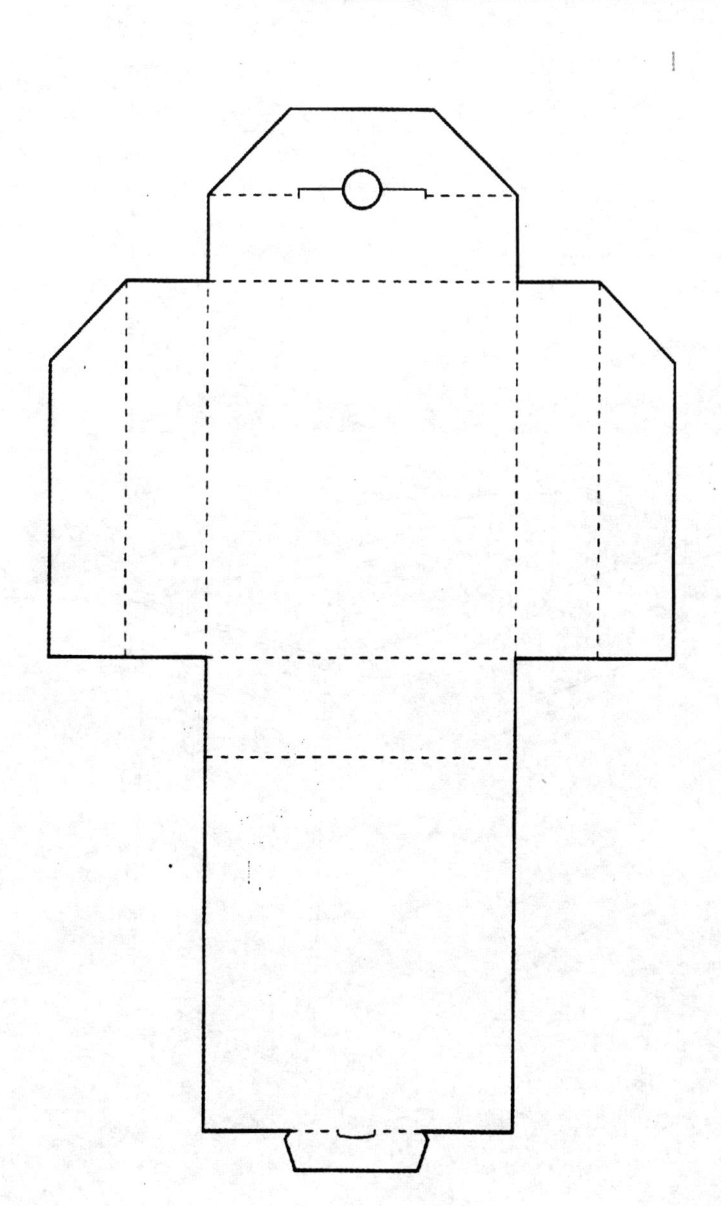

# 加厚档案纸盒

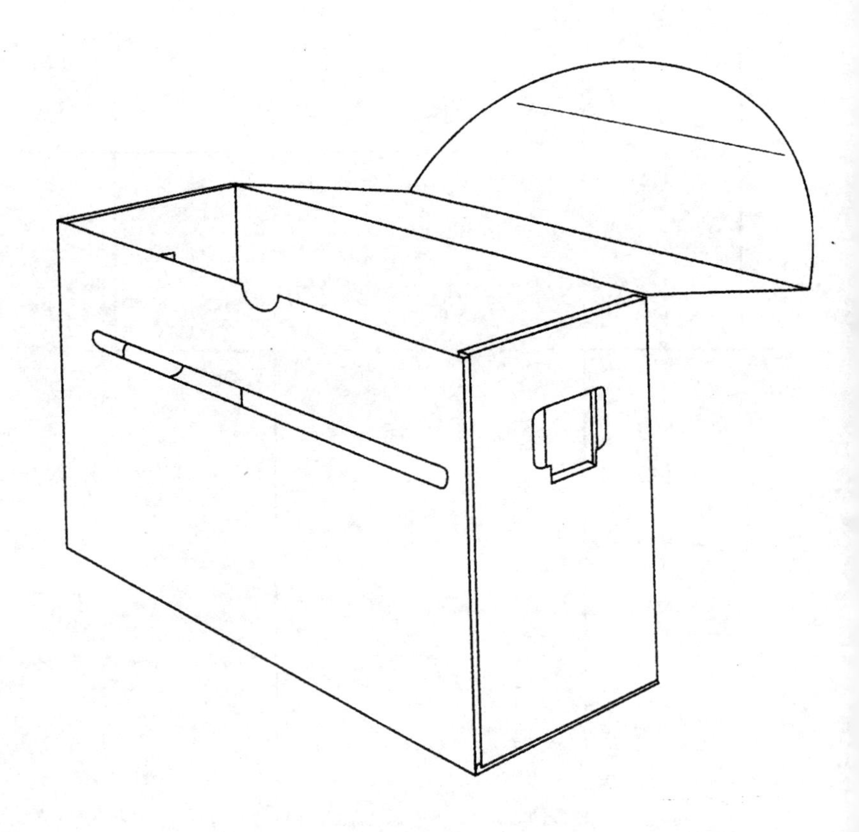

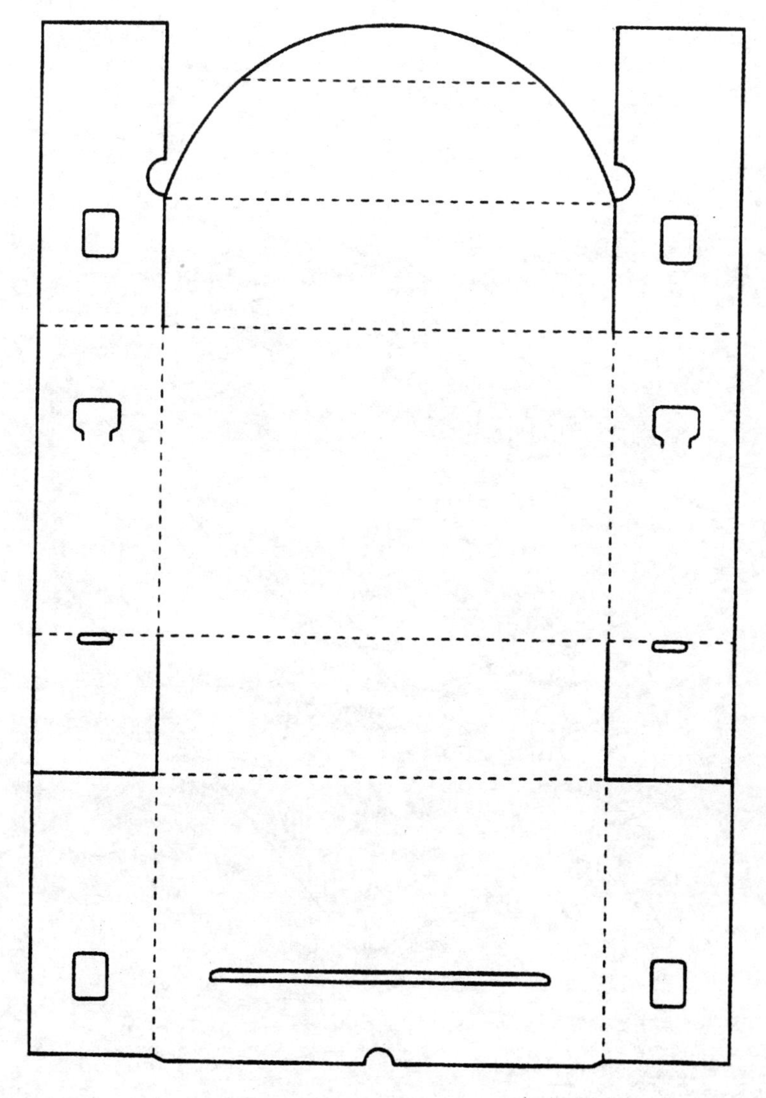

## 水果纸盒

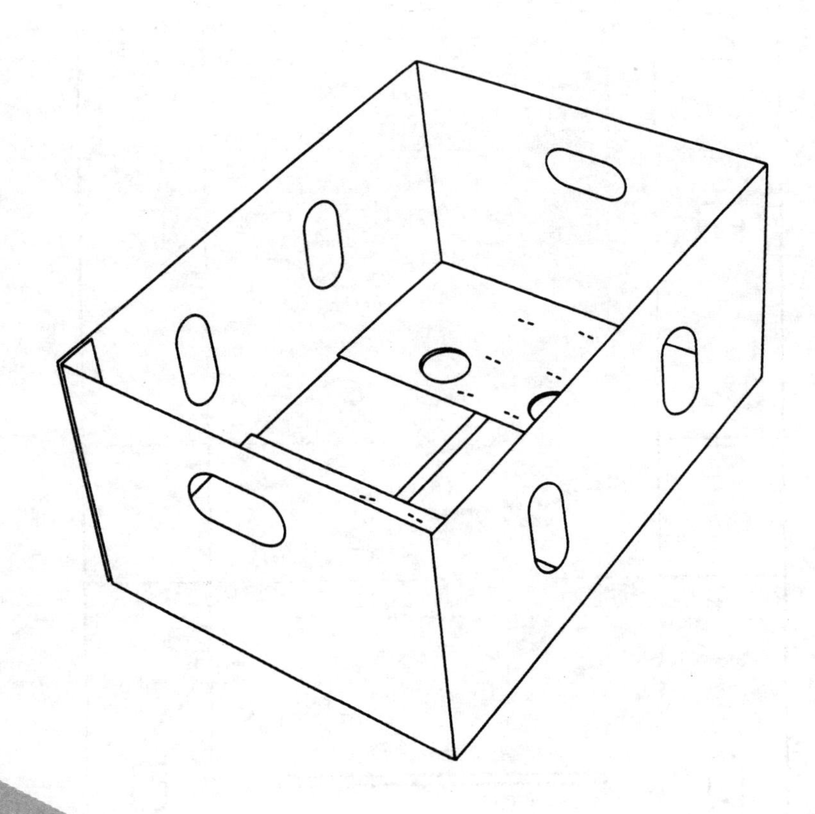

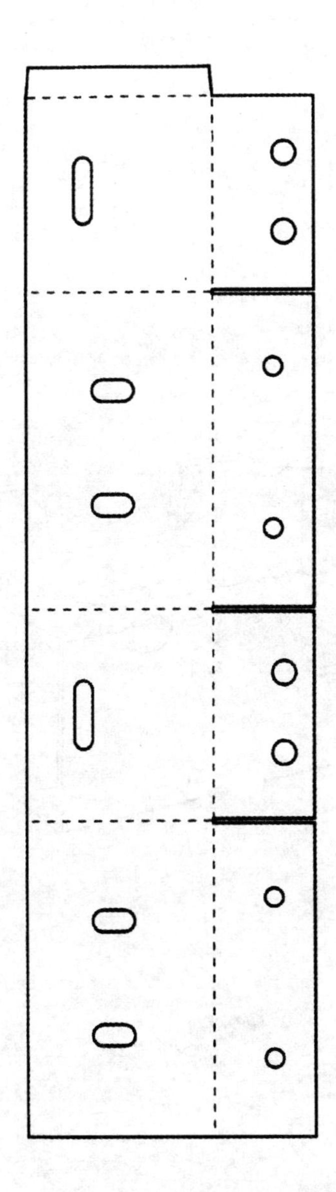

## 可堆放水果的纸盒

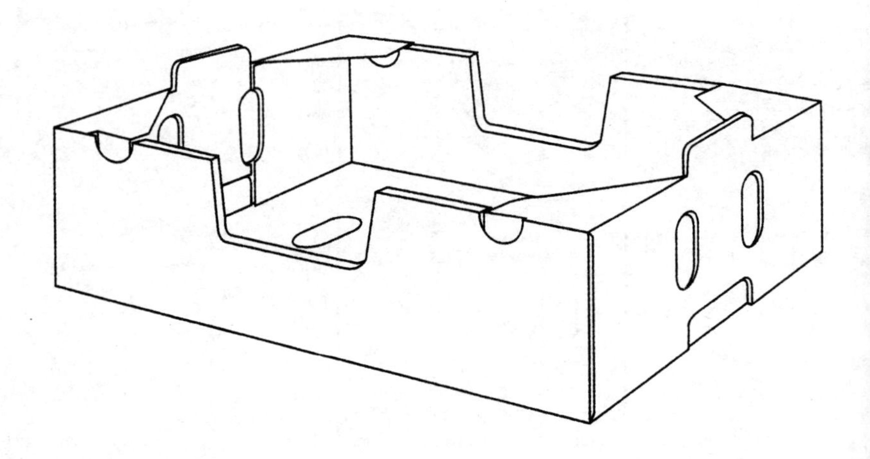

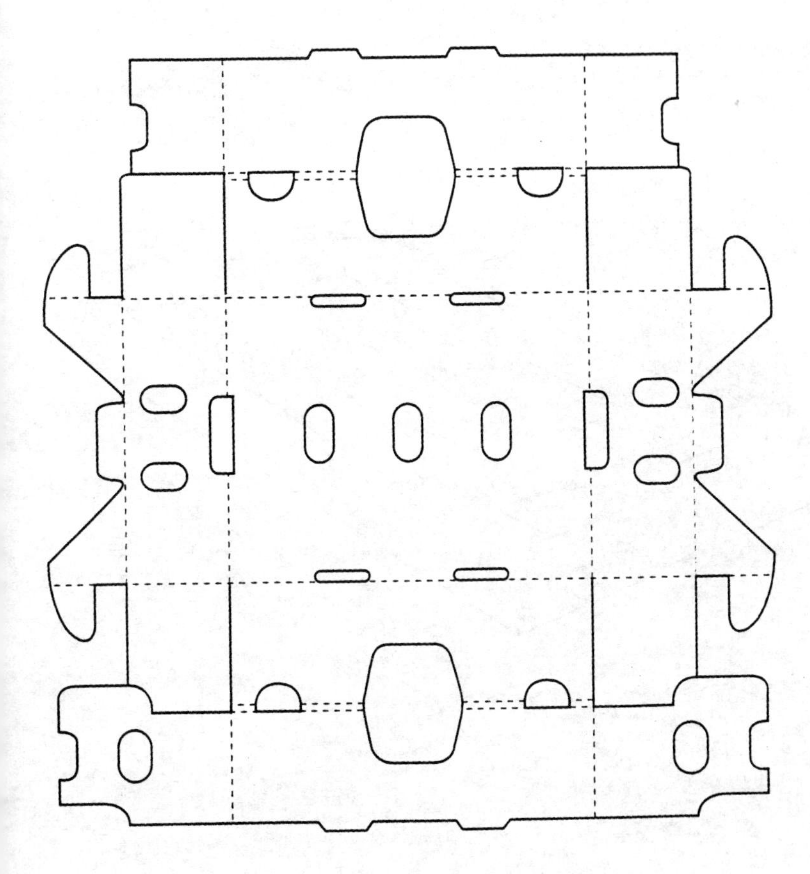

## 可堆放水果的纸盒

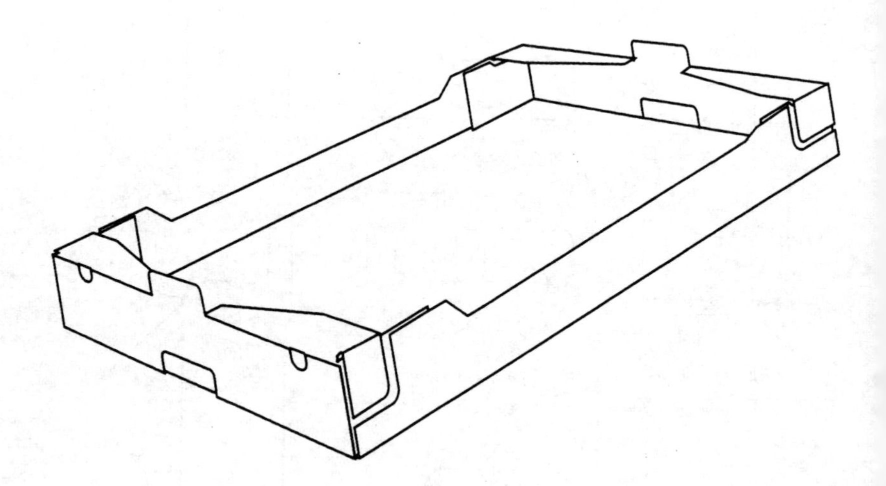

纸盒包装设计制作刀版图

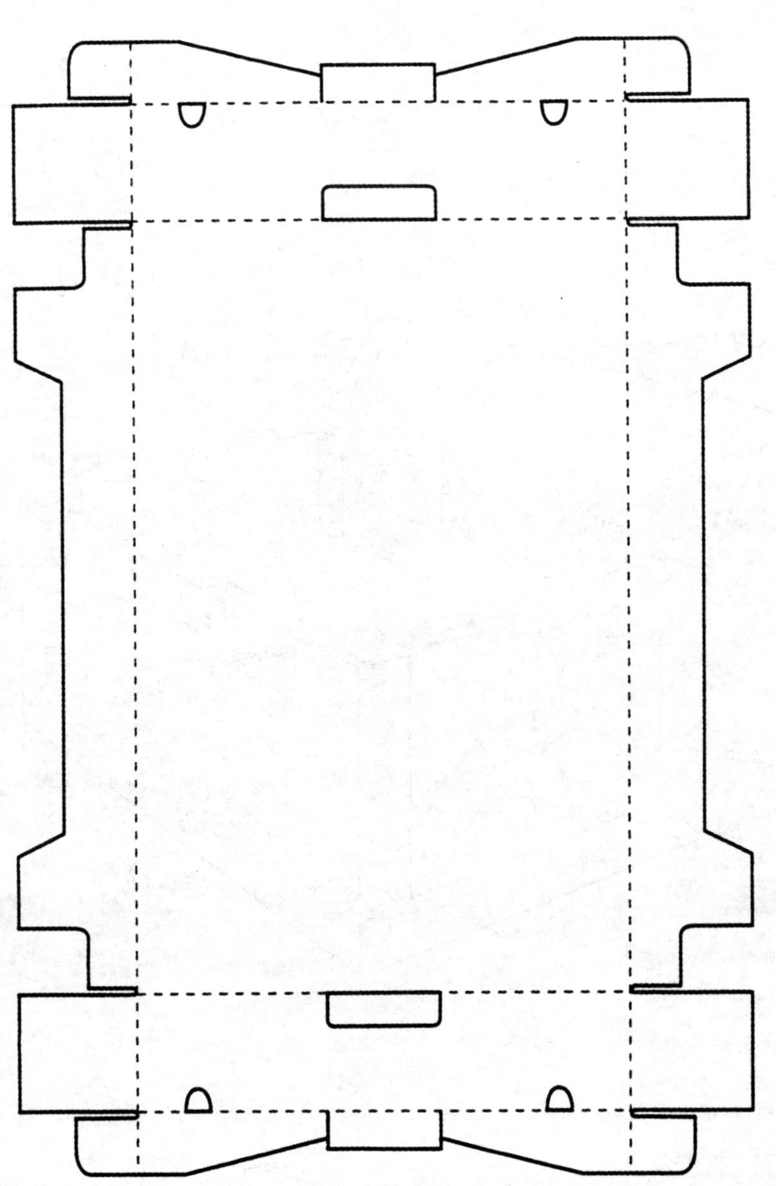

# 可堆放水果的纸盒

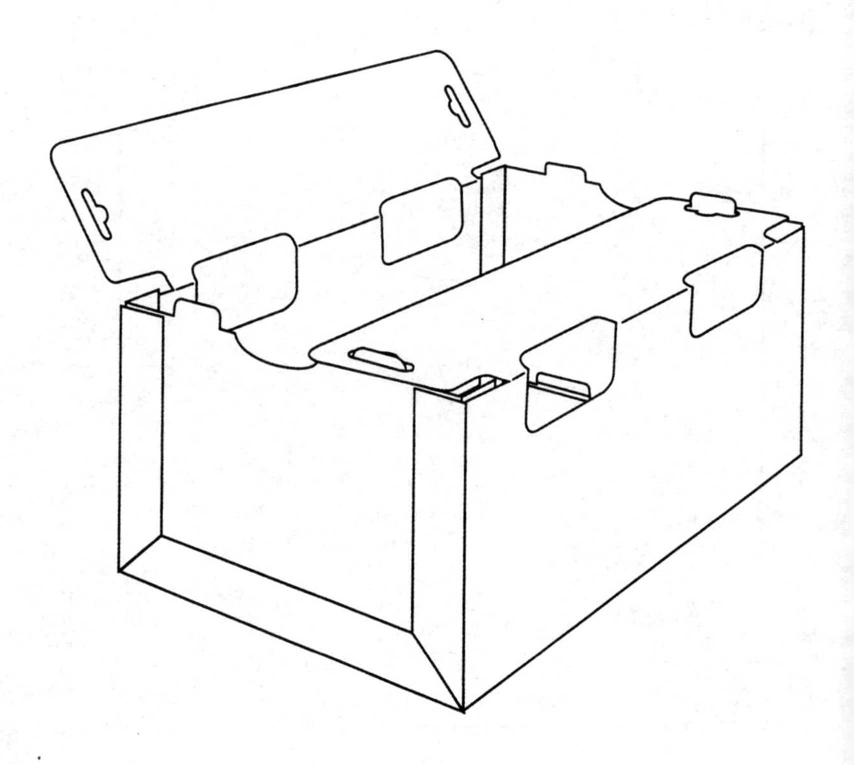

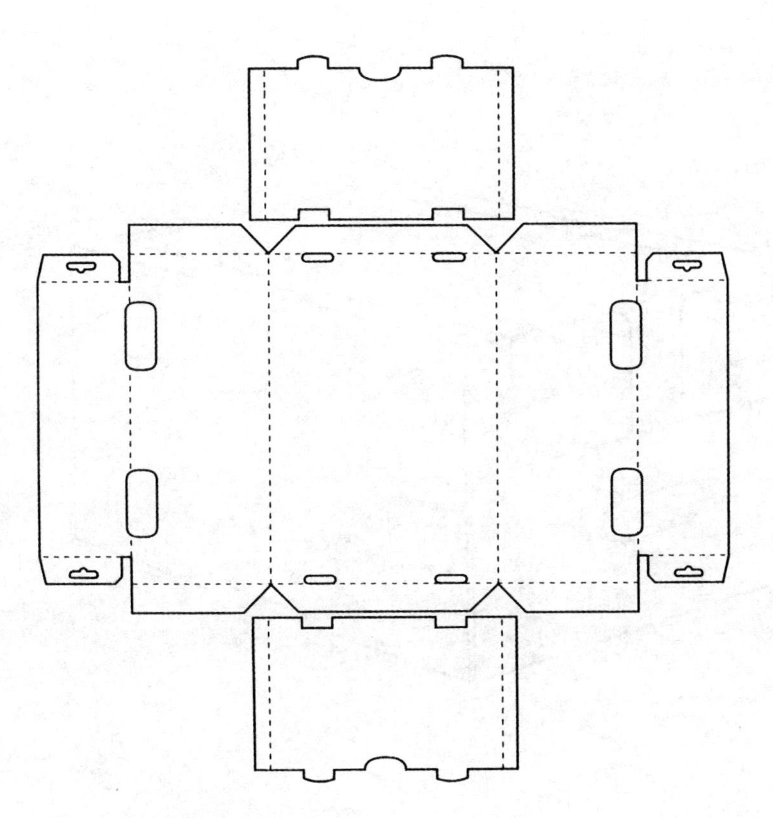

## 可堆放水果的纸盒

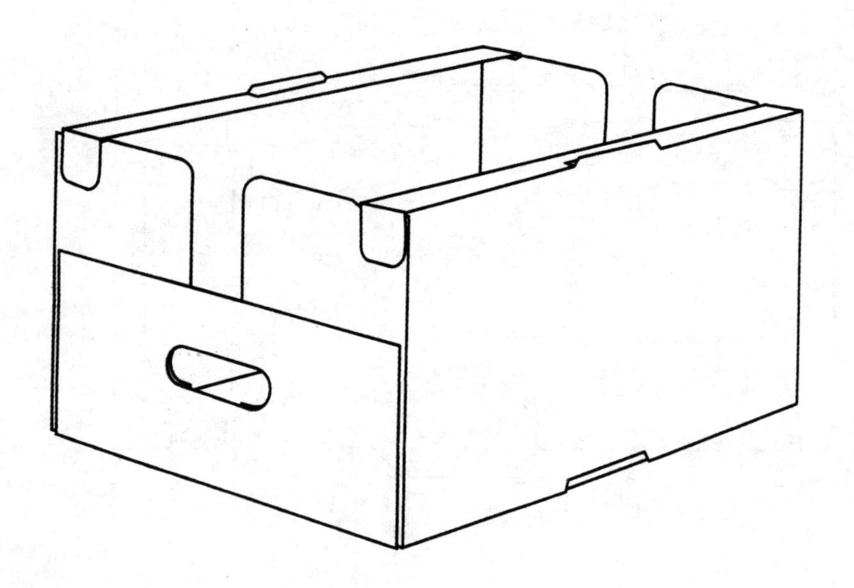

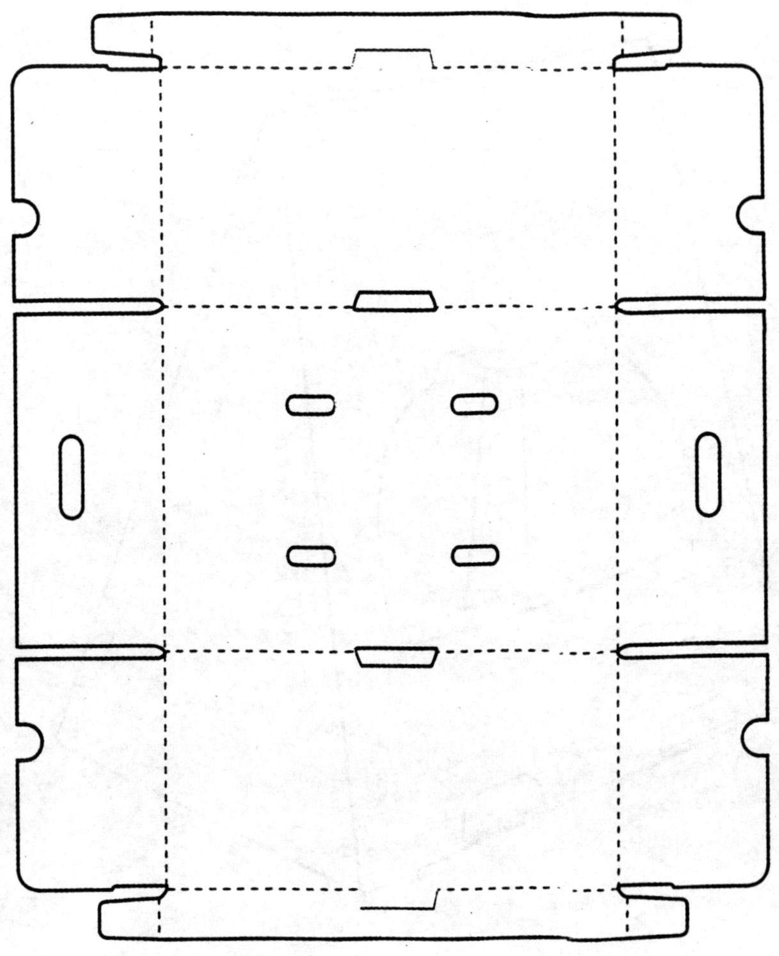

## 三角形的视窗纸盒

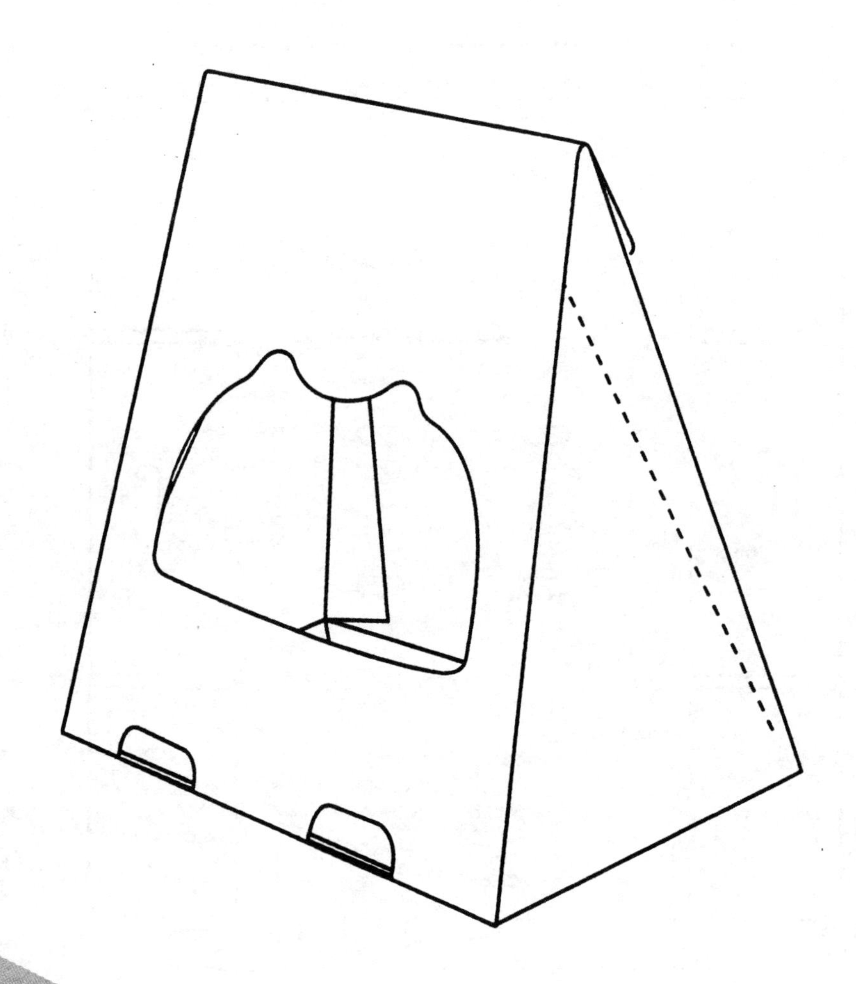

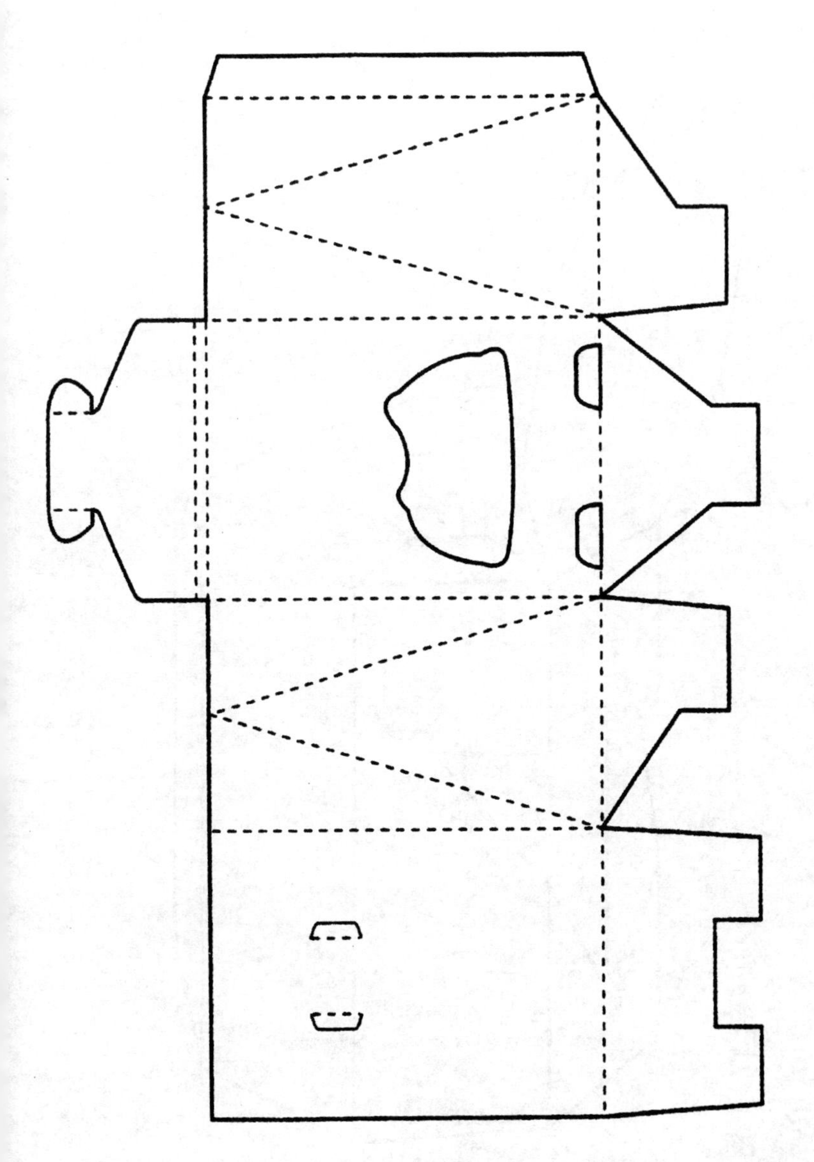

## 带小窗的八角纸盒

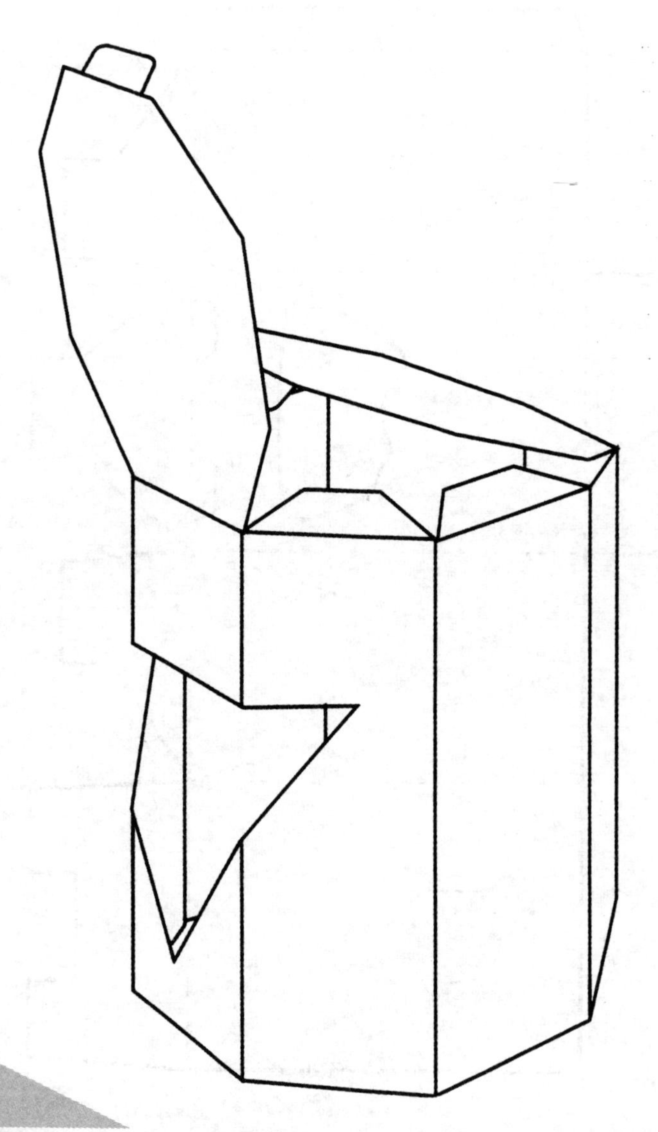

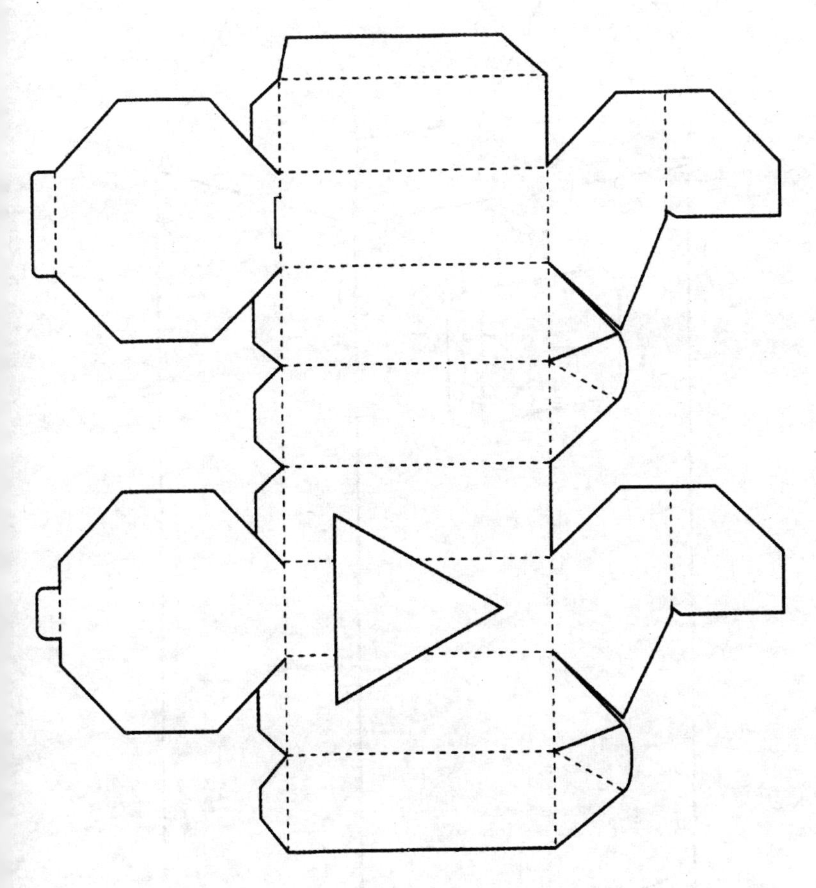

## 带小窗的配送纸盒

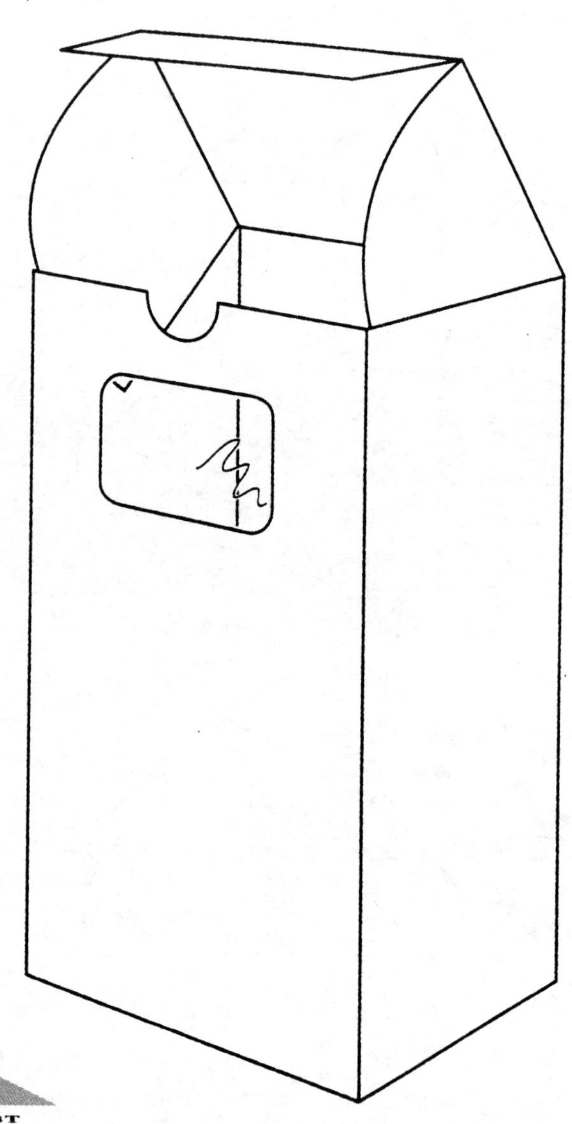

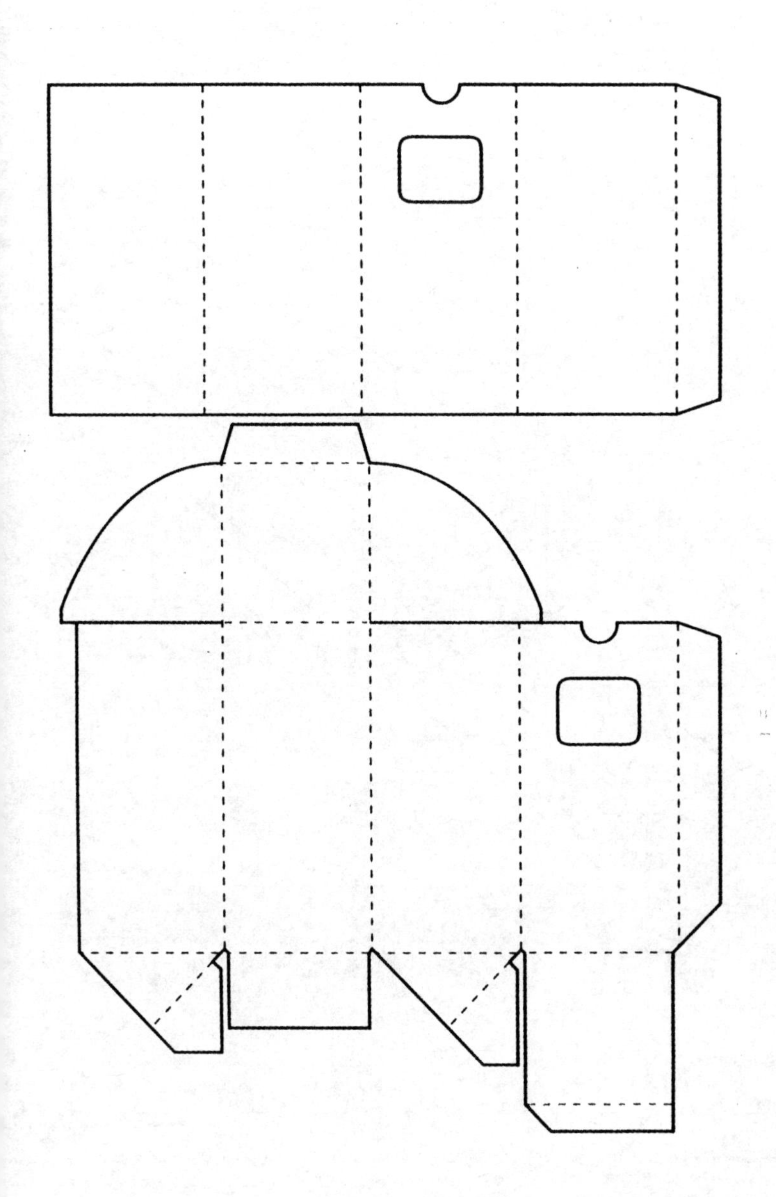

## 长形展示纸盒

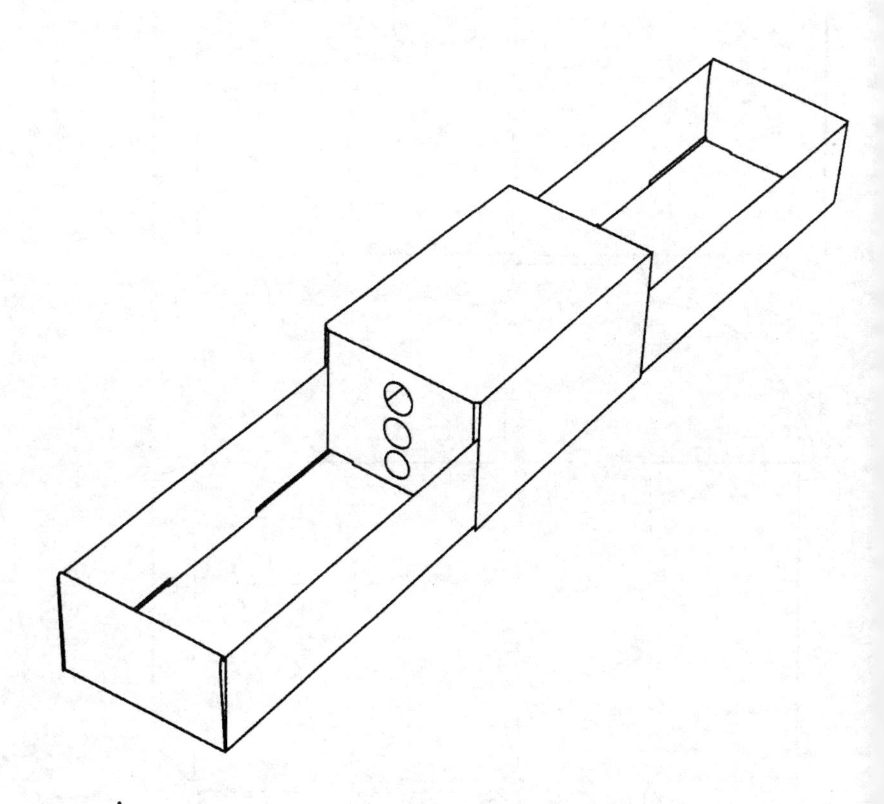

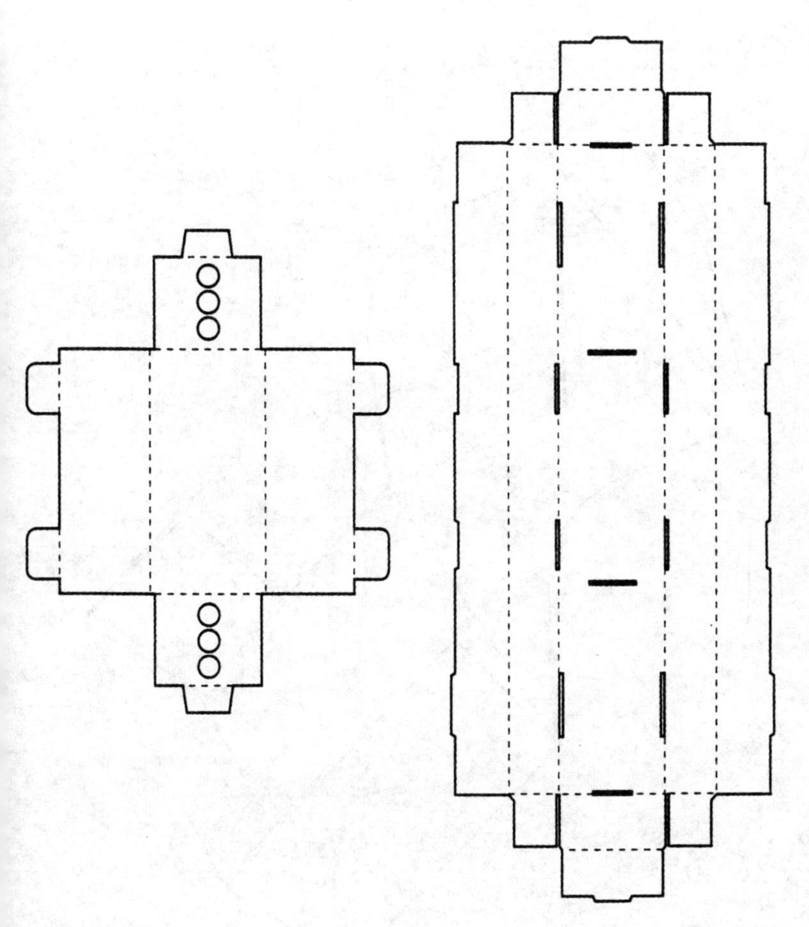

# 可折叠糕点纸盒

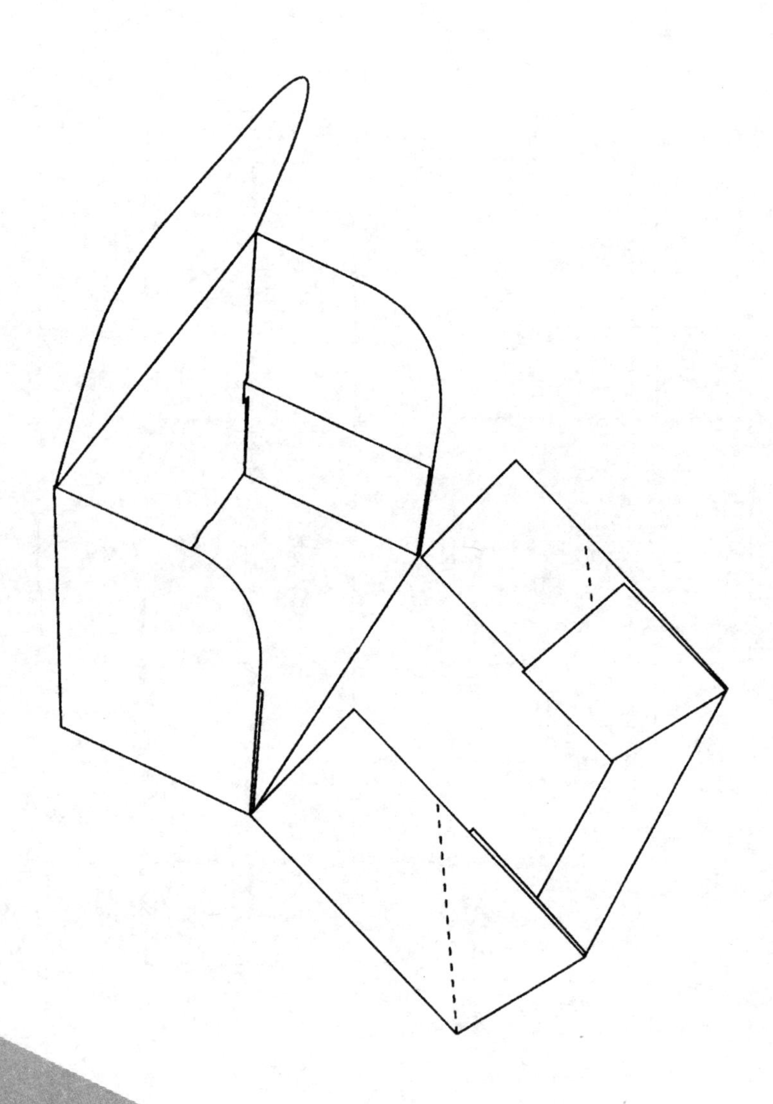

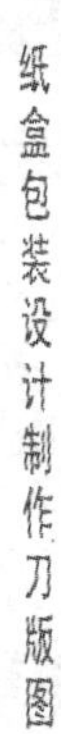
纸盒包装设计制作刀版图

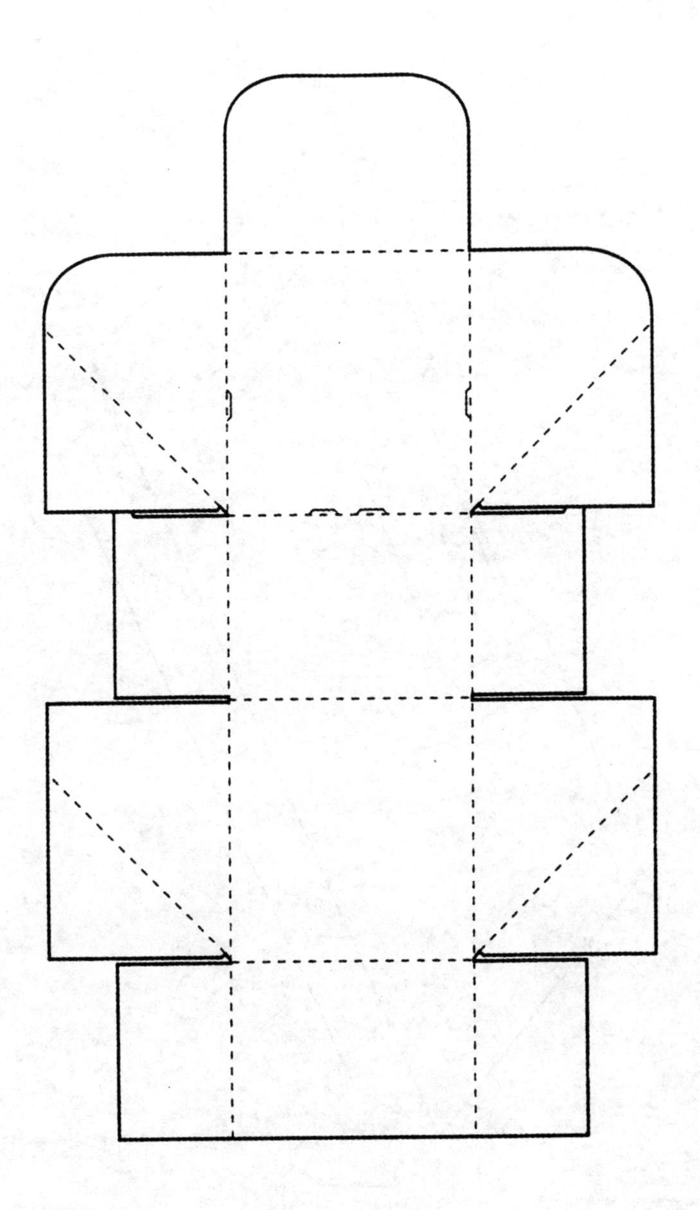

## 可悬挂式展示纸盒

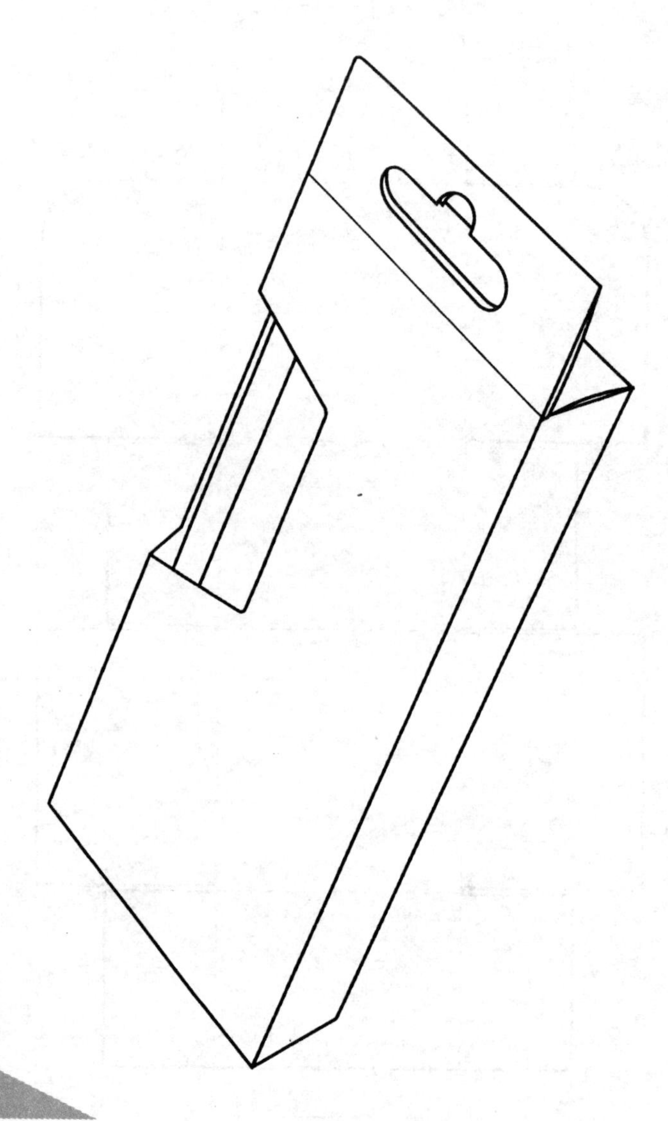

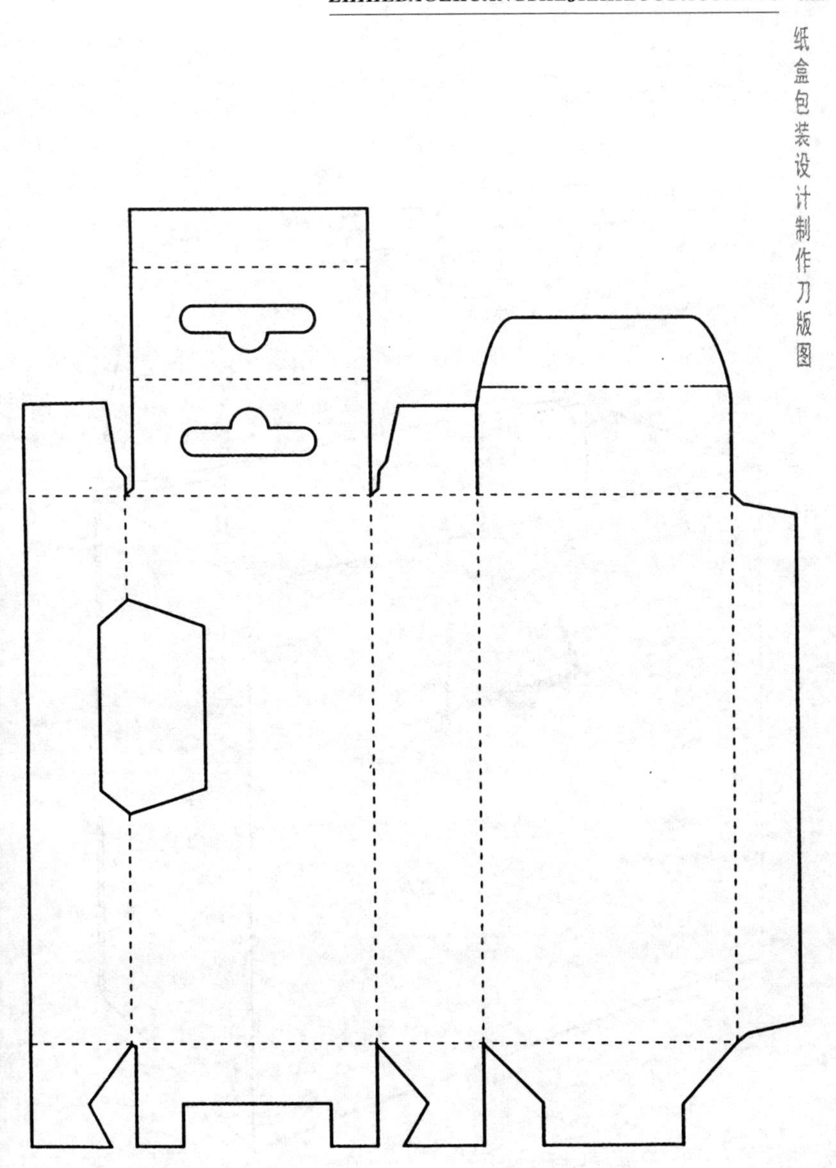

## 带锁纸箱

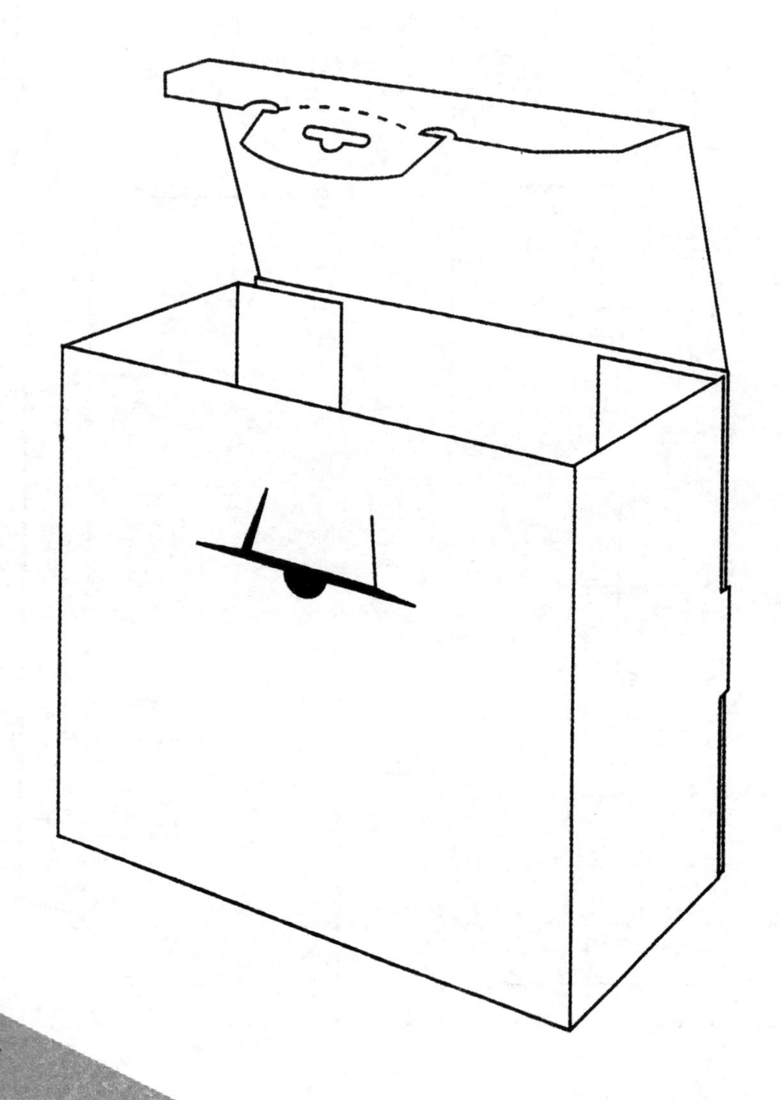

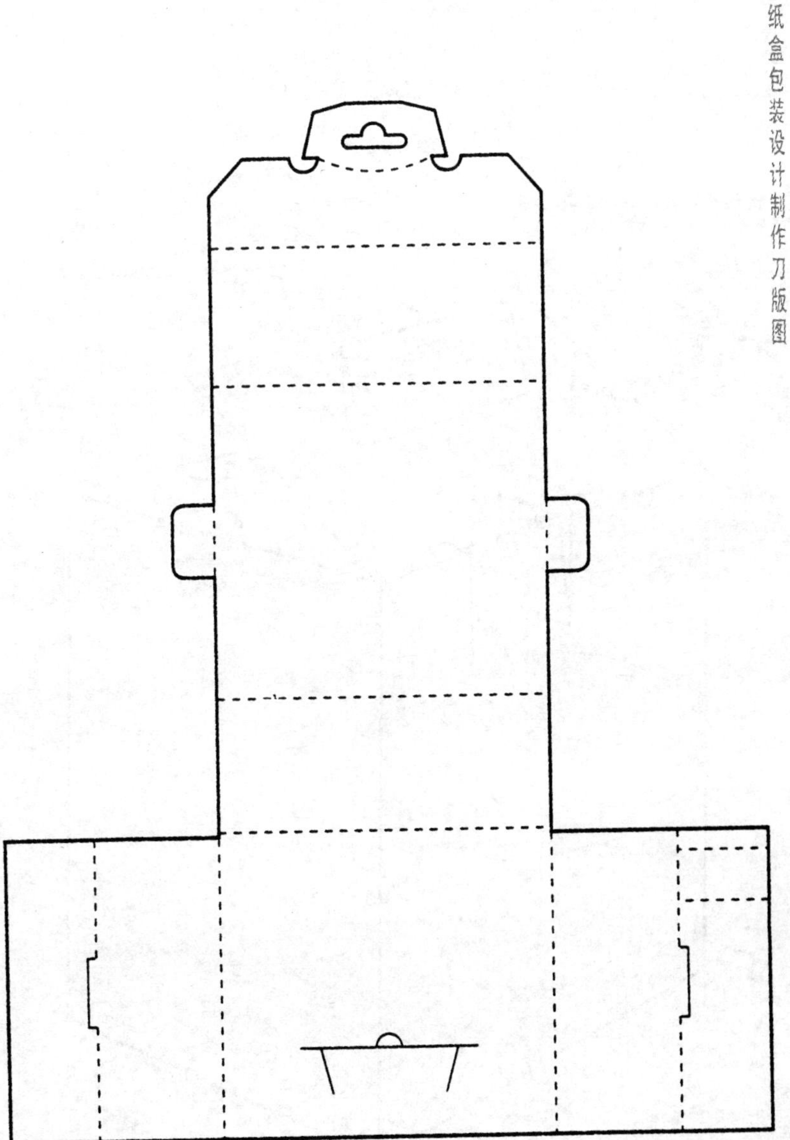

## 有挂钩和锁的纸箱

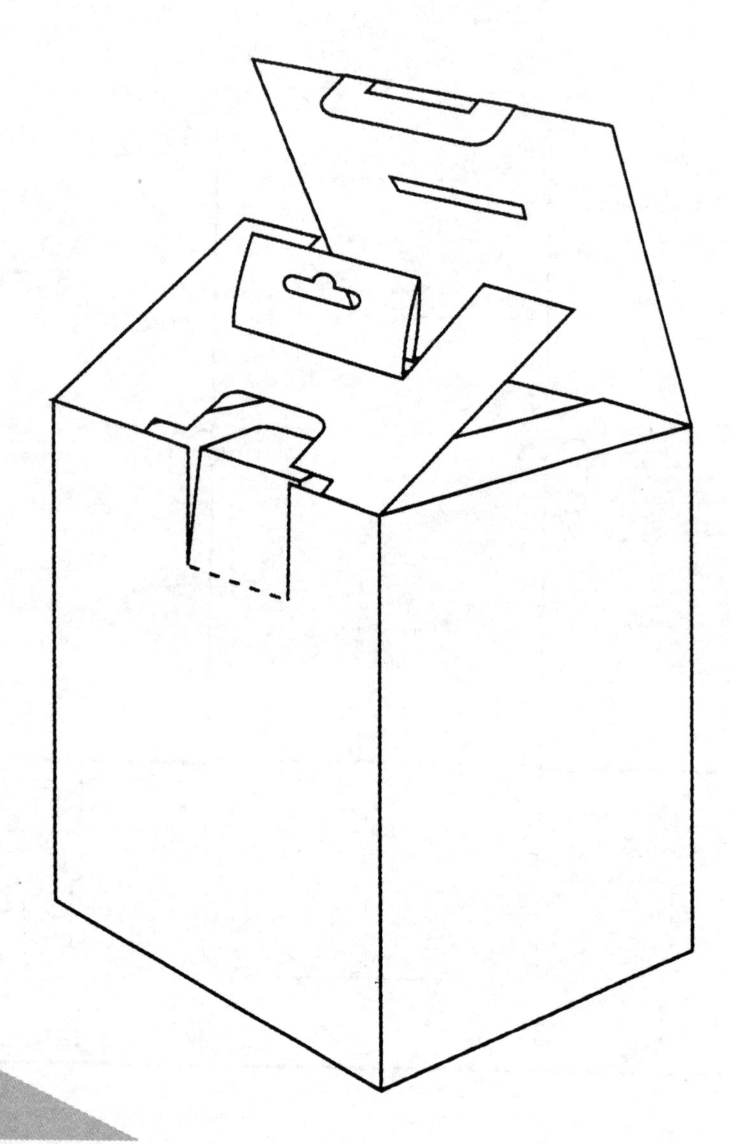

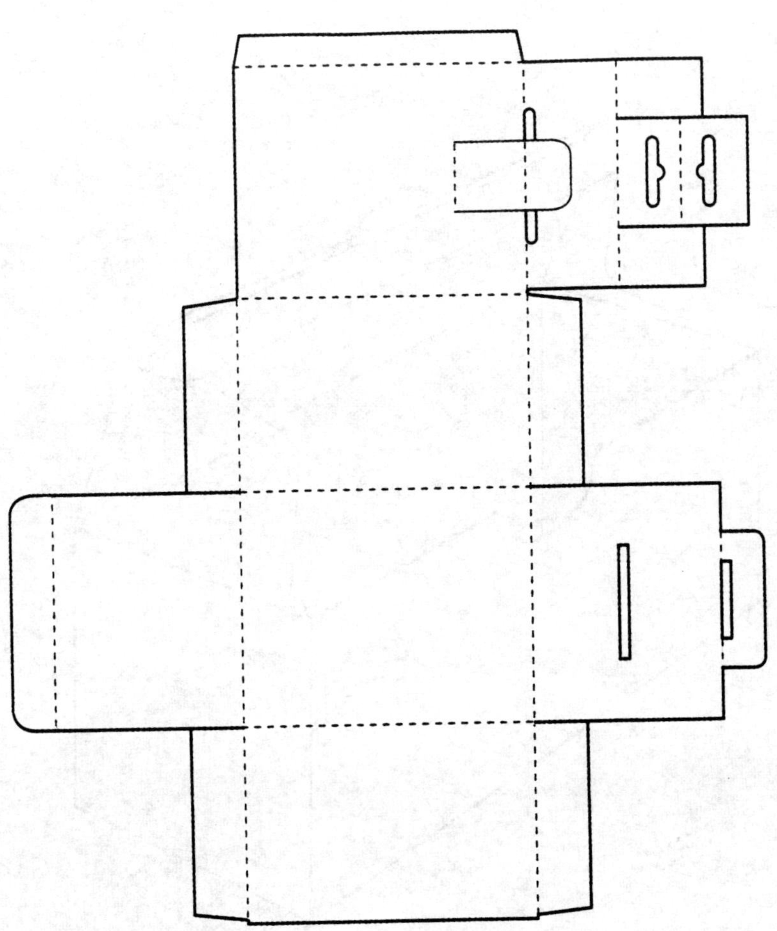

## 折盖式纸盒

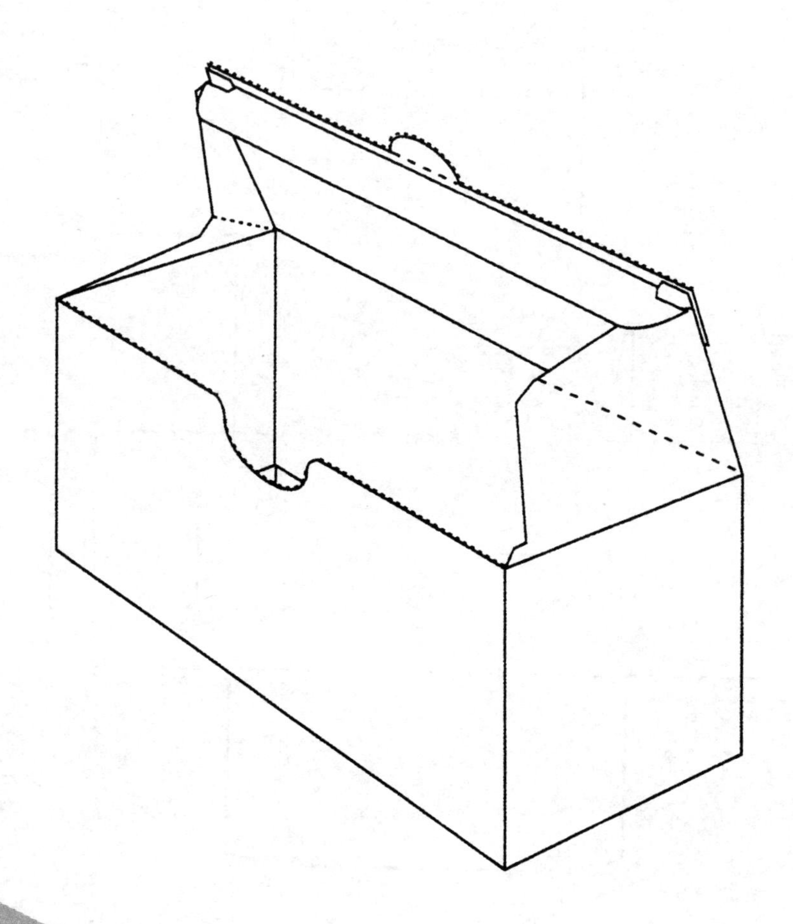

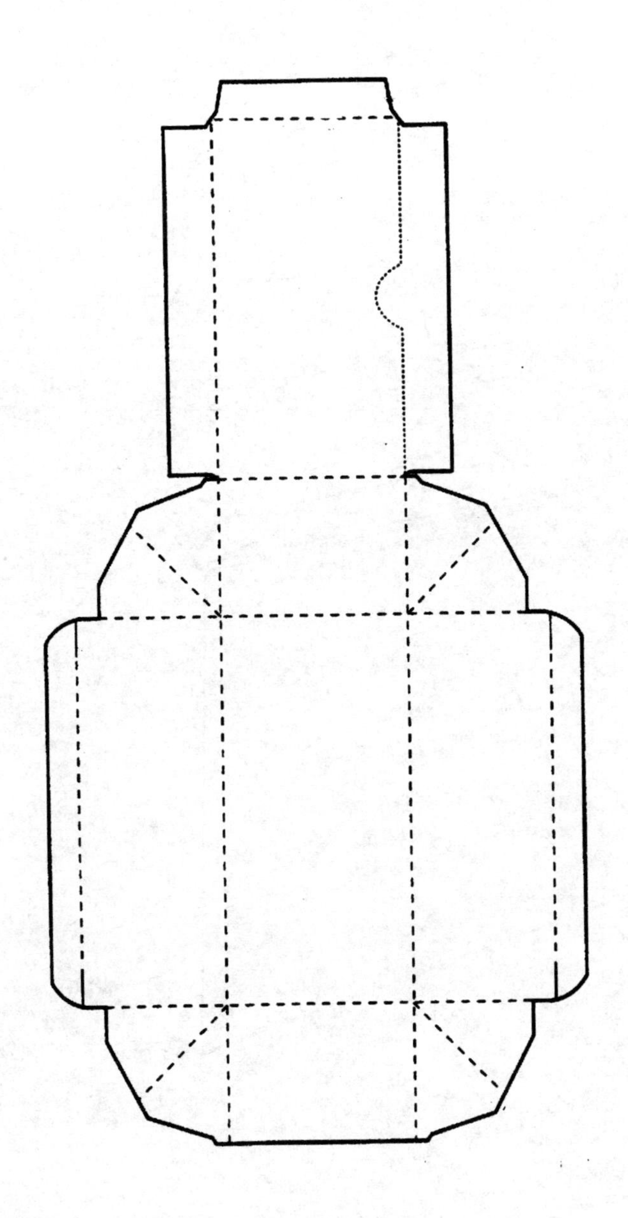

## 折盖式纸盒

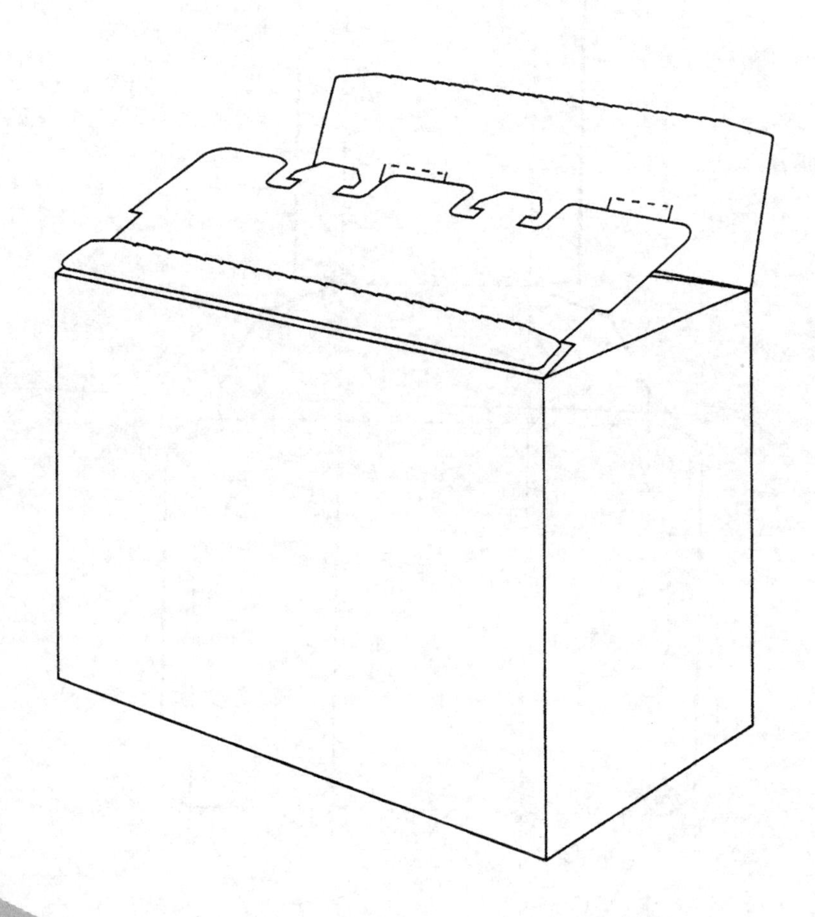

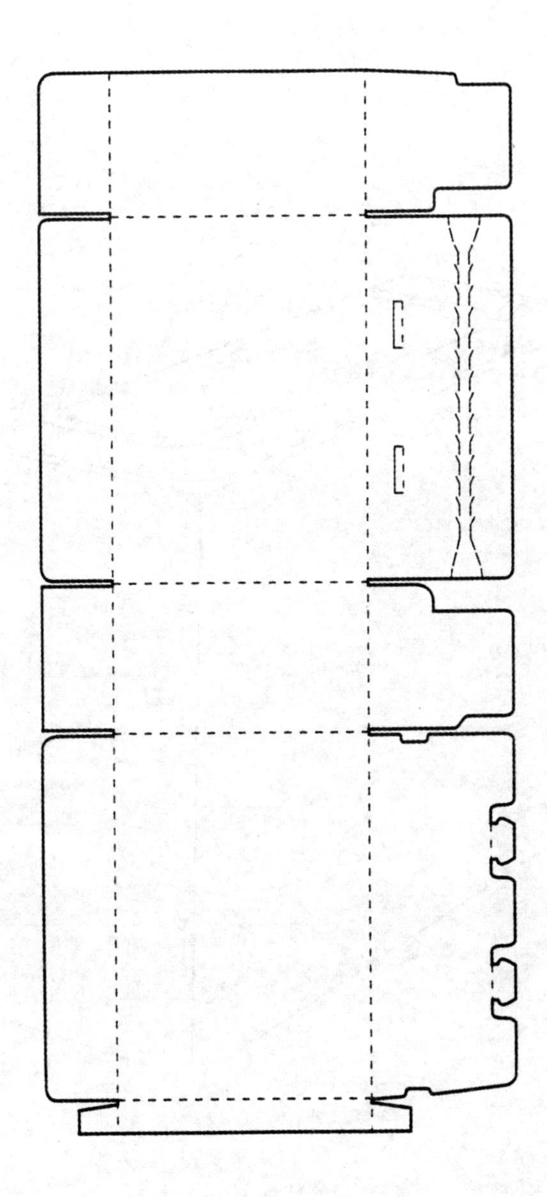

## 折盖式纸盒

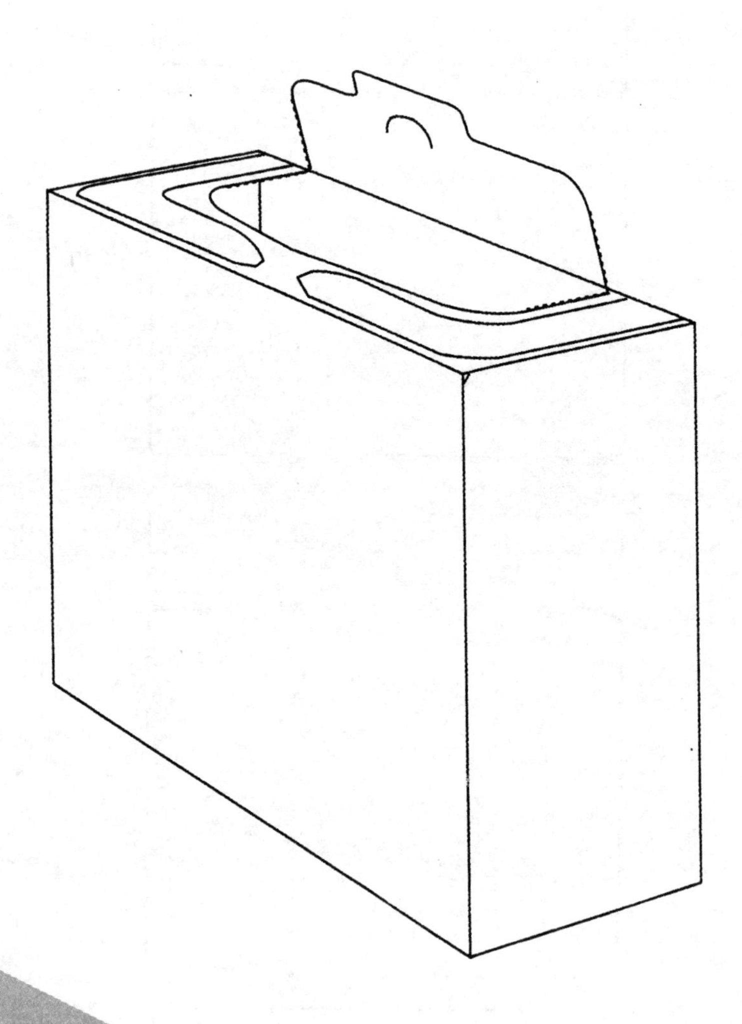

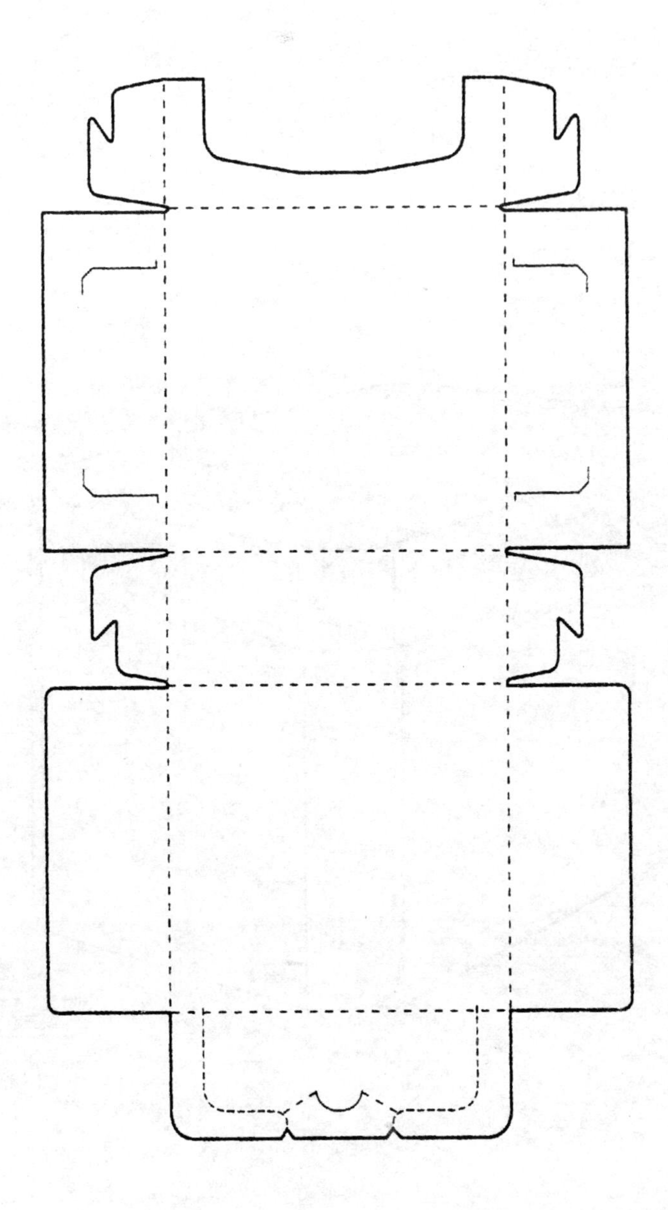

# 折盖式纸盒

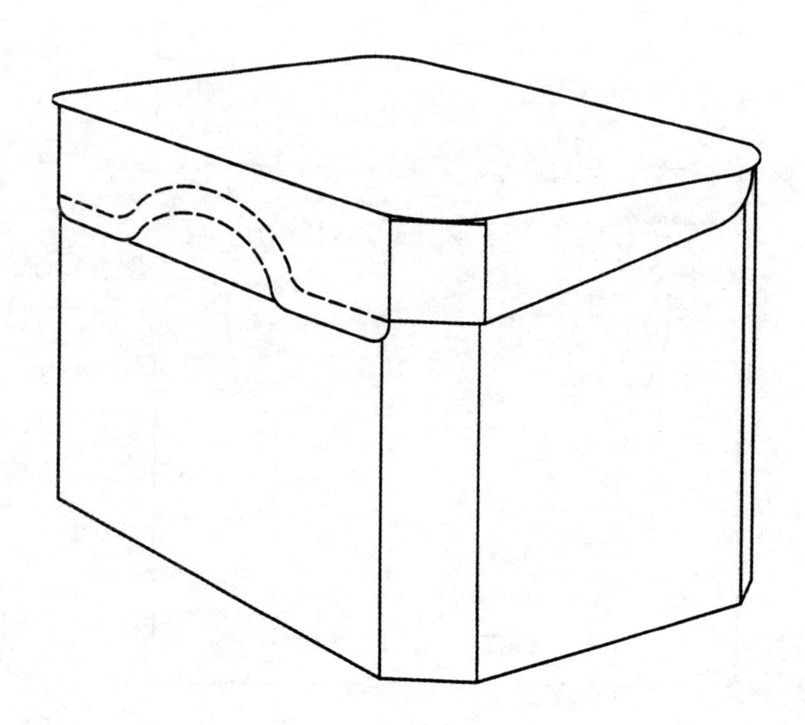

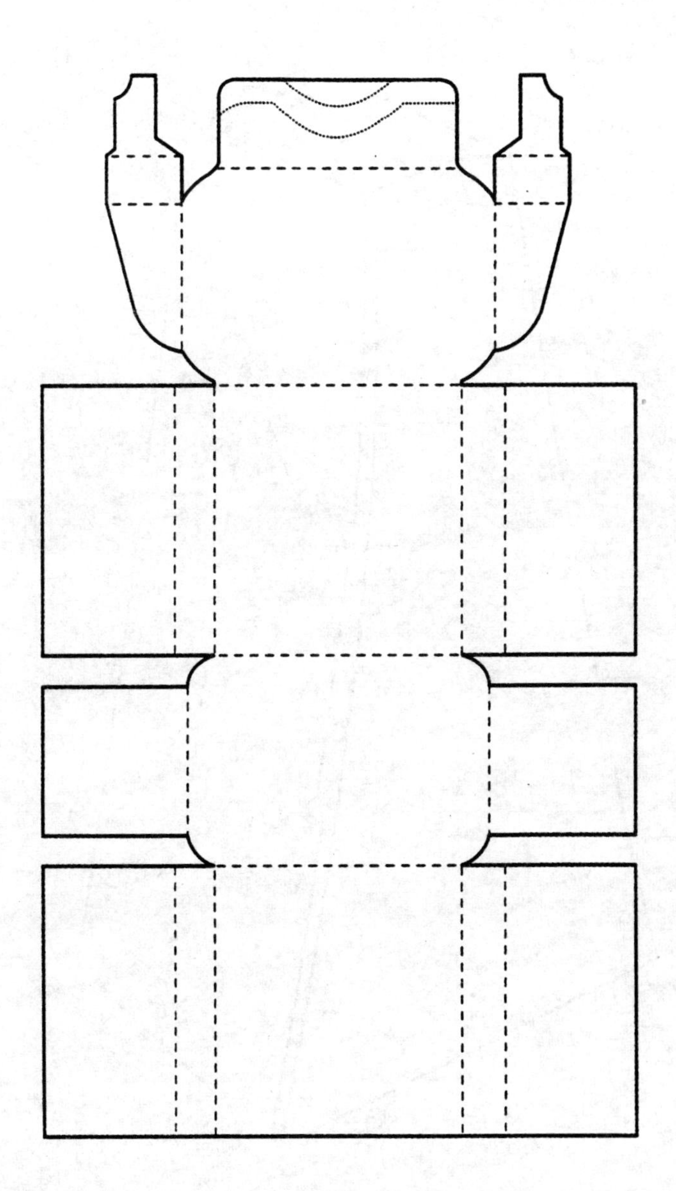

## 特制纸盒

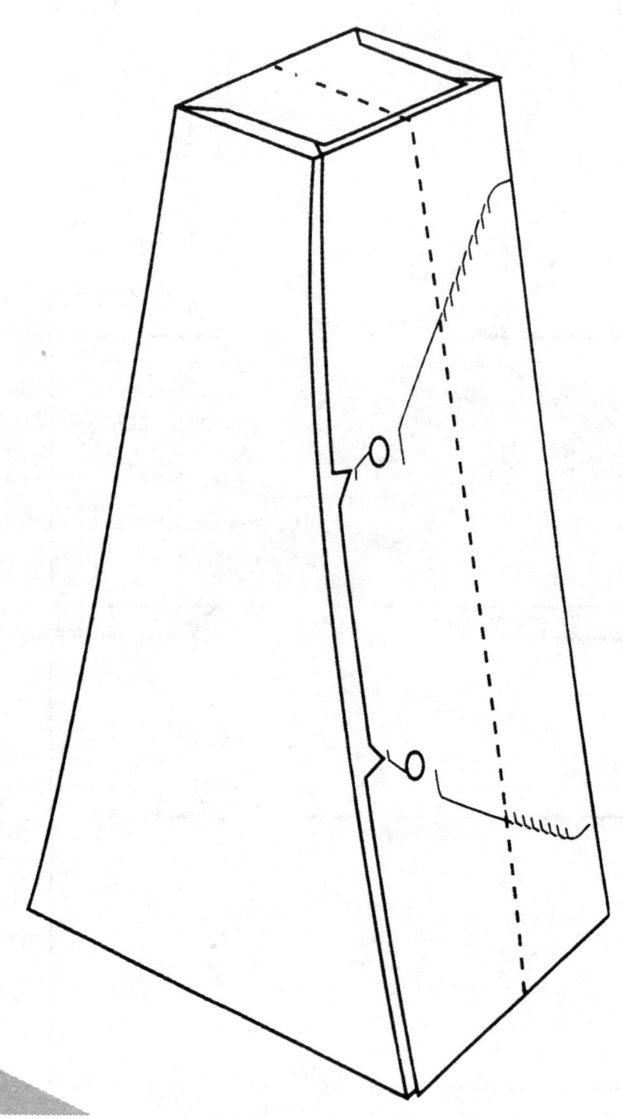

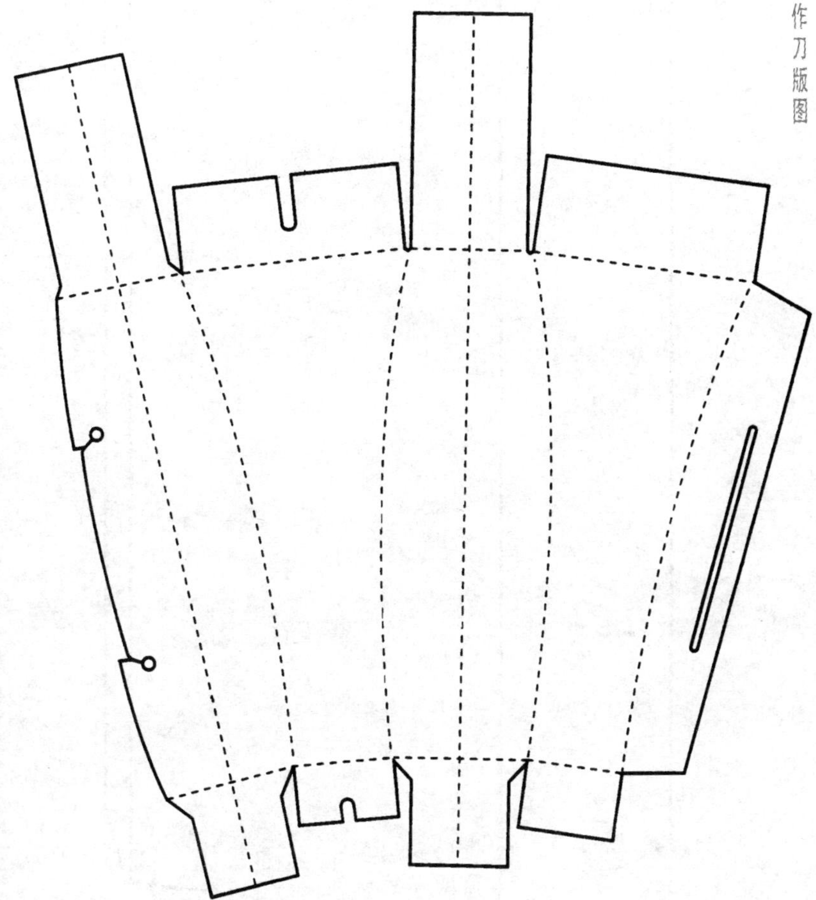

## 六棱形纸盒

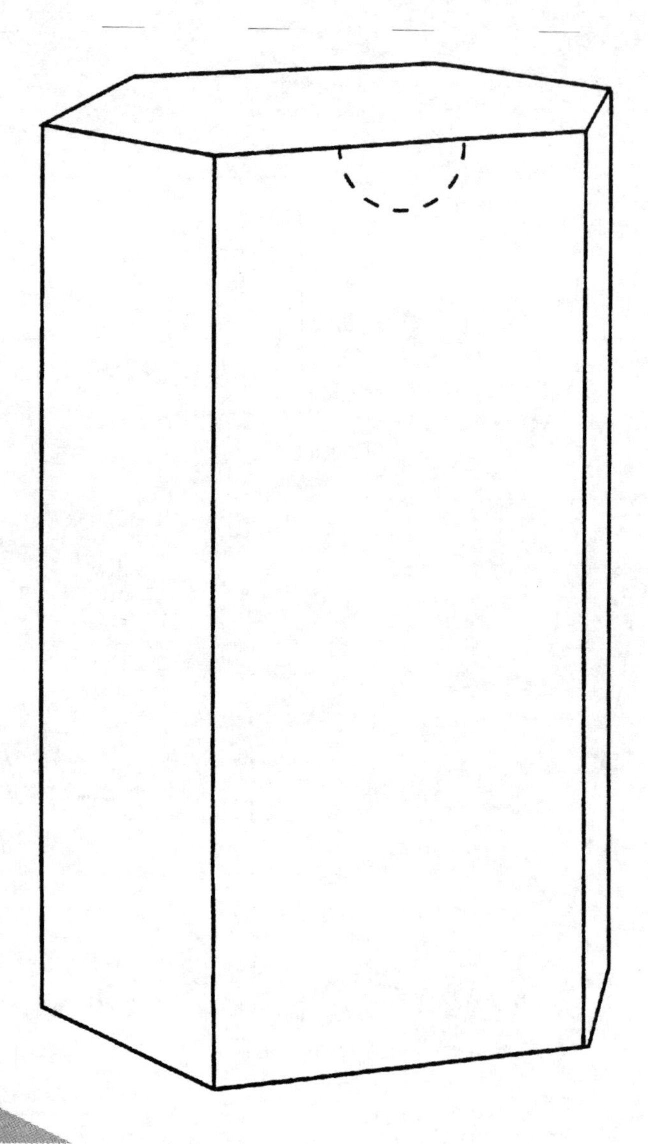

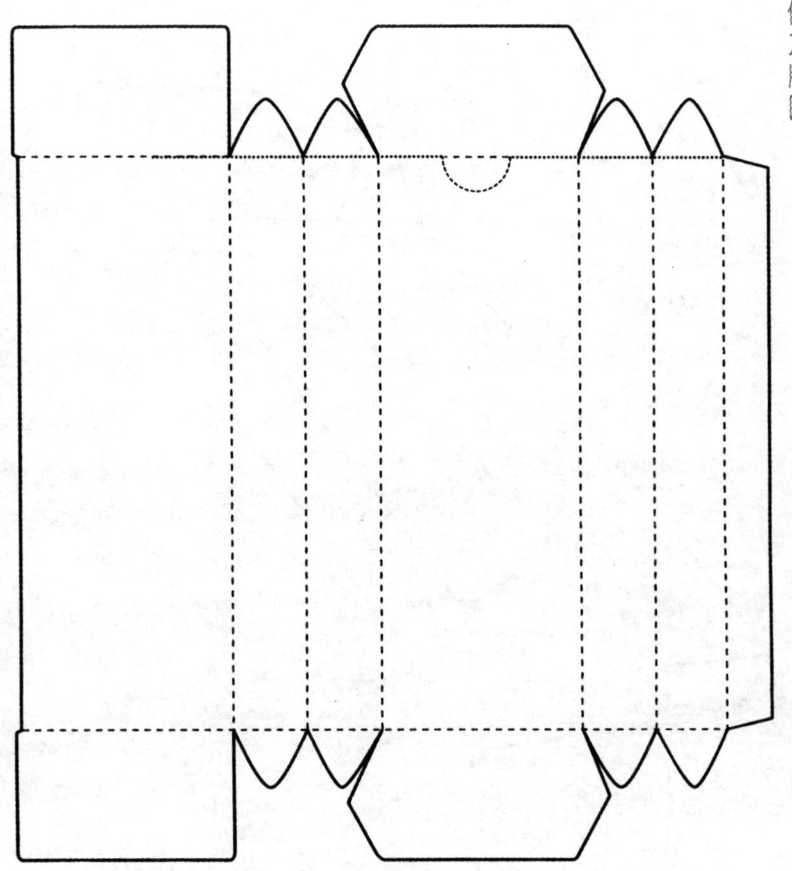

## 可自动翻起的纸盒

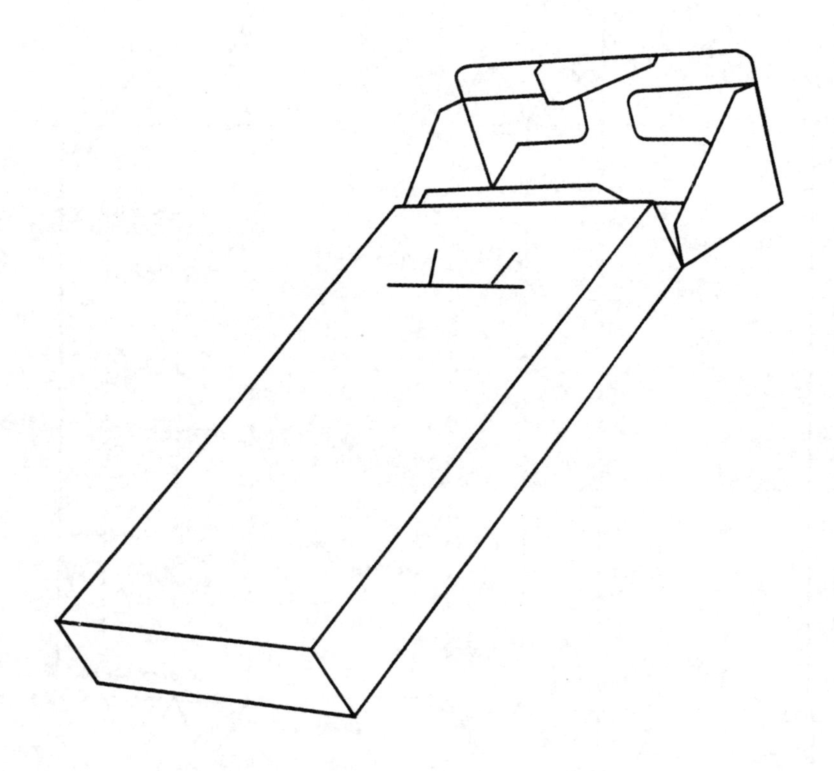

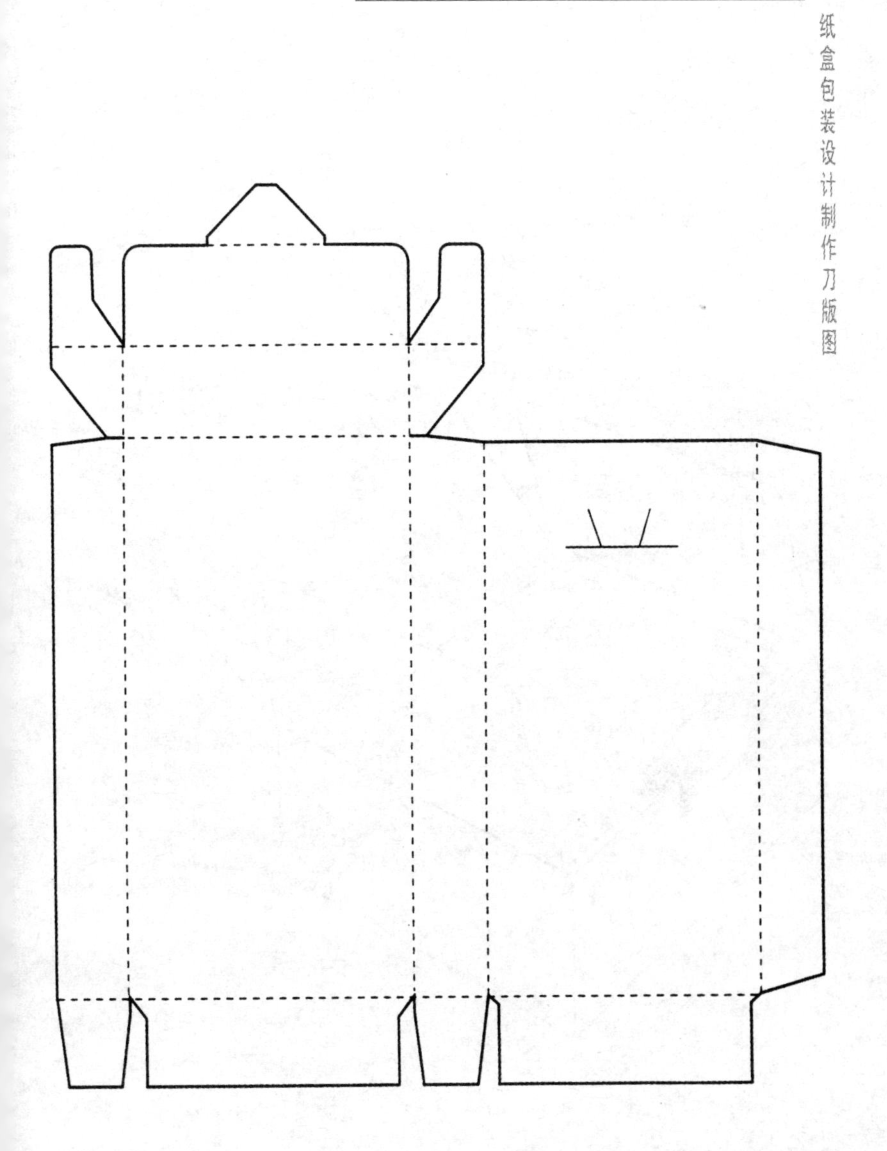

# 双顶隔离纸盒

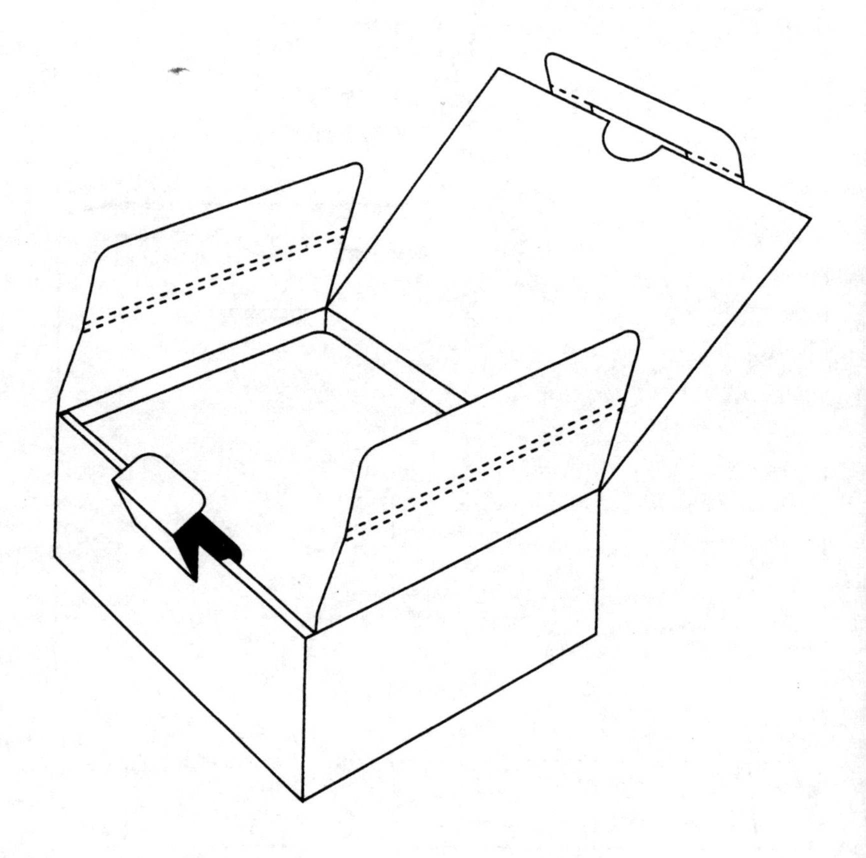

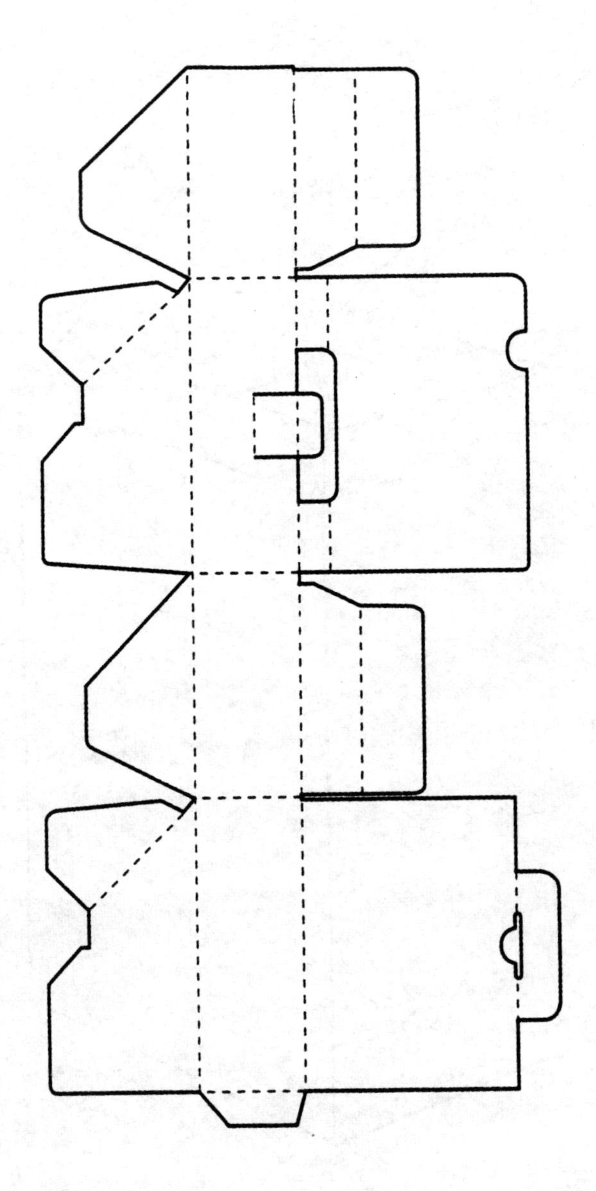

# 双顶隔离纸盒

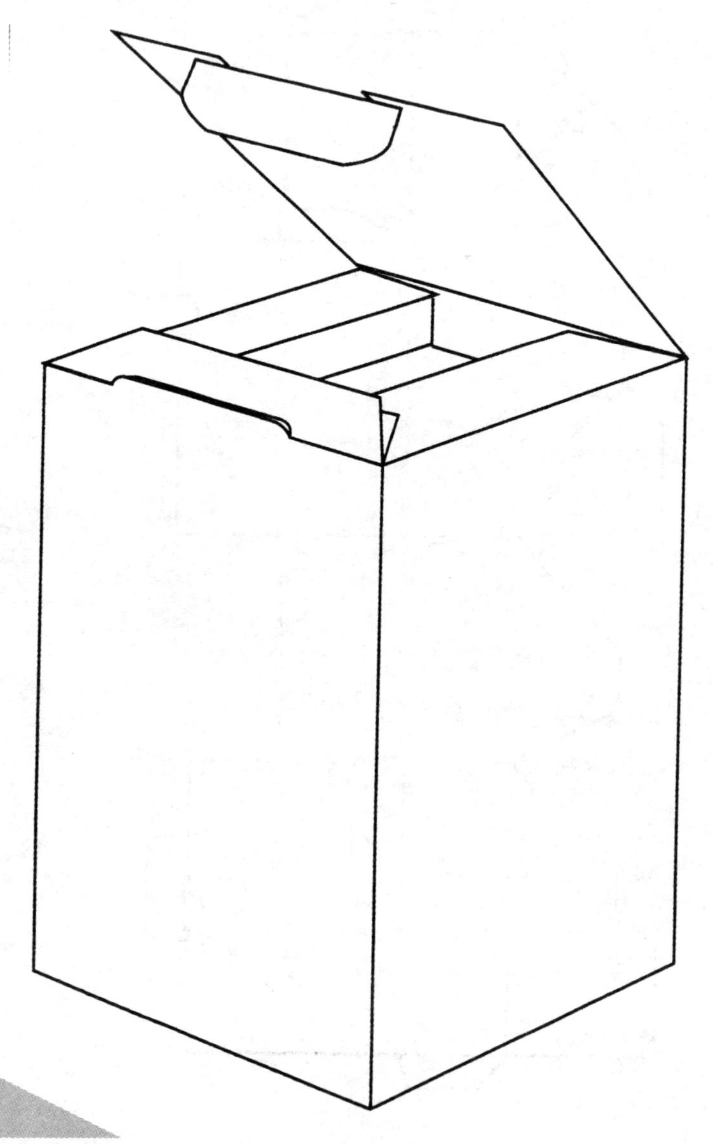

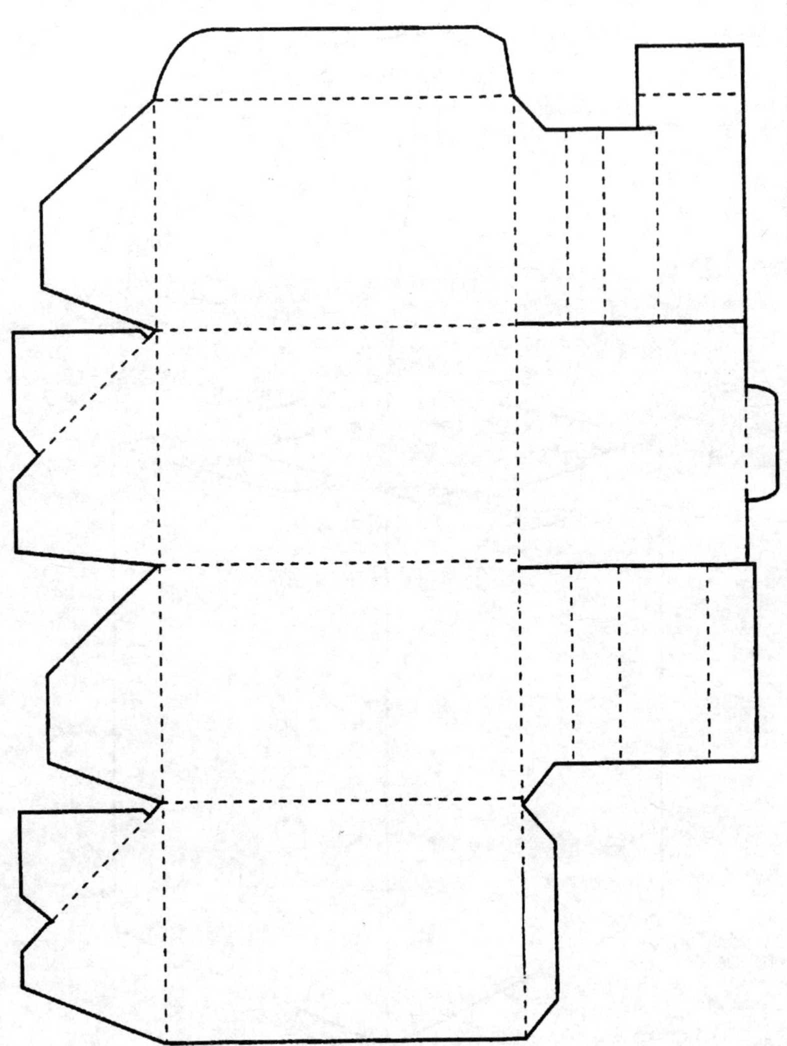

## 双顶隔离纸盒

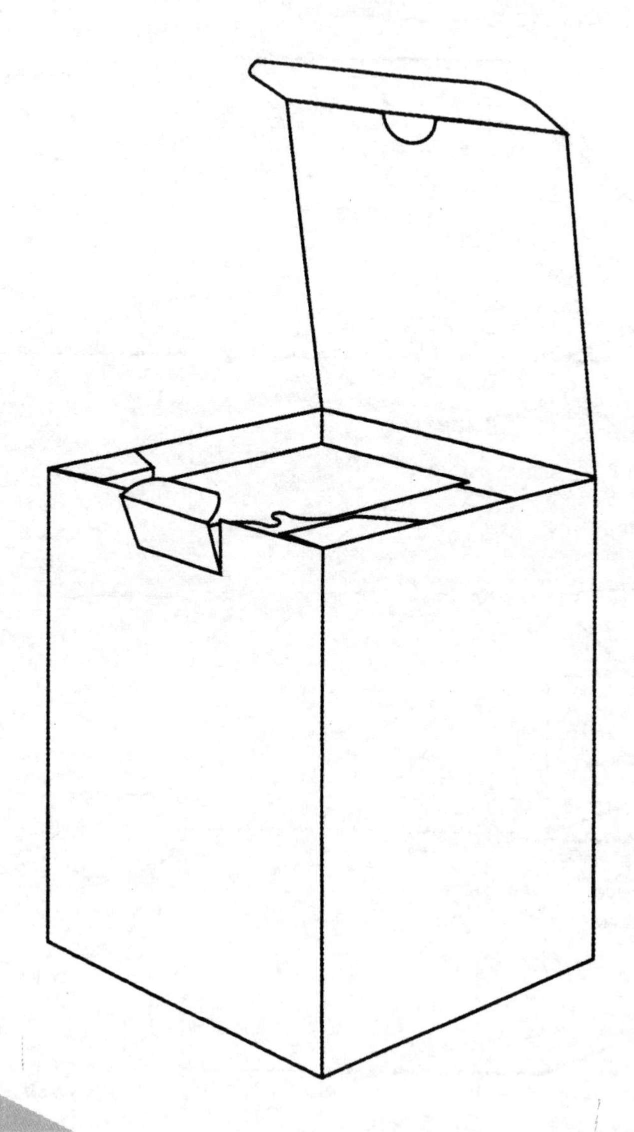

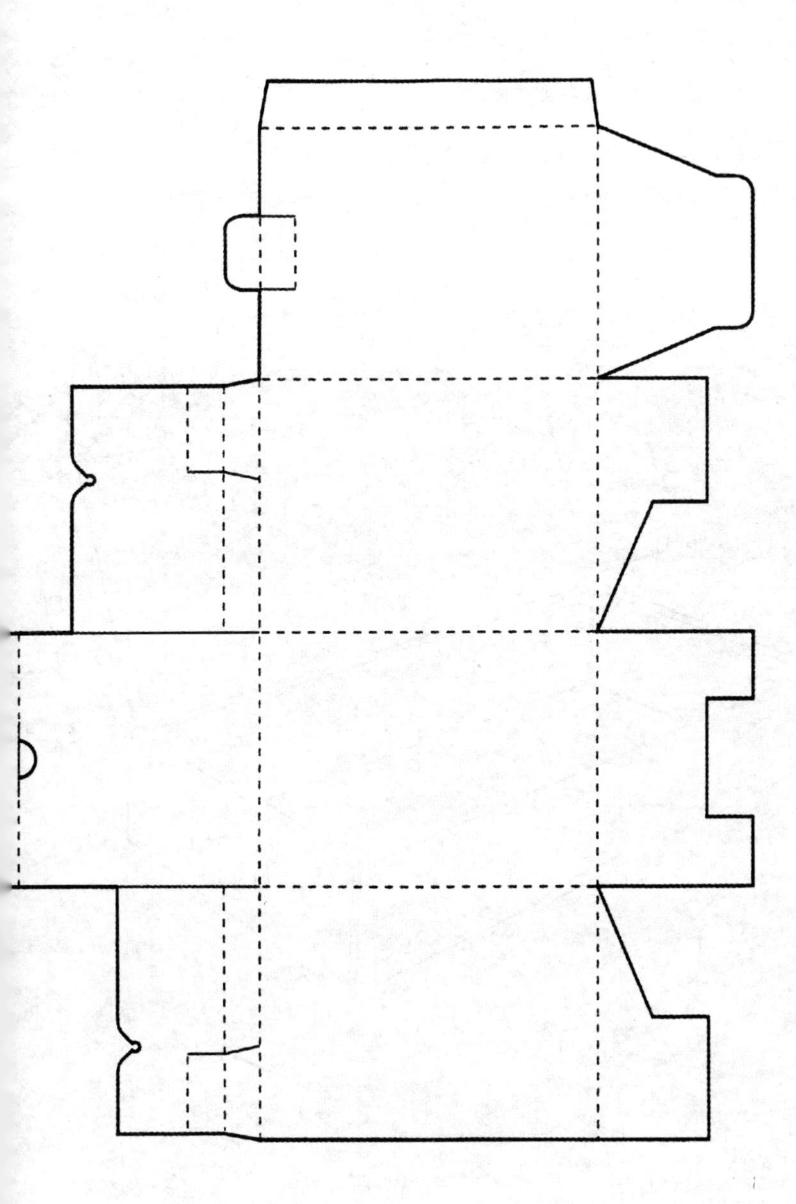

## 中央有隔离层的盒

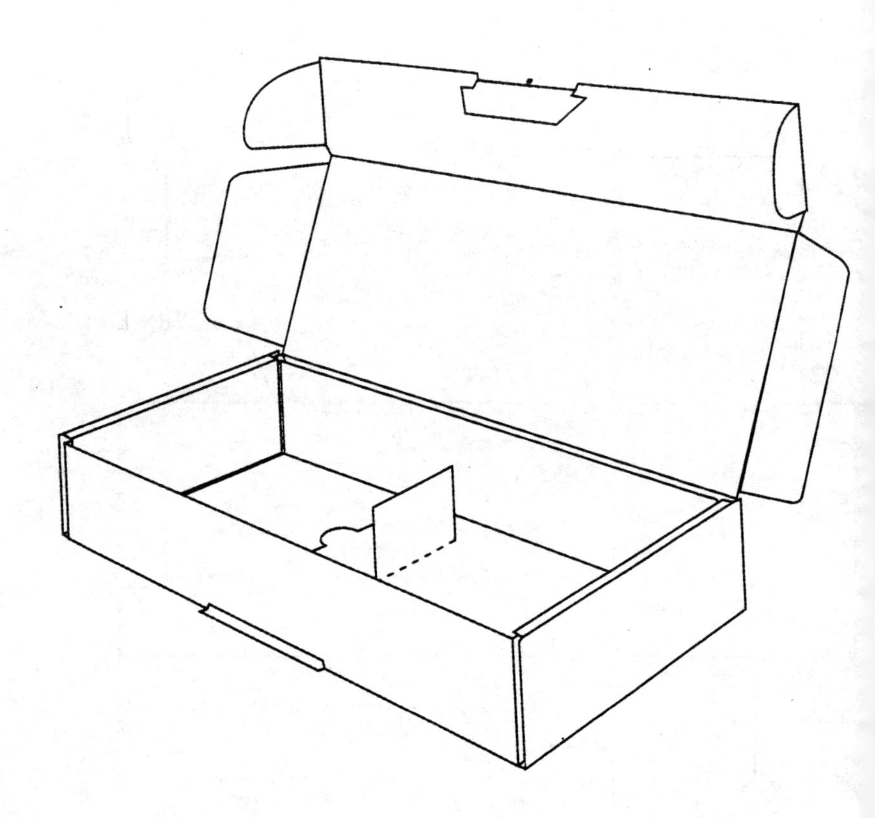

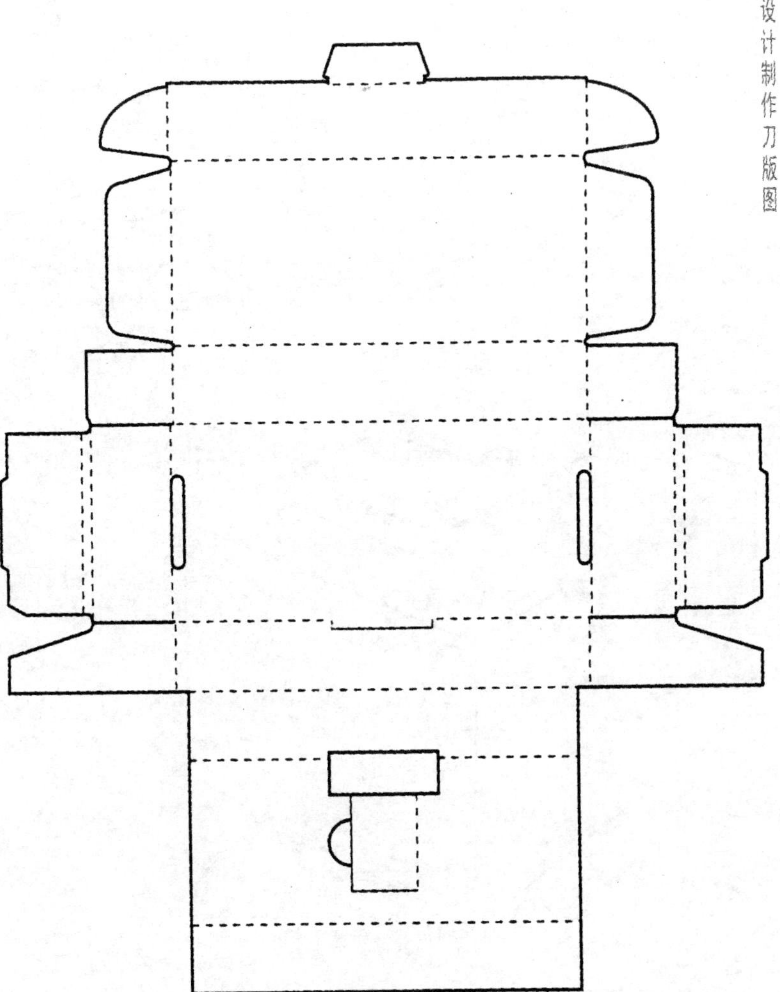

# 六组装纸盒

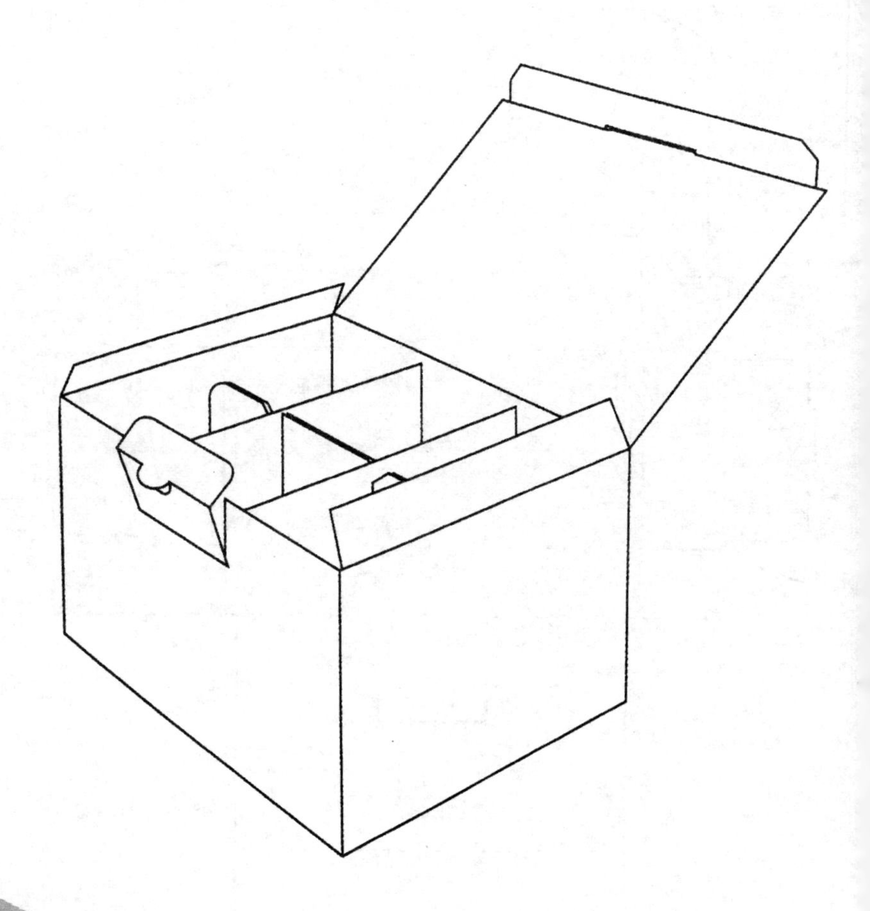

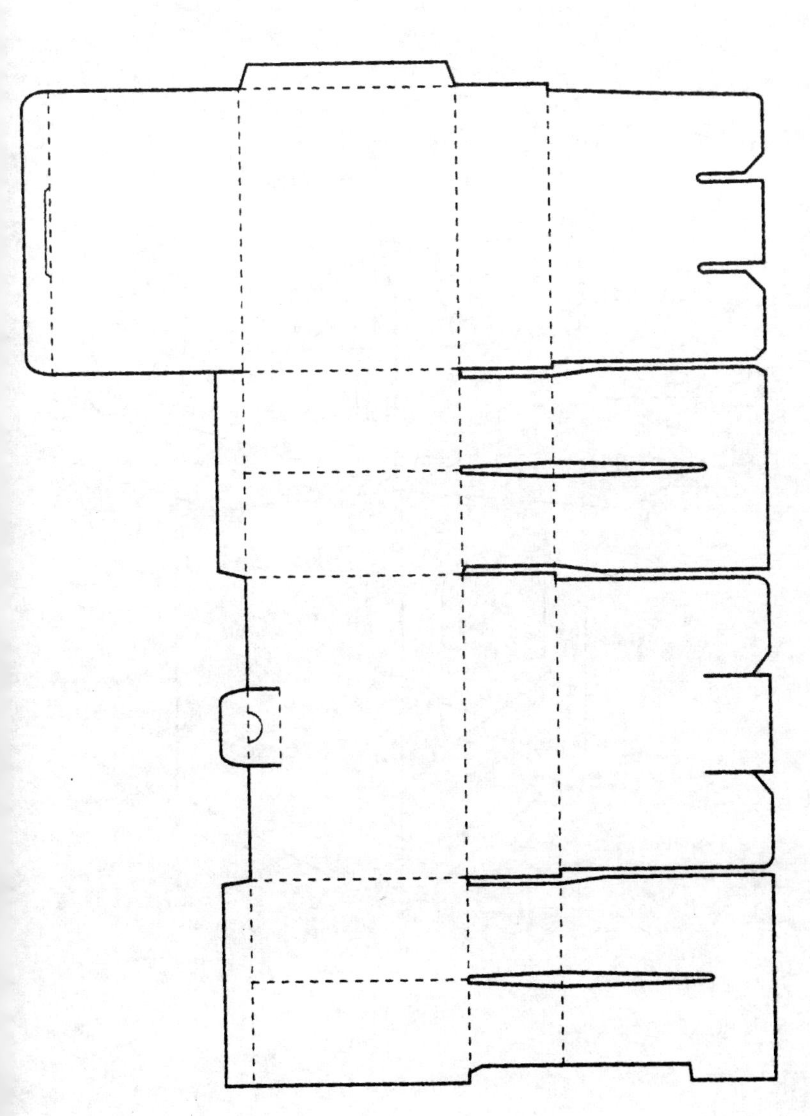

## 中间带有隔离层的展示纸盒

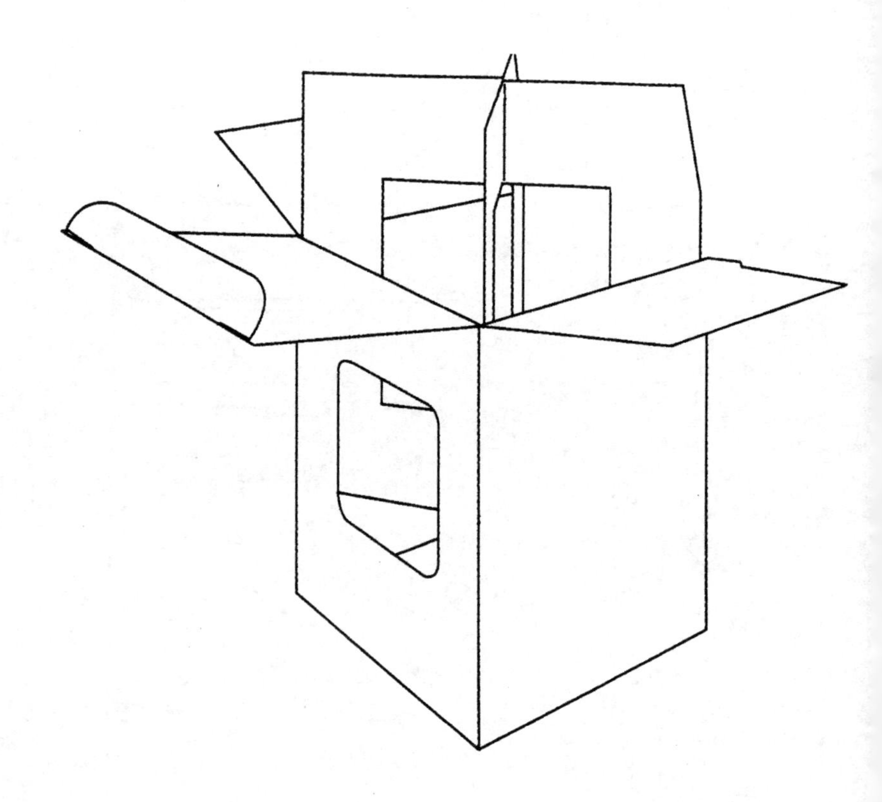

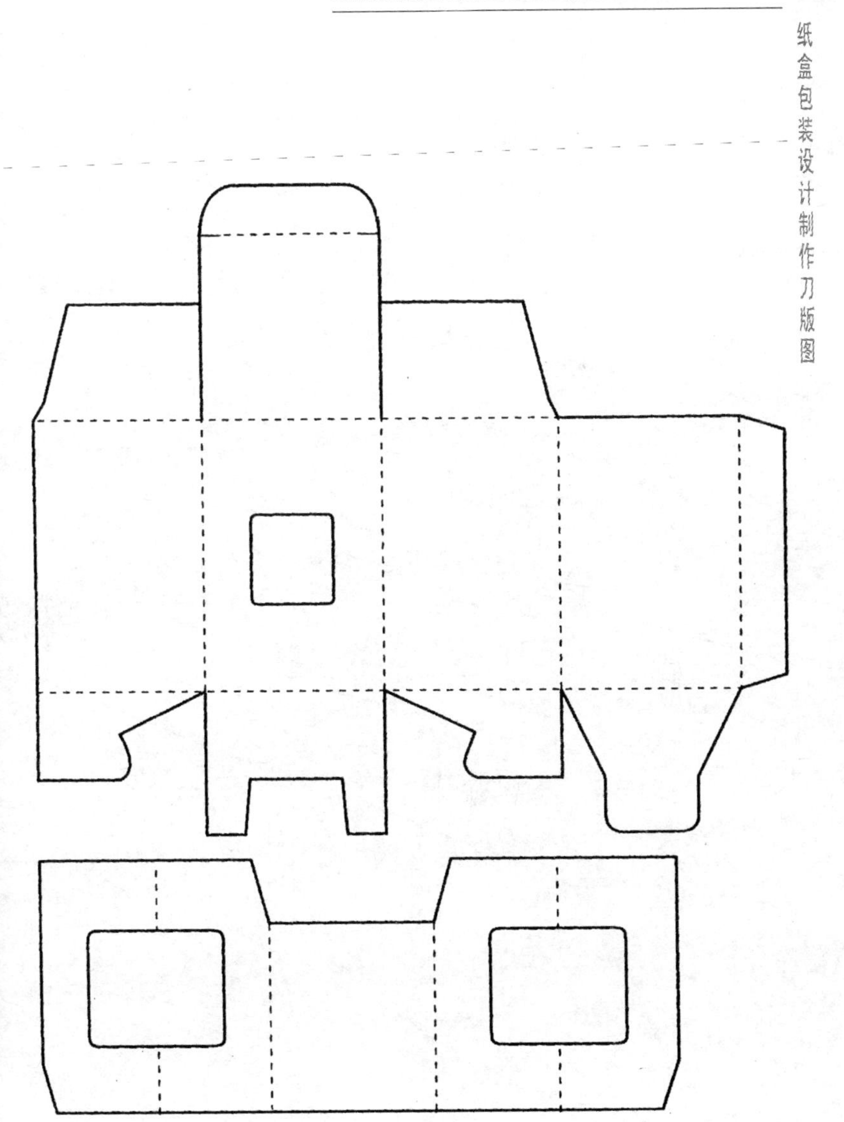

## 带有隔离层的运送纸盒

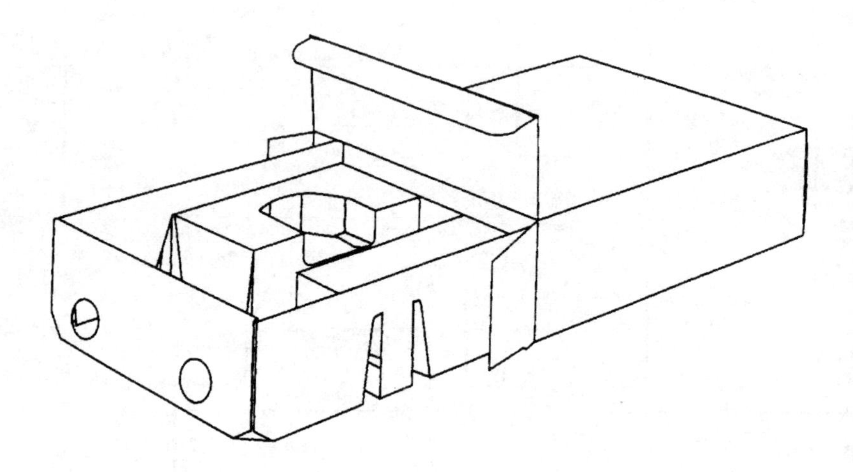

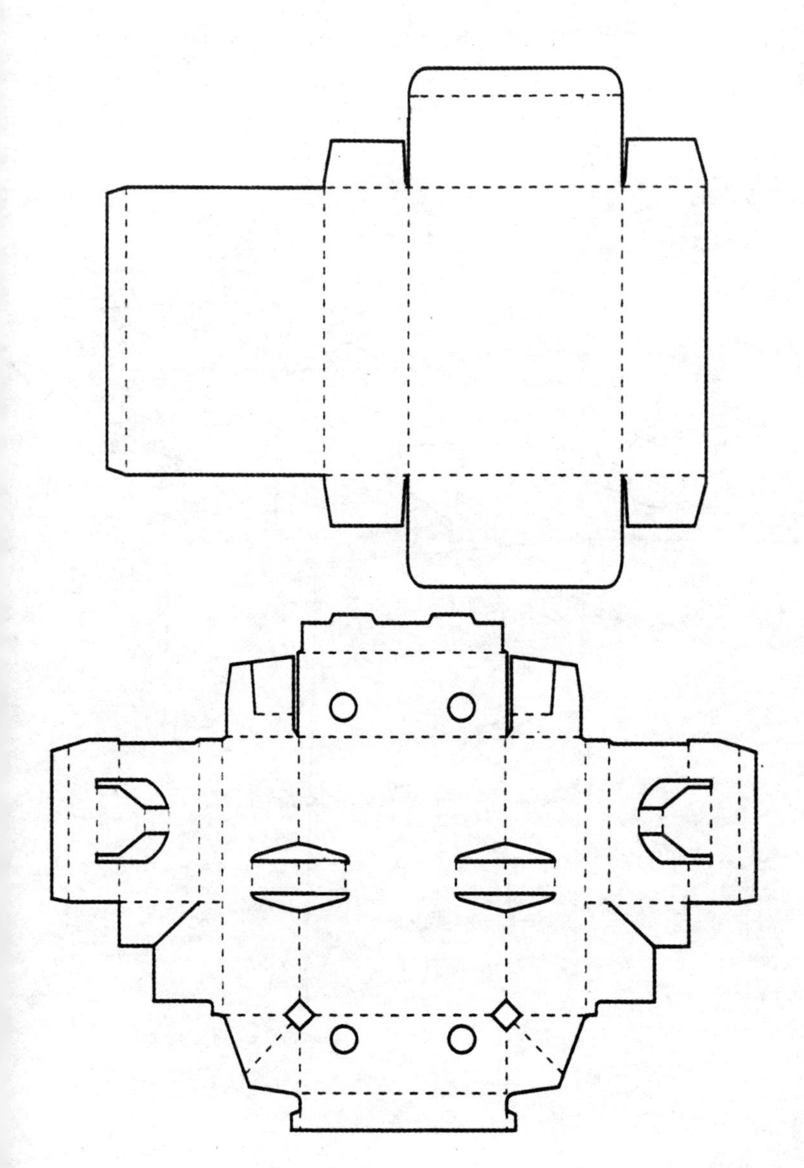

## 手提式运送纸盒

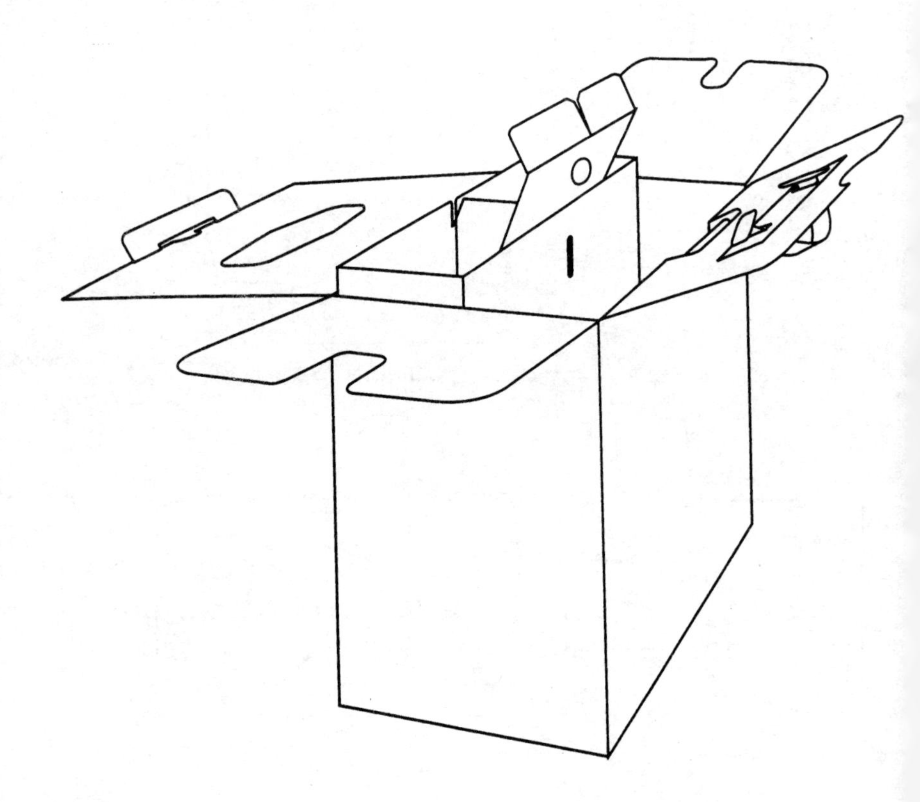

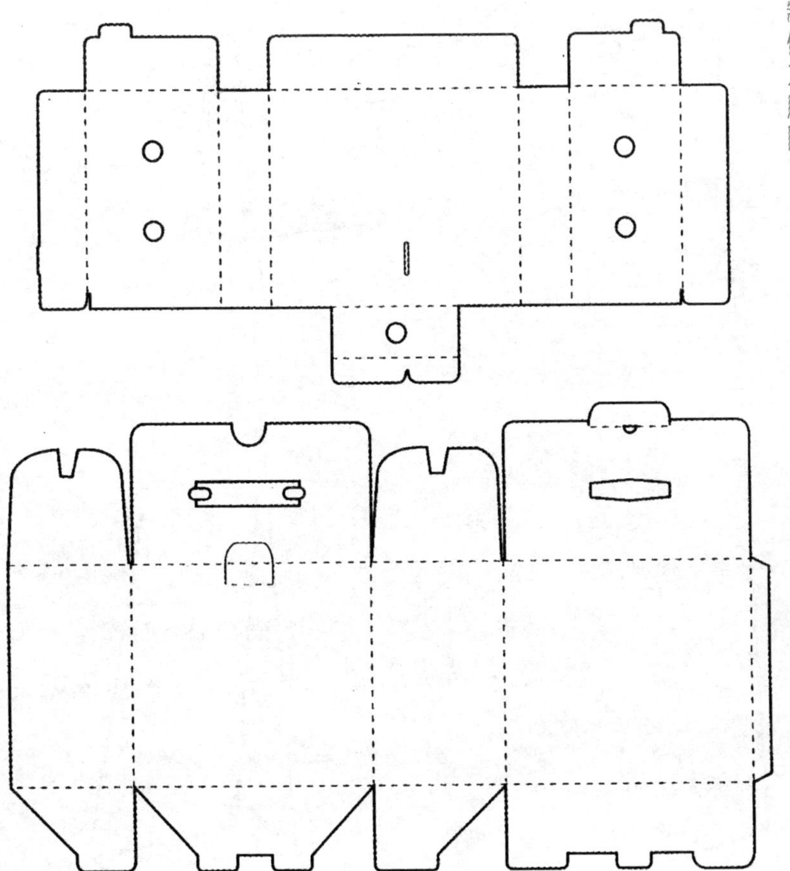

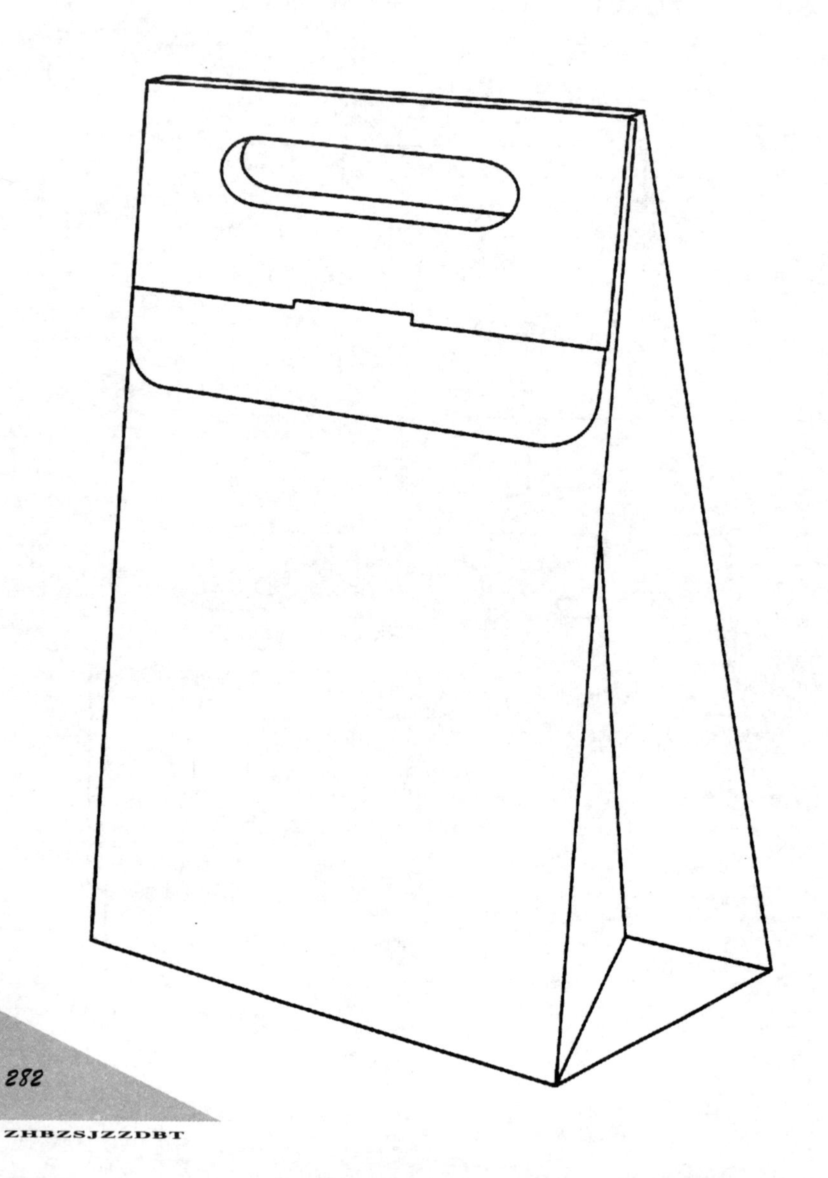

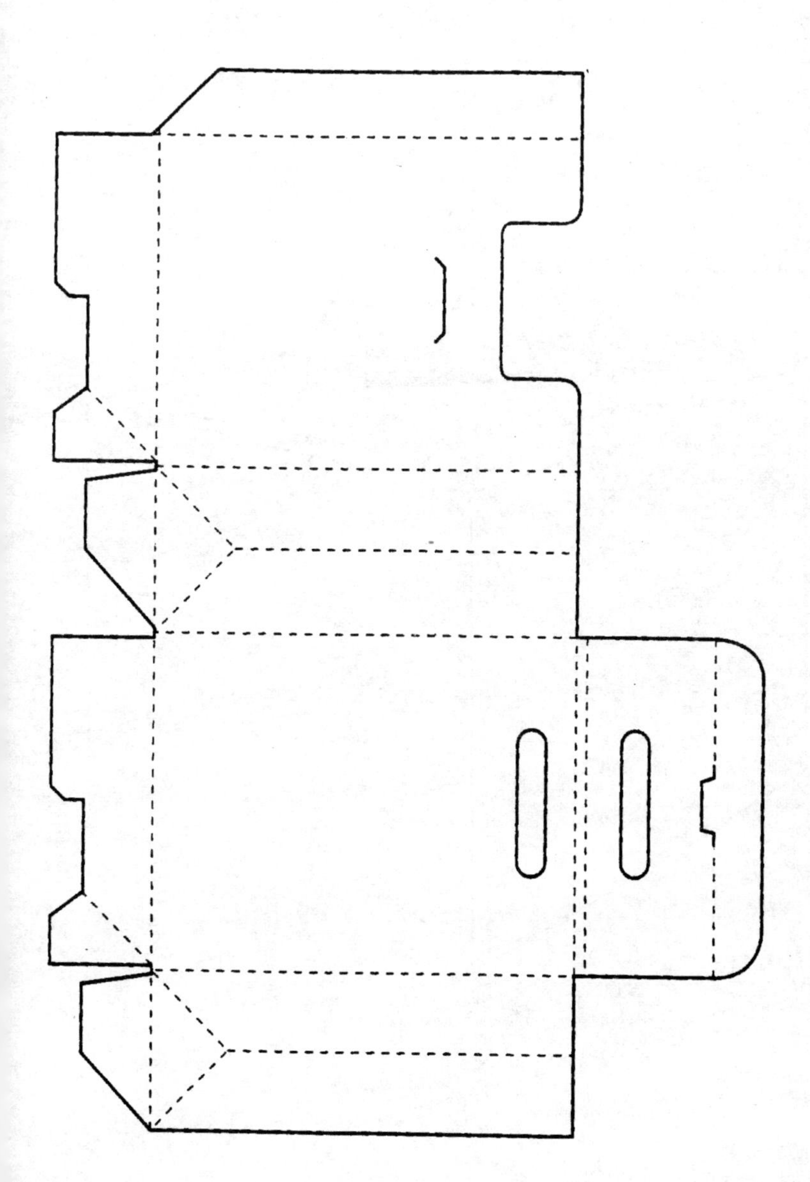

## 运送纸盒

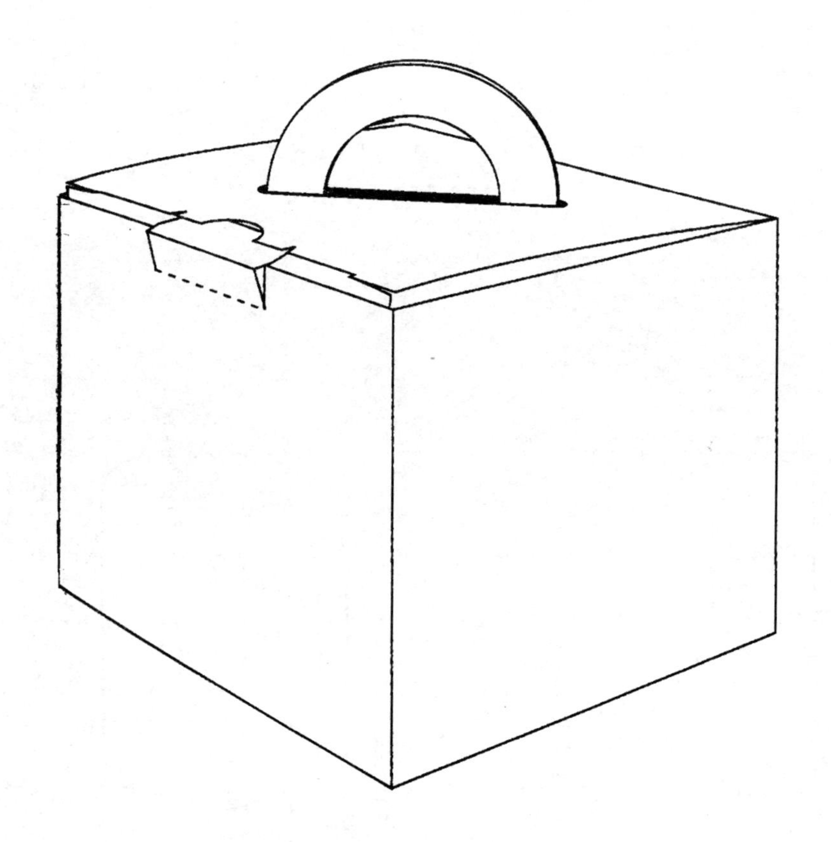

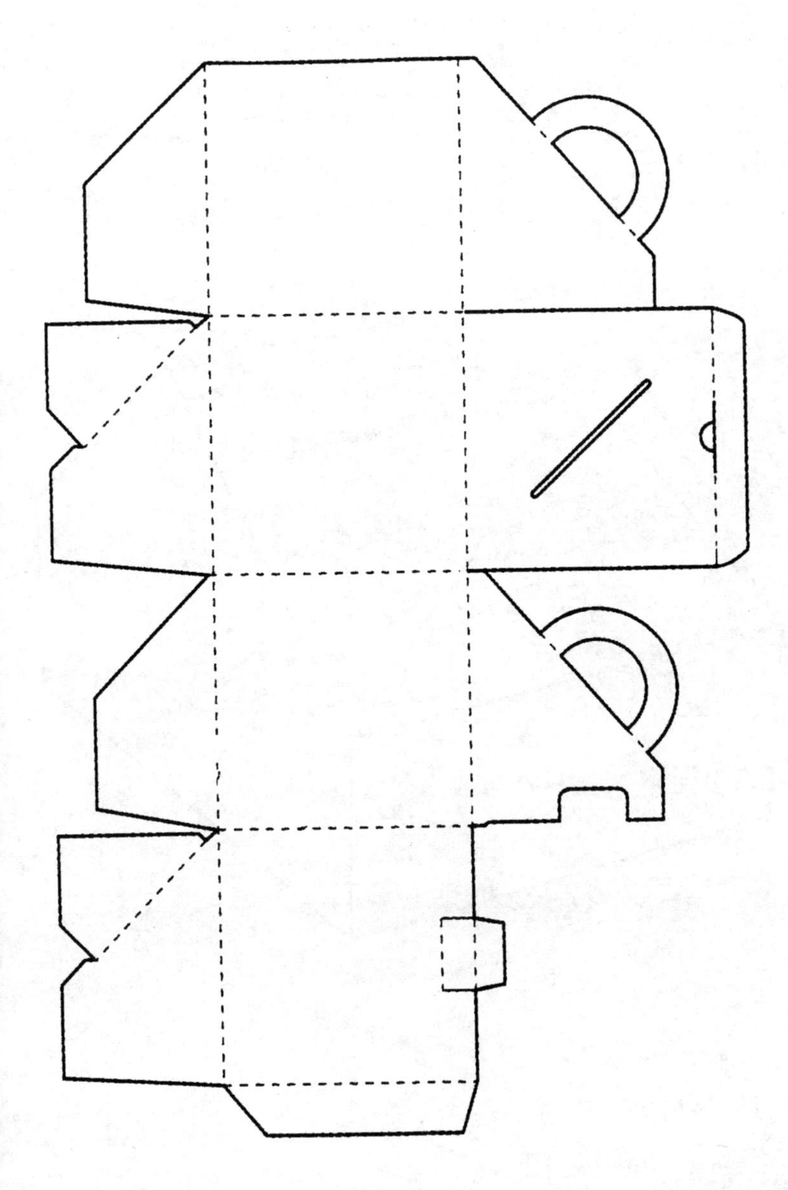

## 稳定式运送纸盒

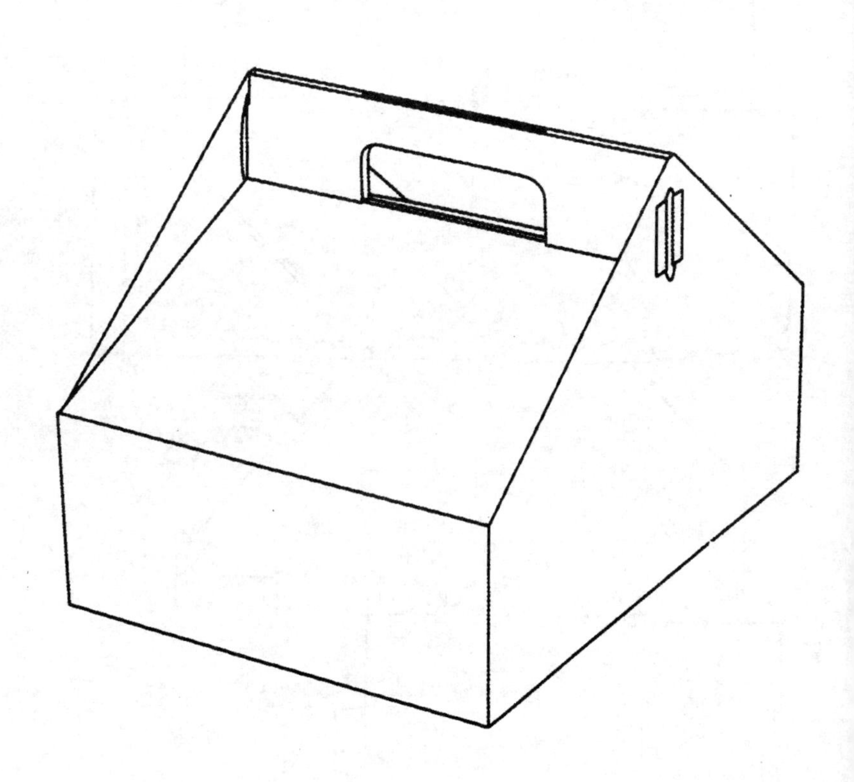

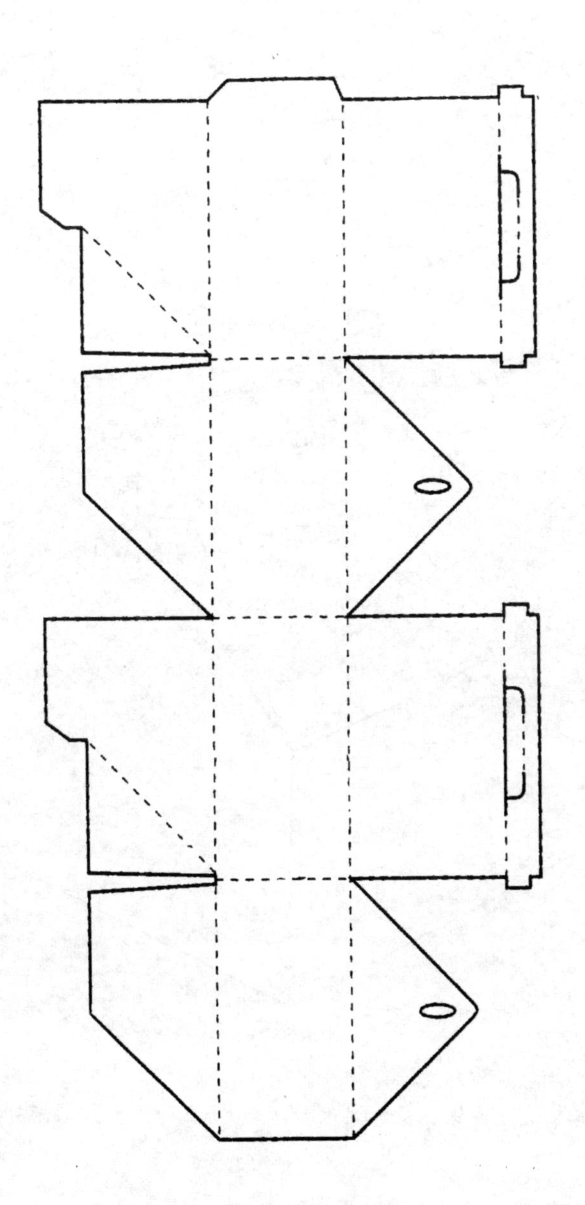

## 家用型运送纸盒

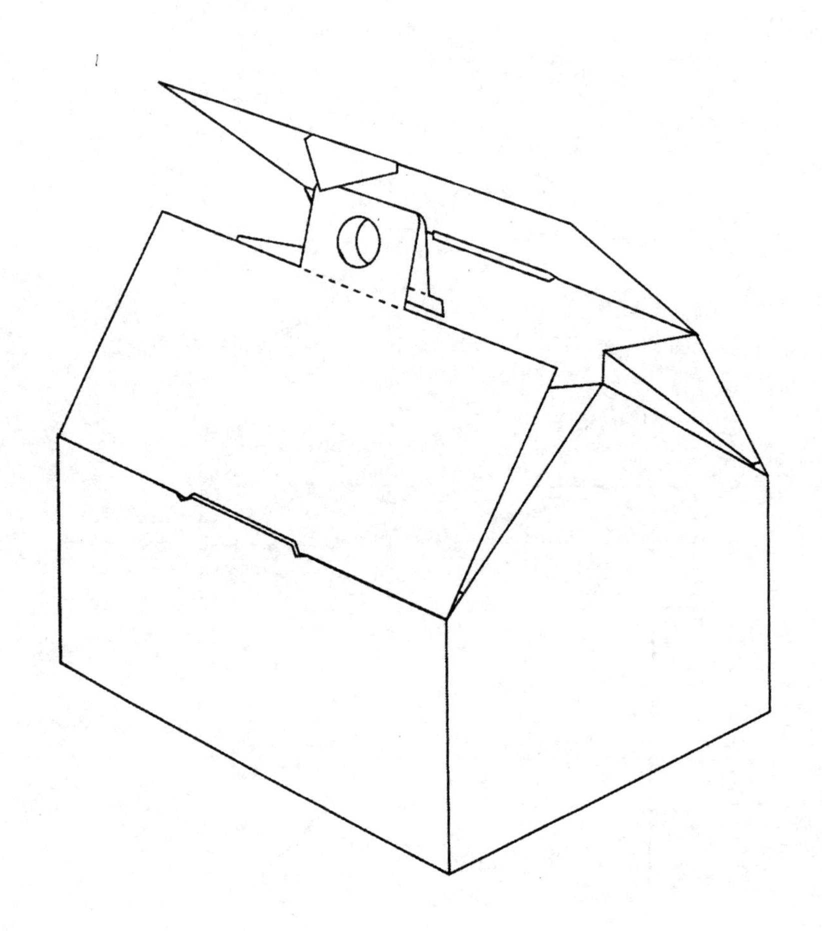

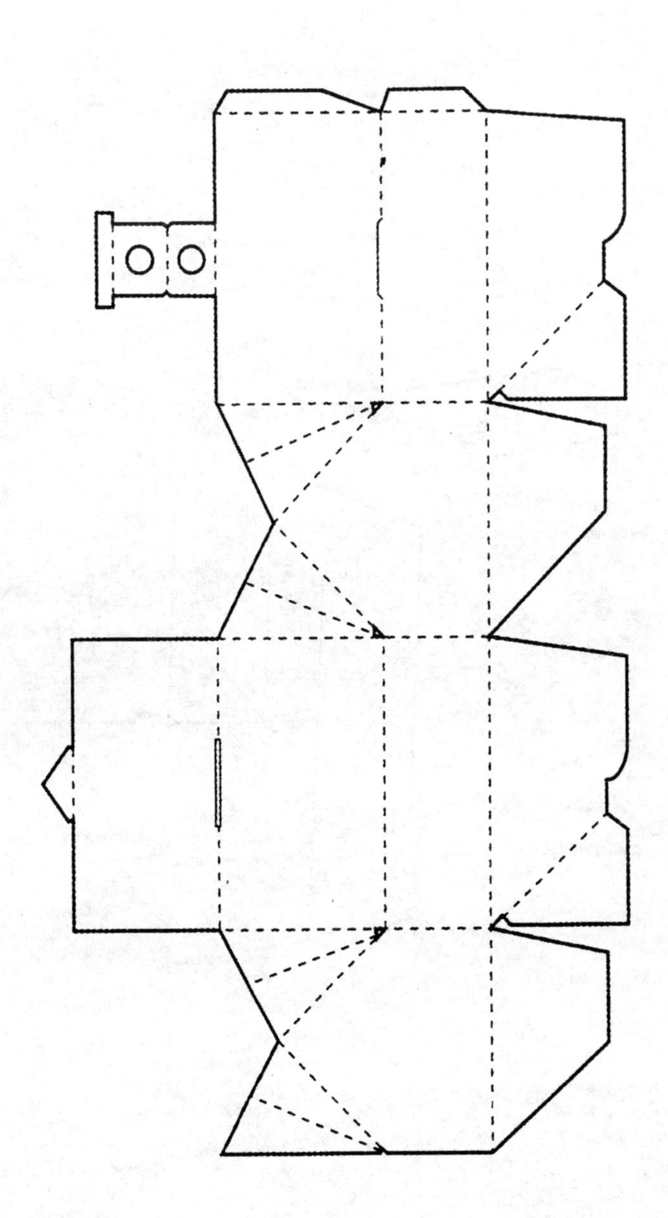

## 特制运送纸盒

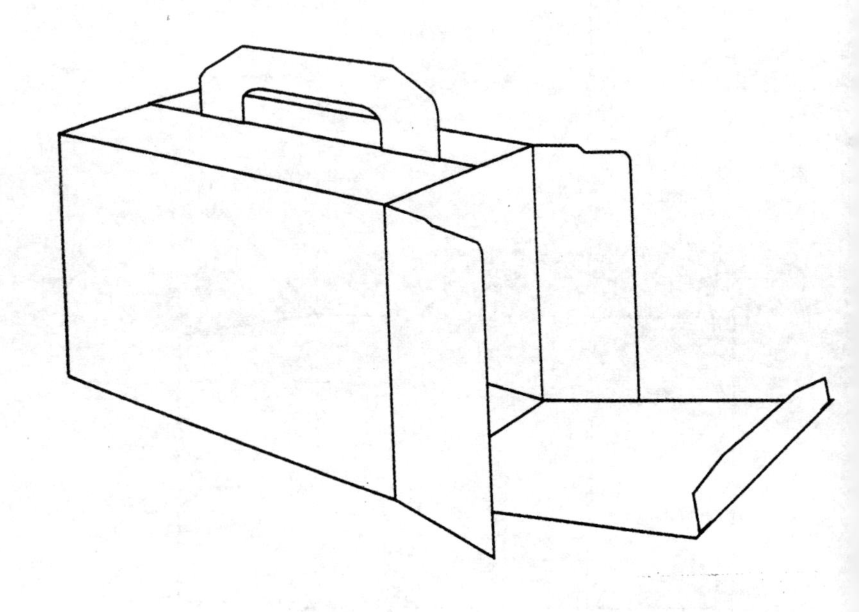

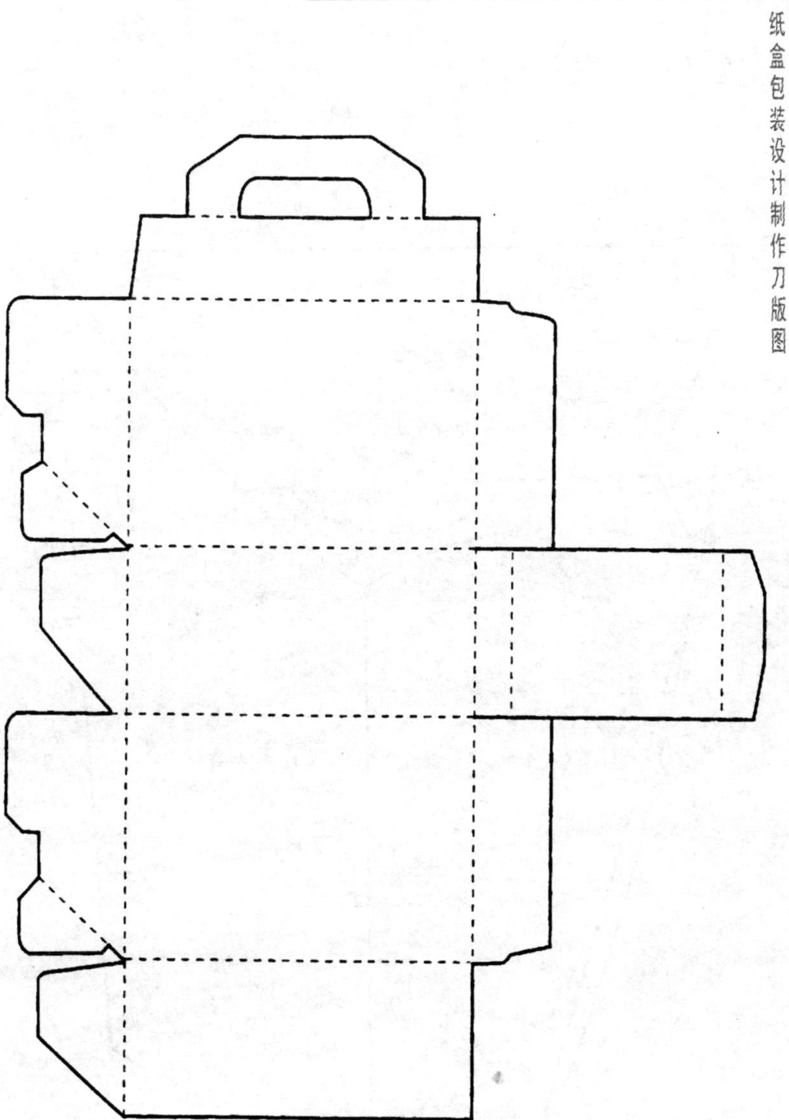

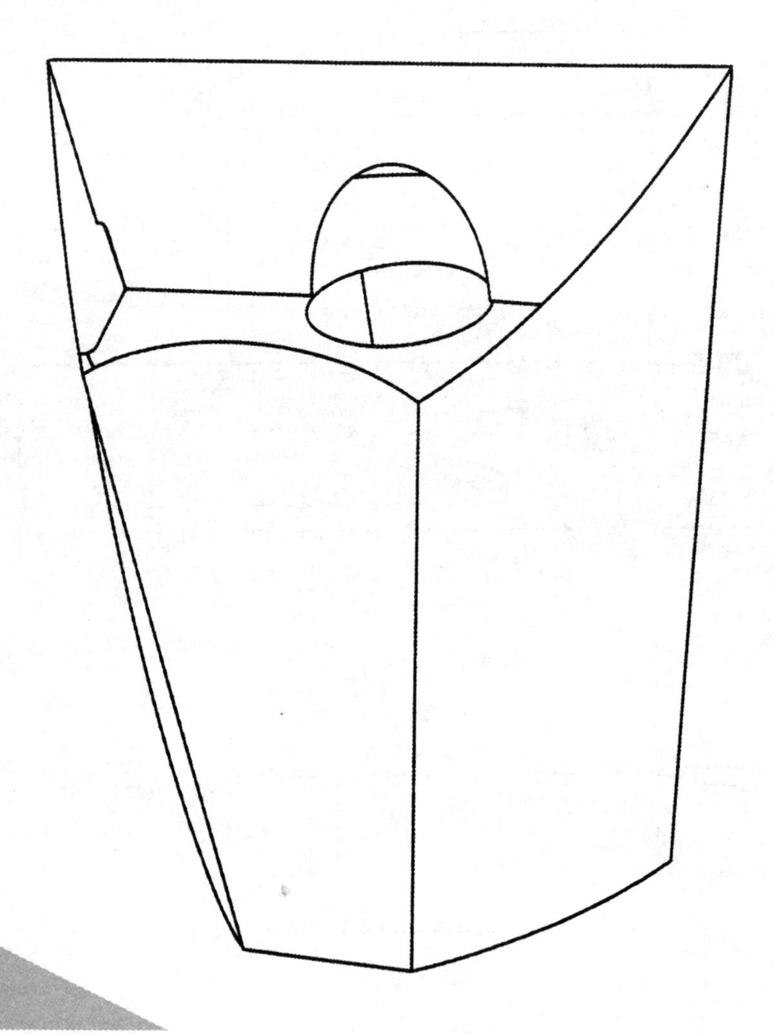

## 货运纸盒

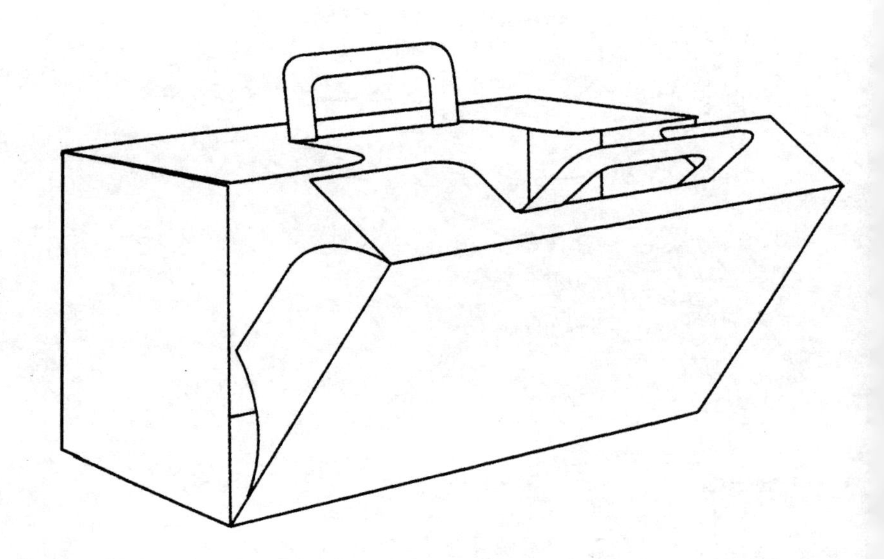

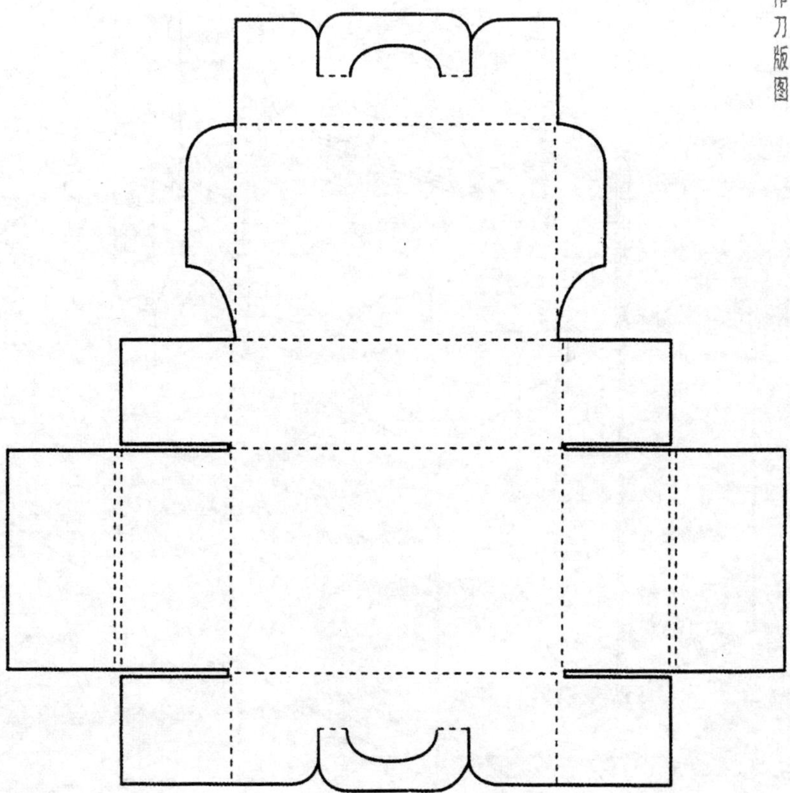

## 装运瓶子的纸盒

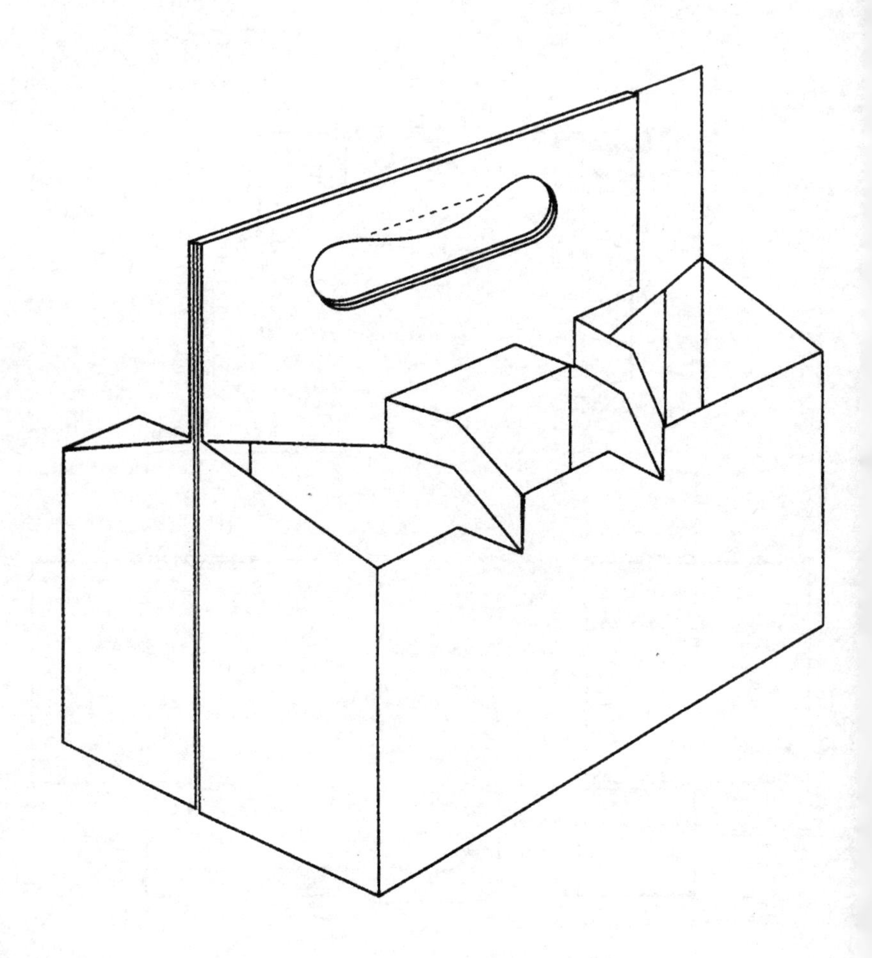

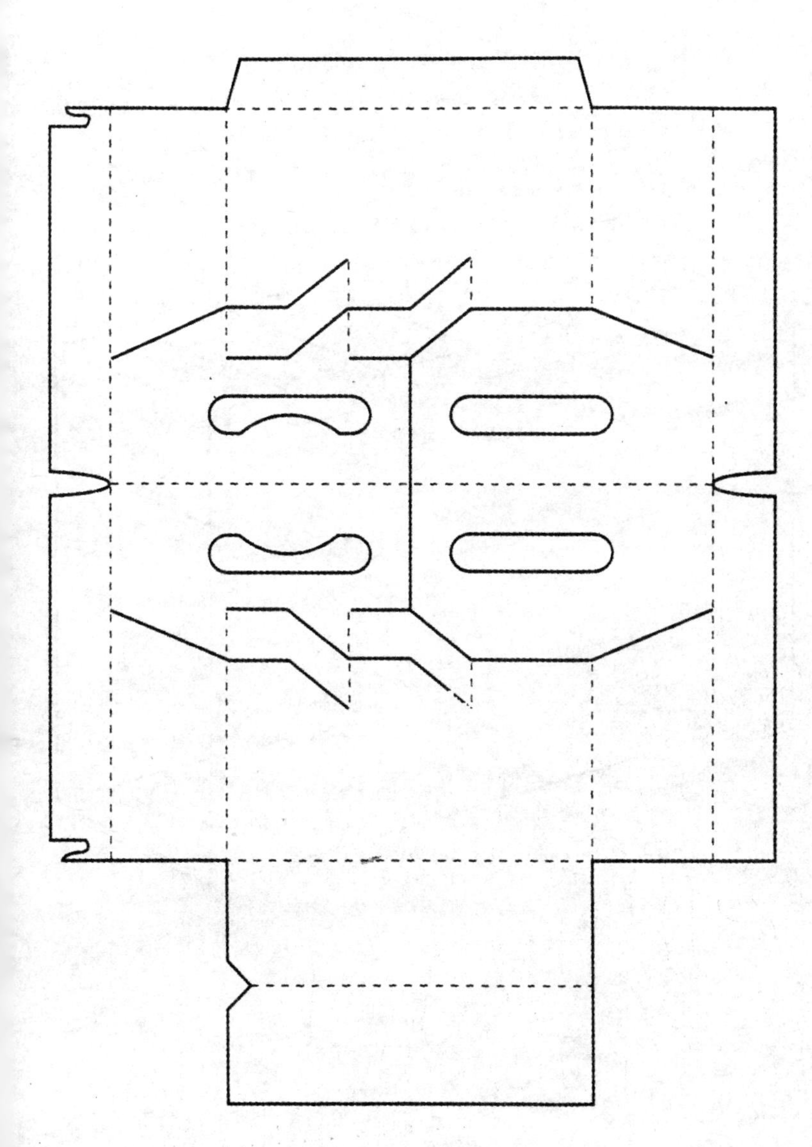

## 装运瓶子的纸盒

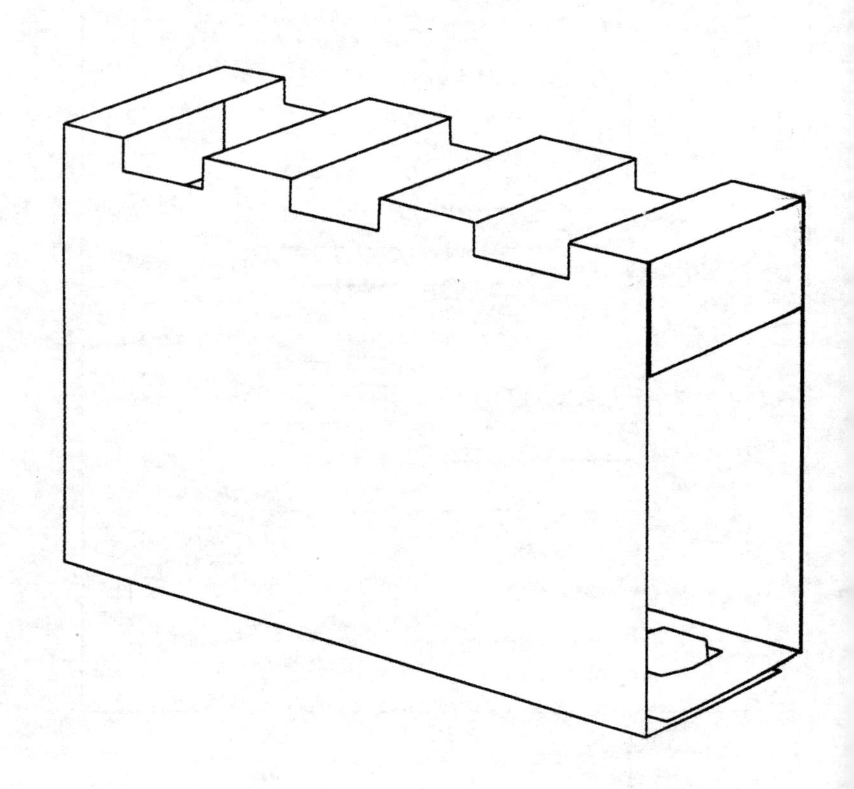

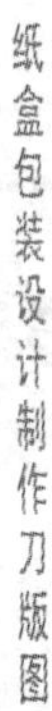
纸盒包装设计制作刀版图

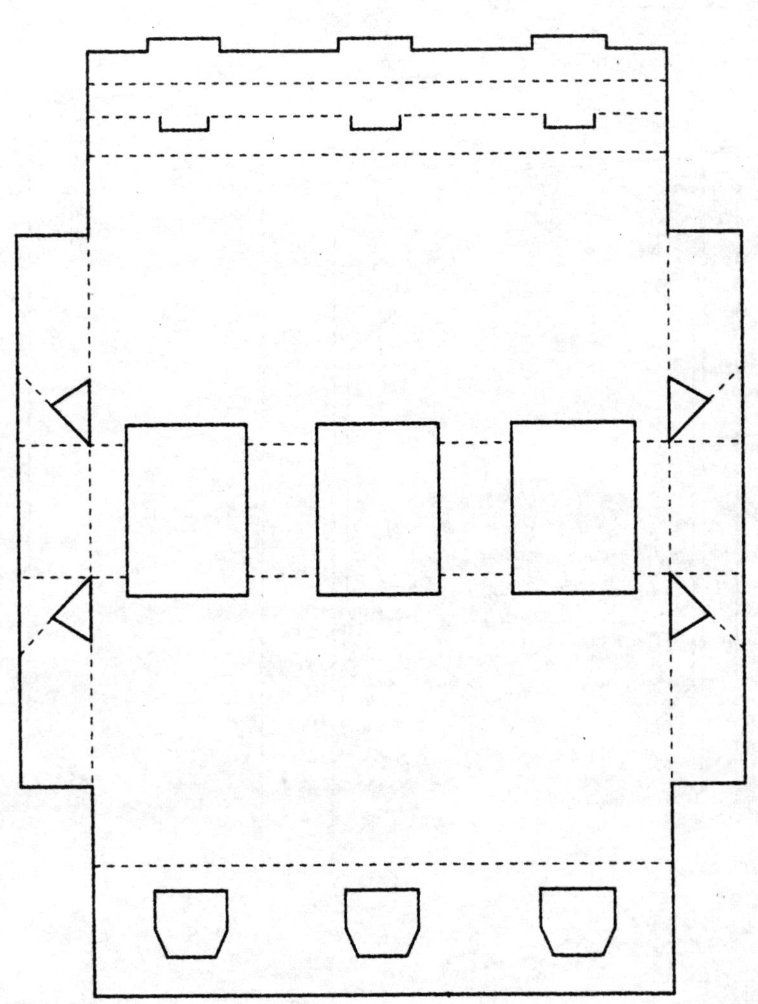

# 装运罐的纸盒

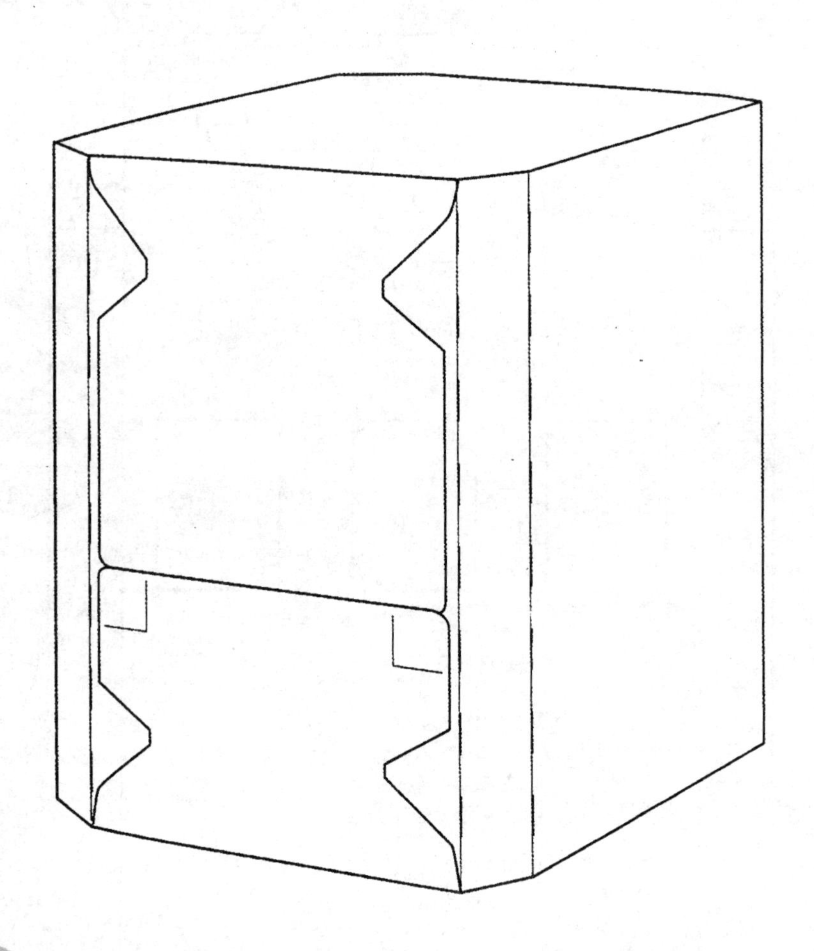

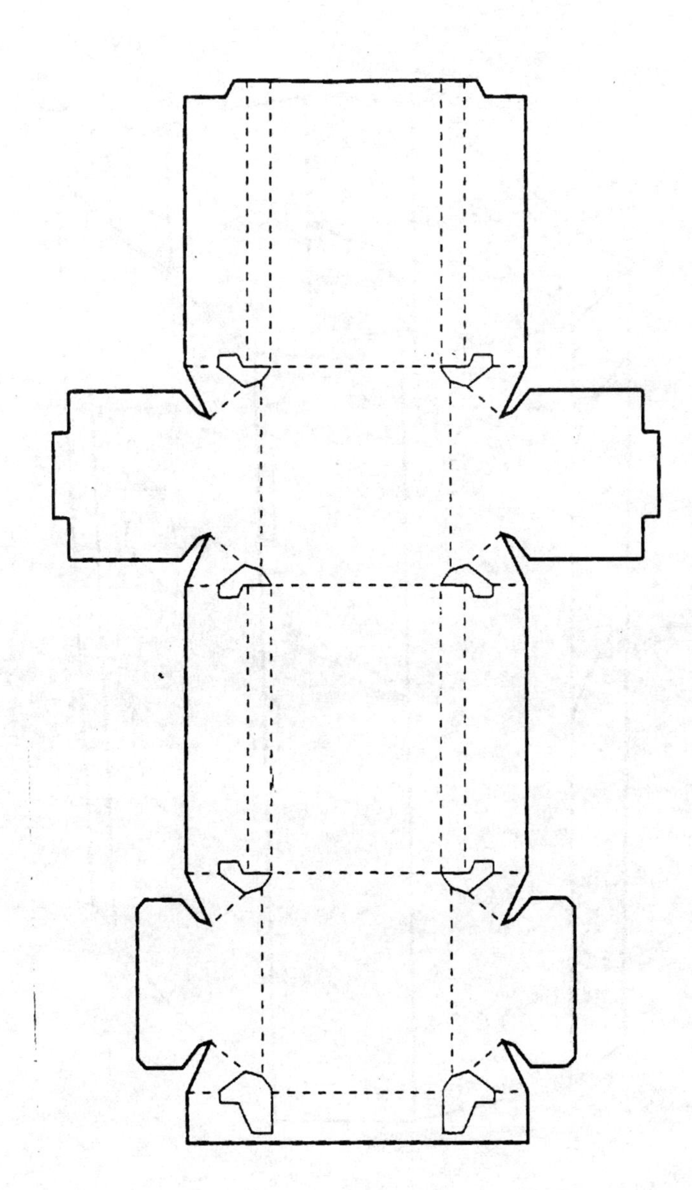

## 装运罐的纸盒

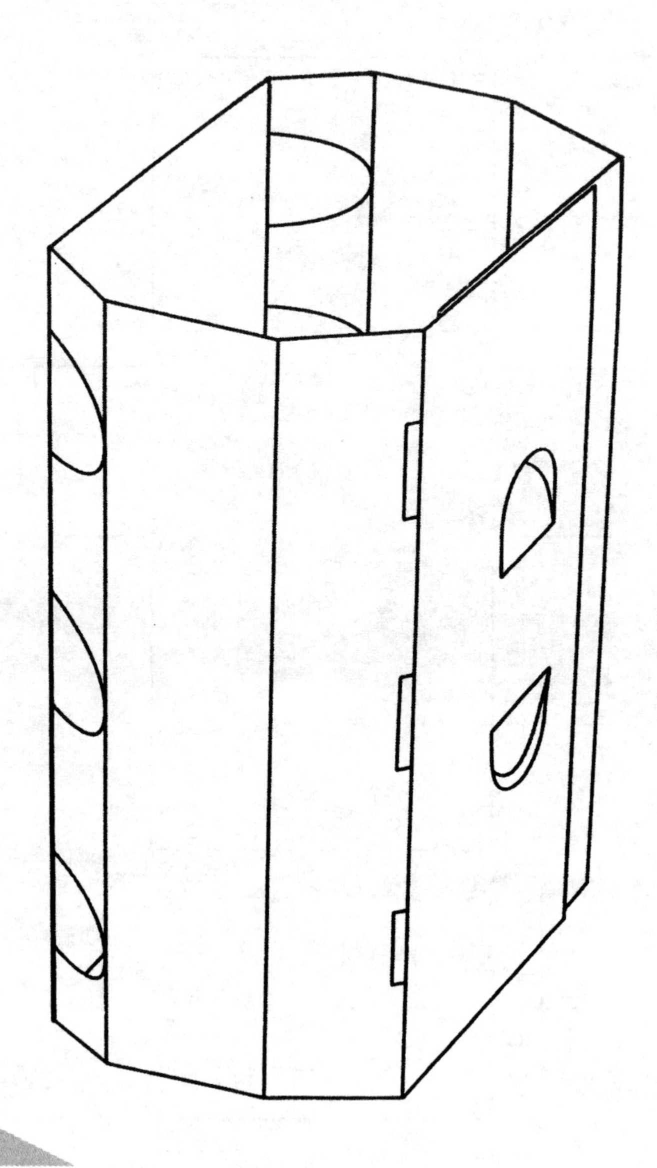

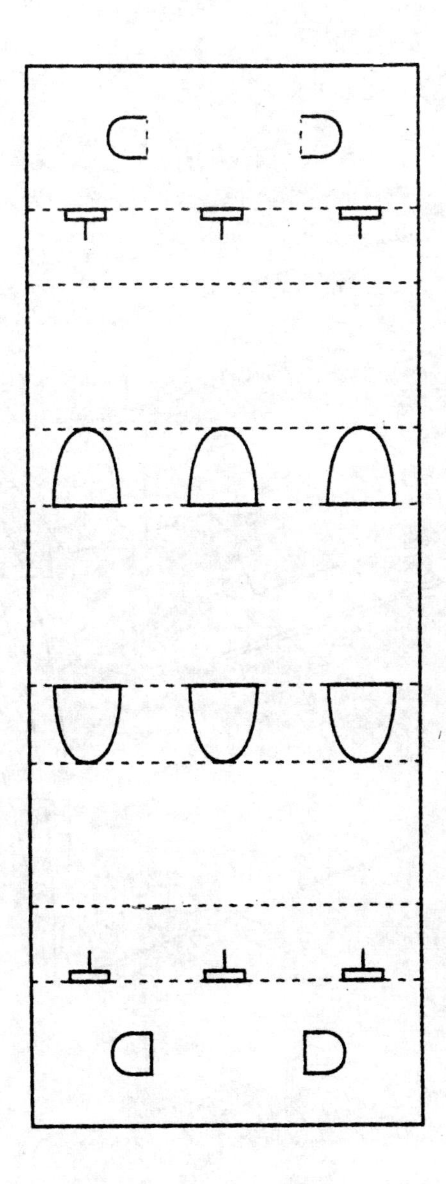

# 枕头形纸盒

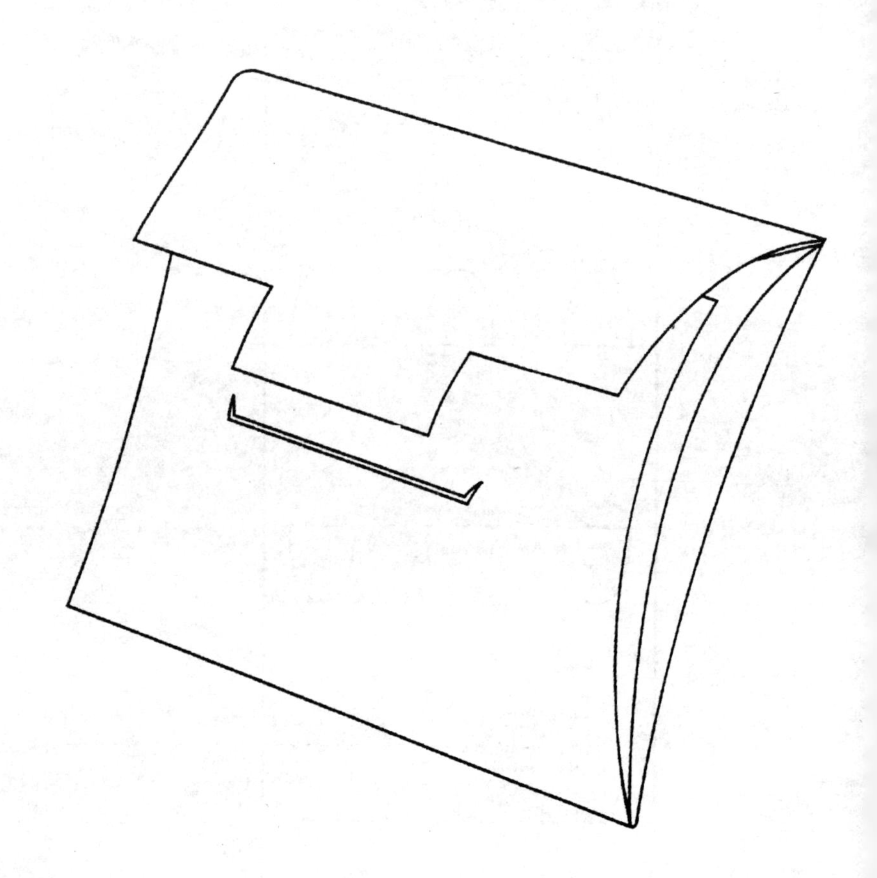

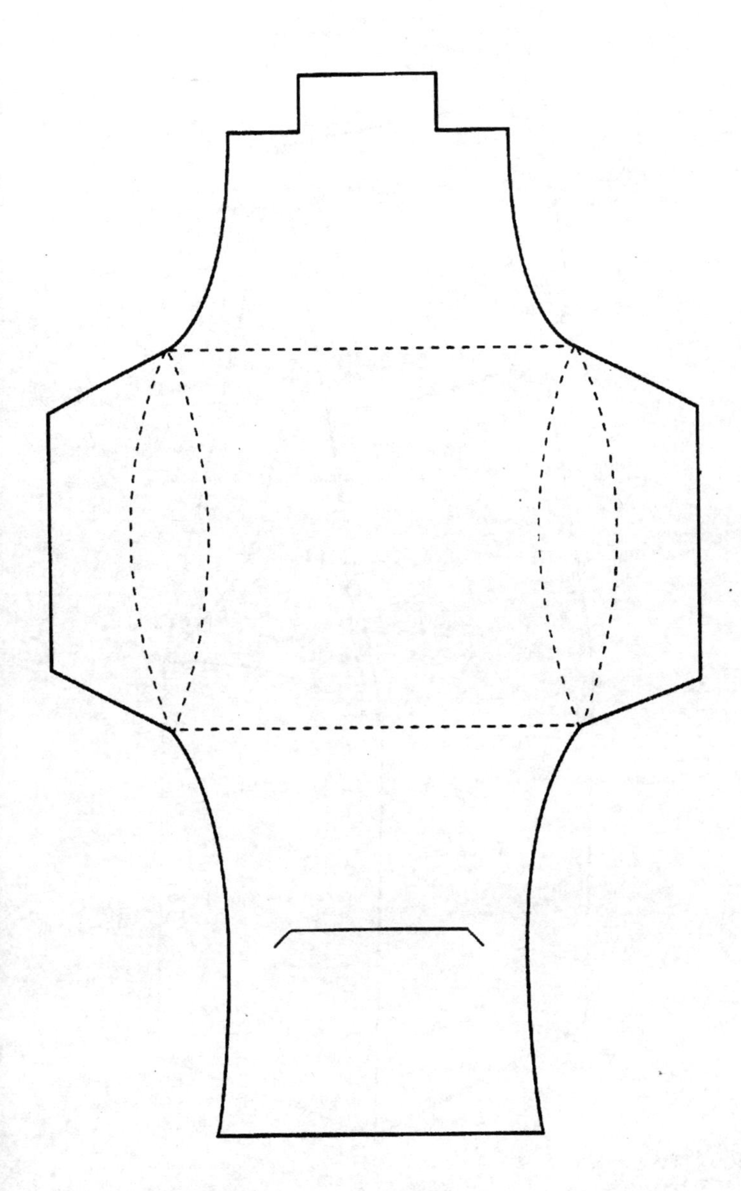

## 单装酒包装纸盒

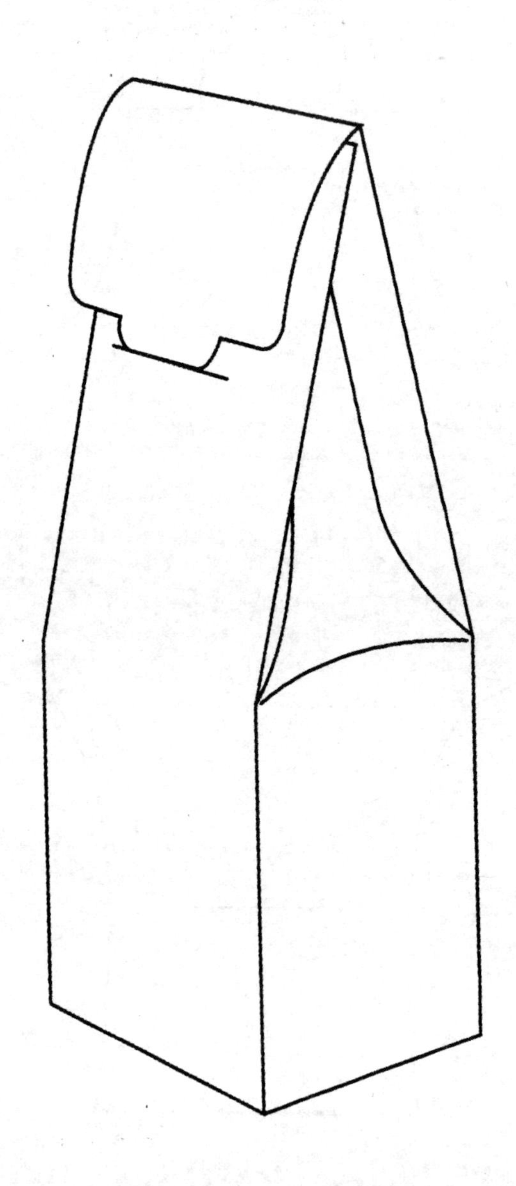

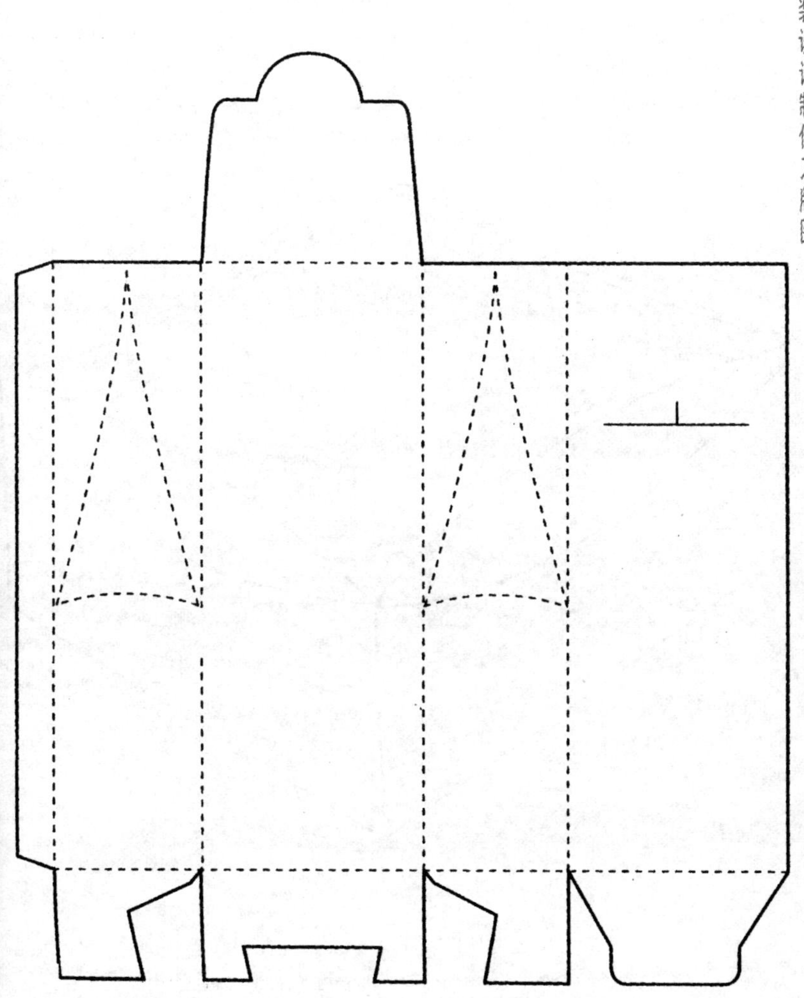

## 特制型纸盒

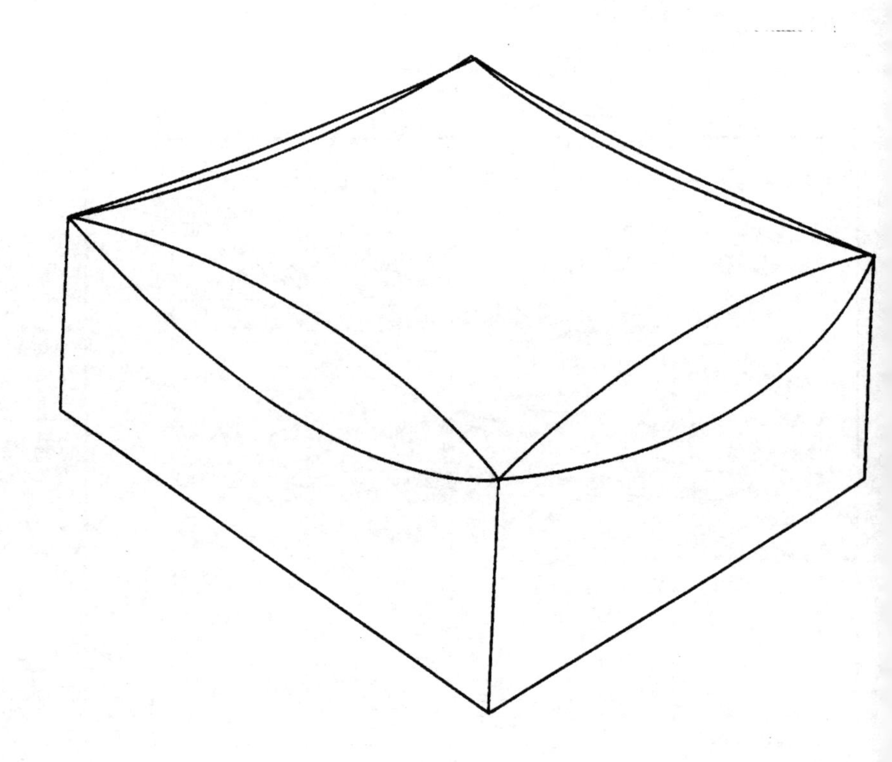

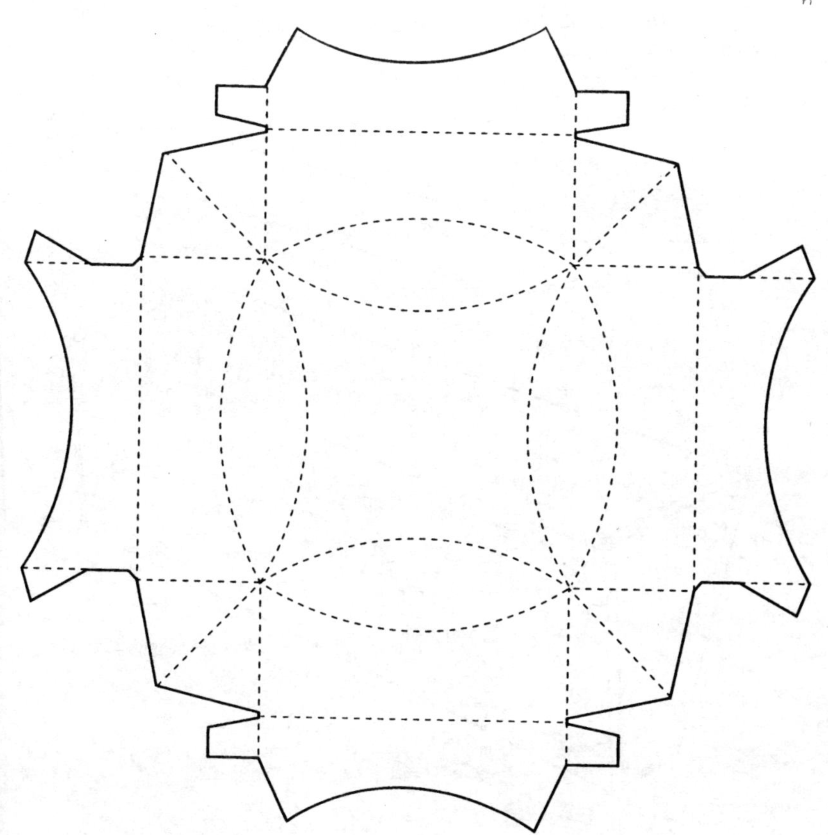

## 特制型纸盒

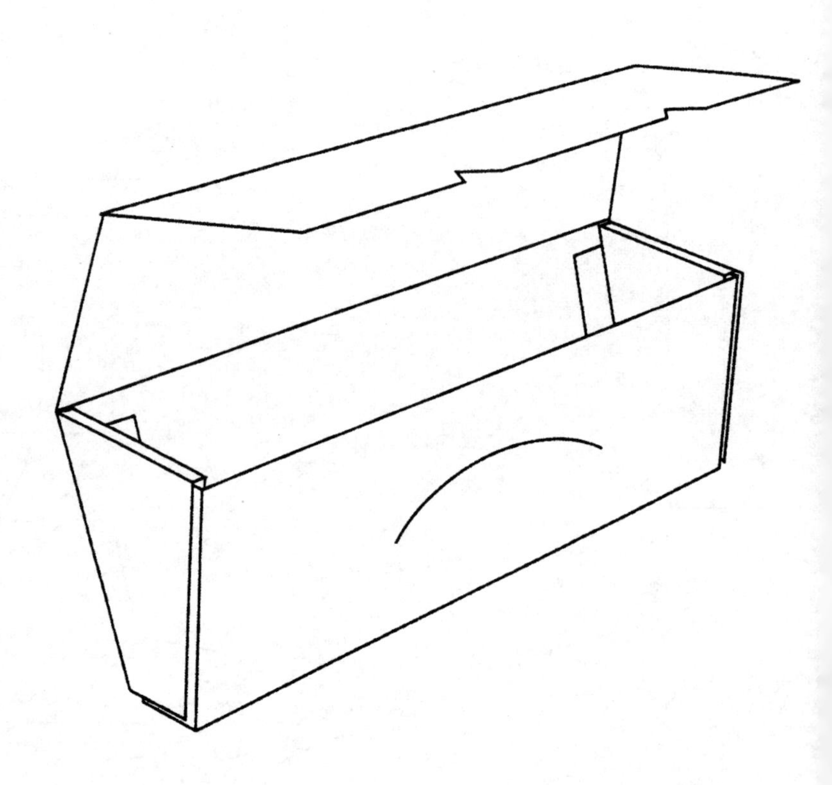

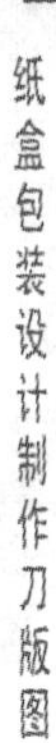


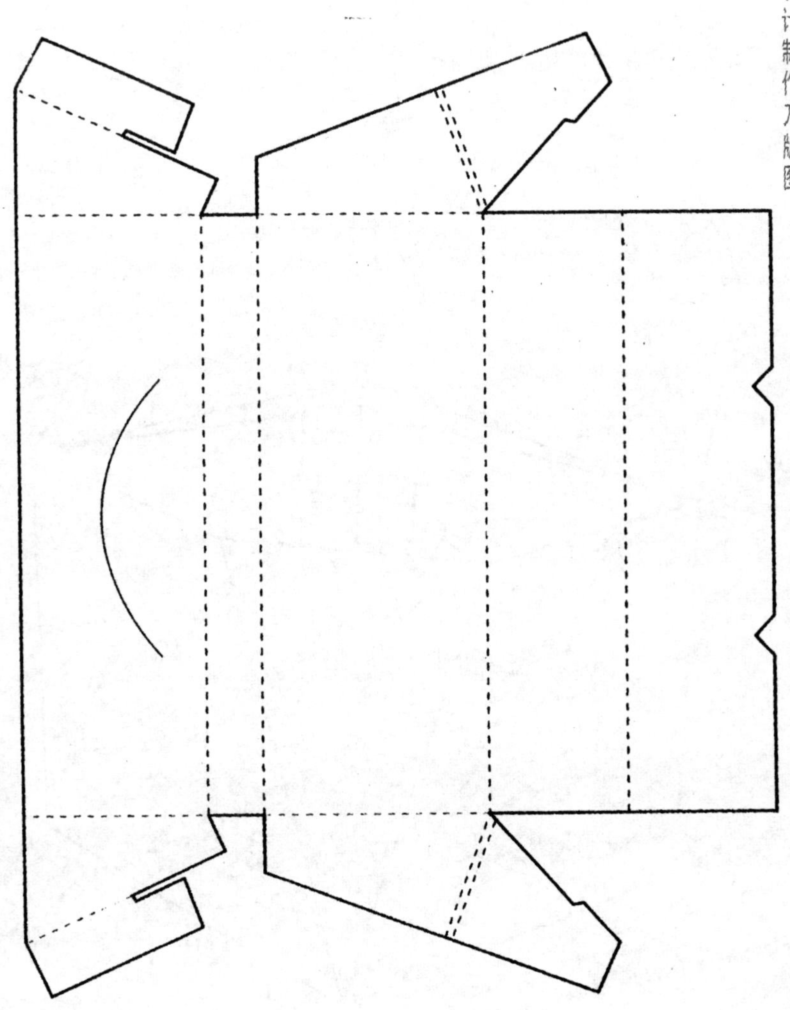

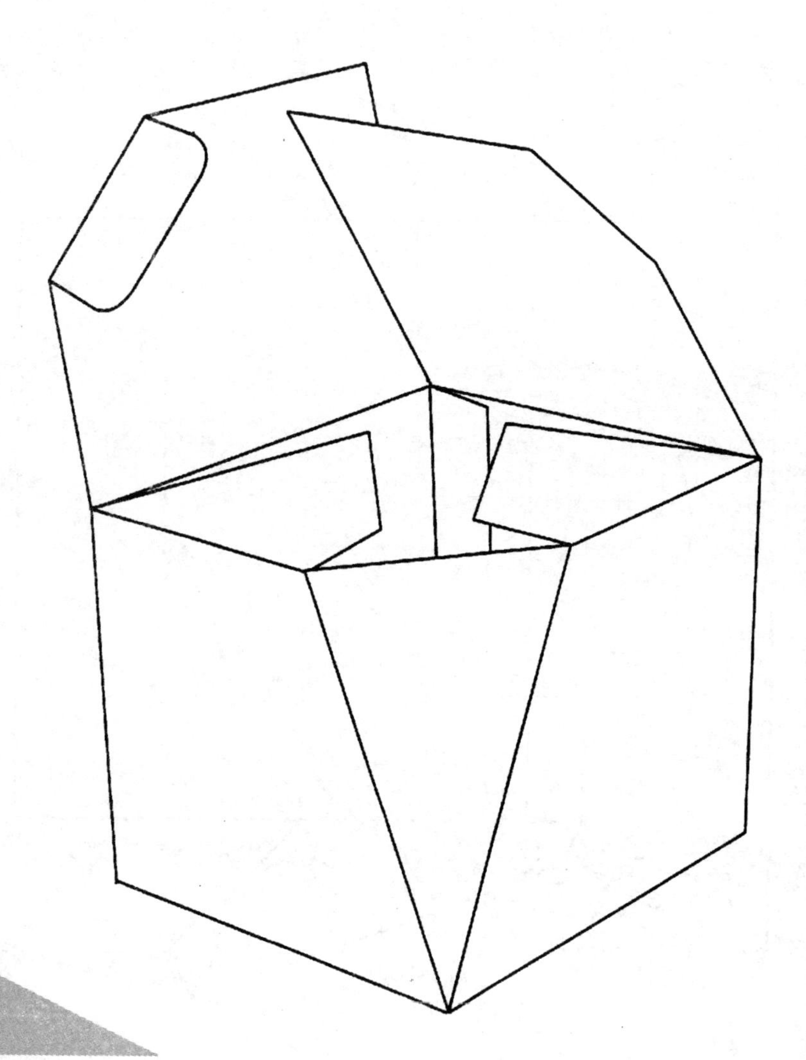

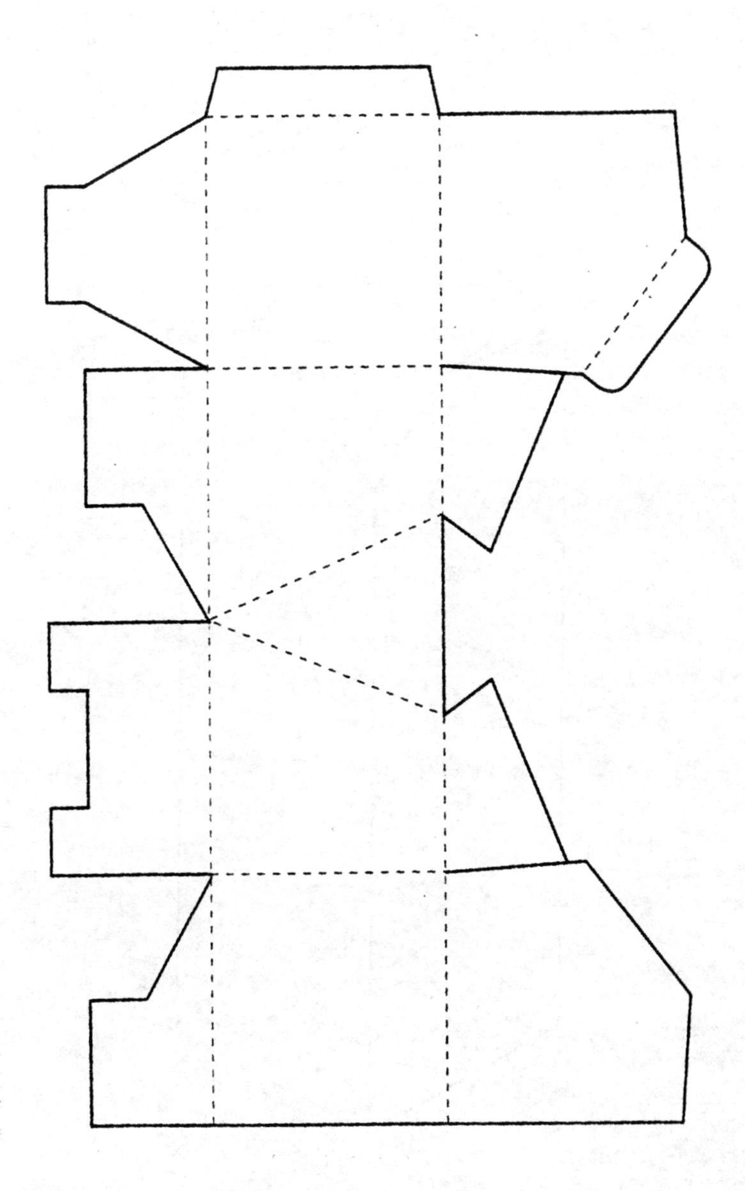

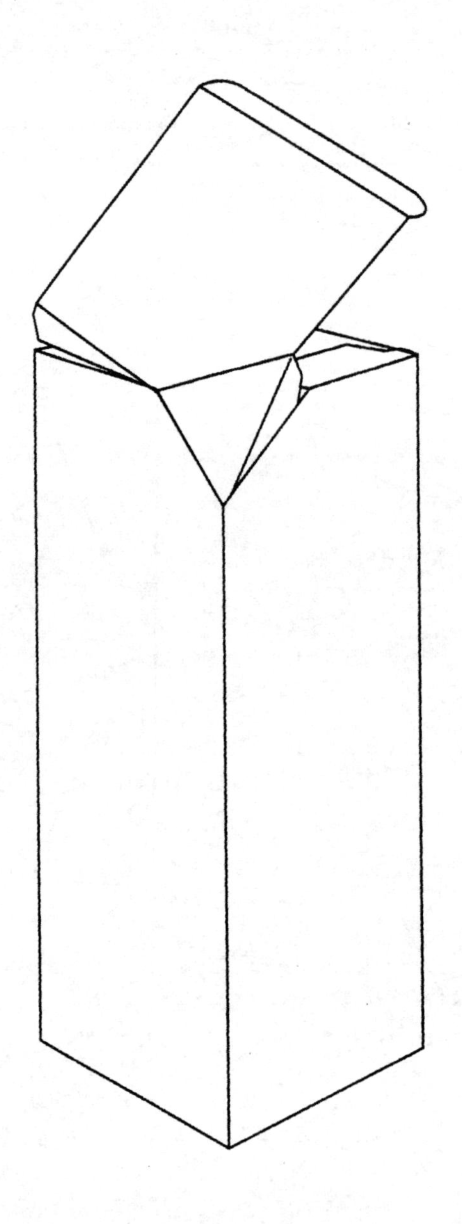

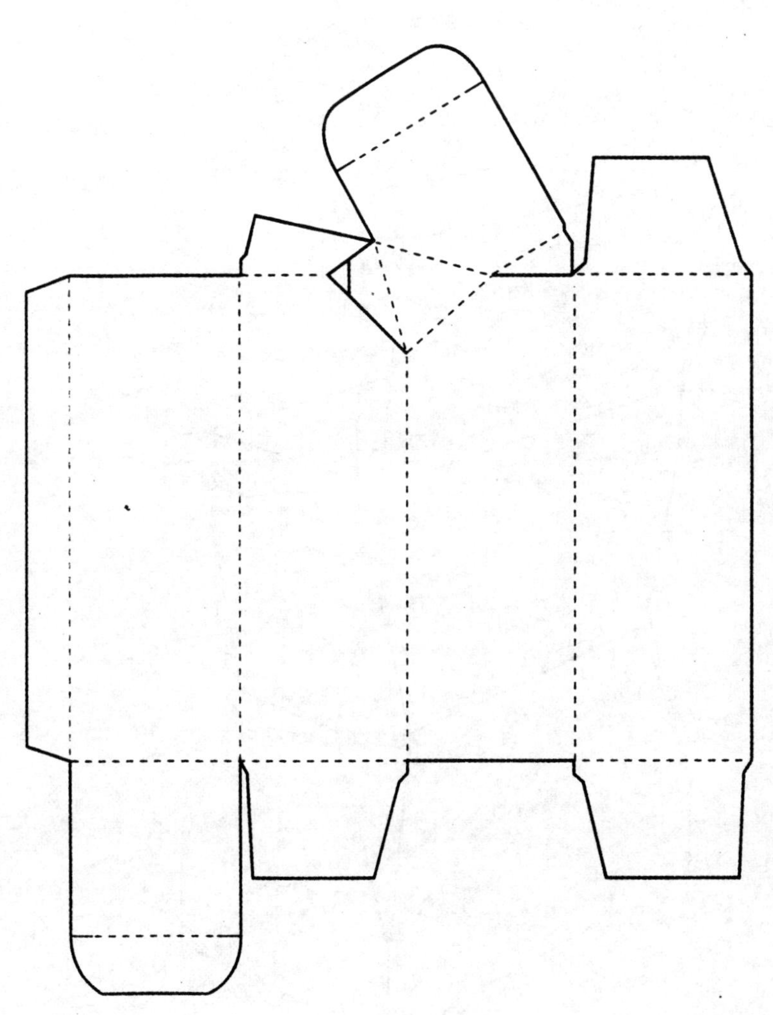

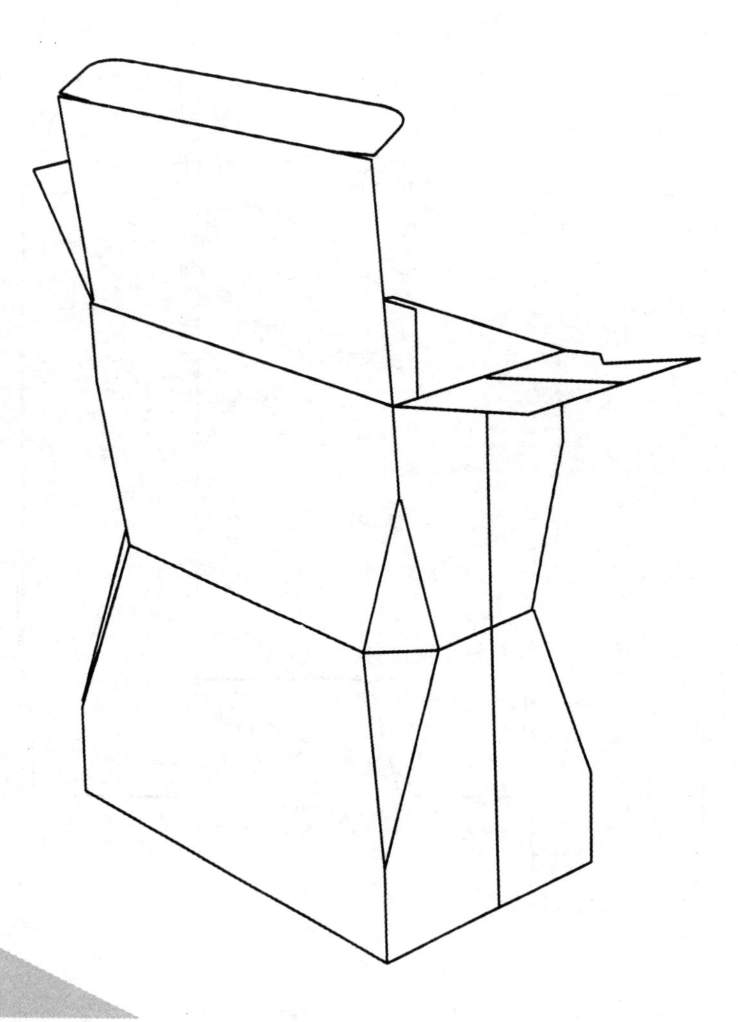

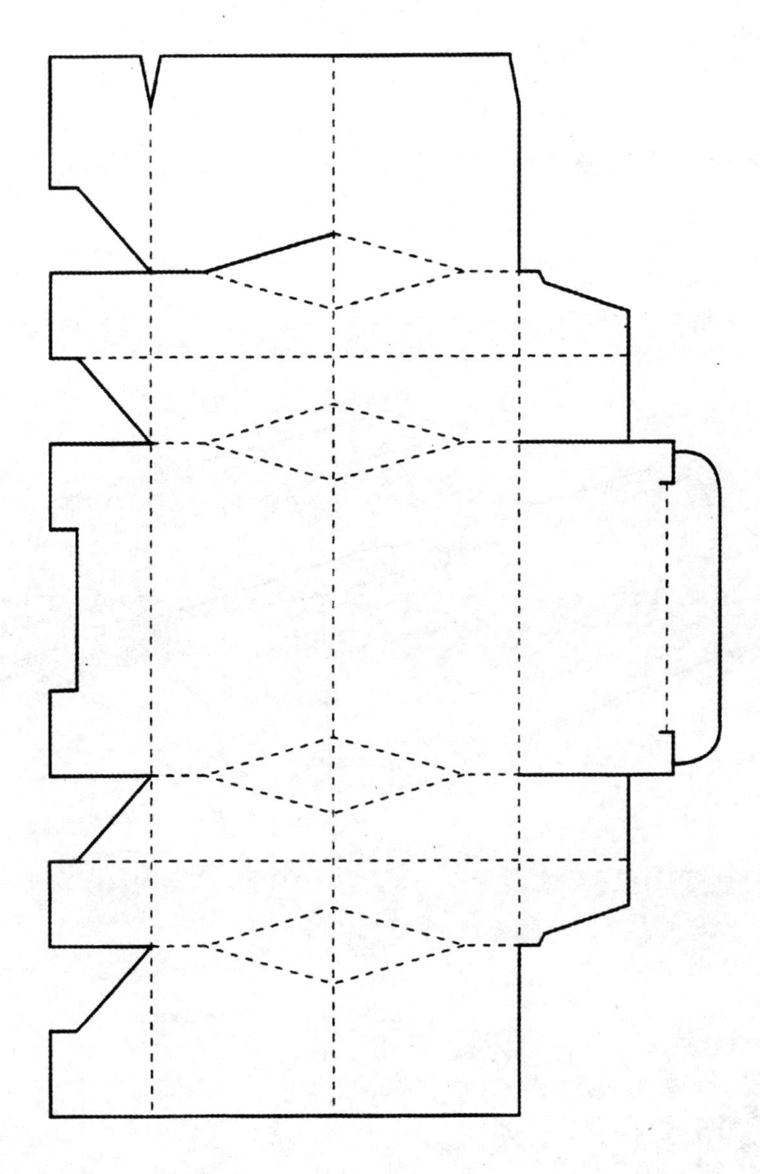

## 特制型纸盒

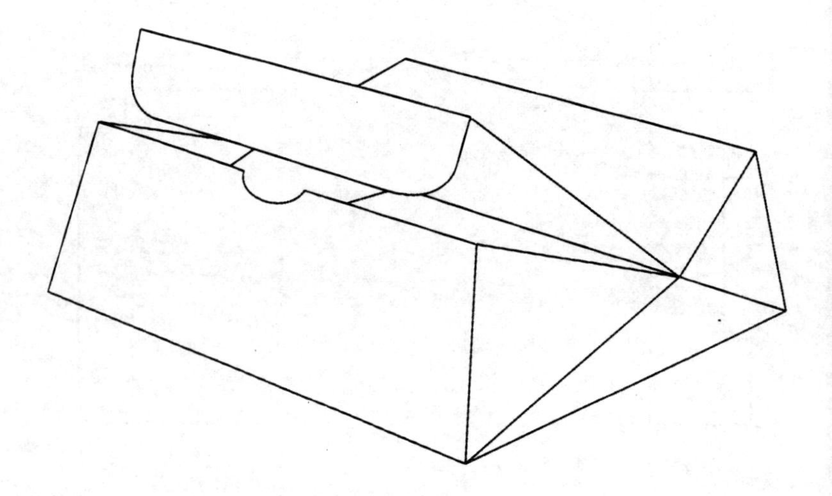

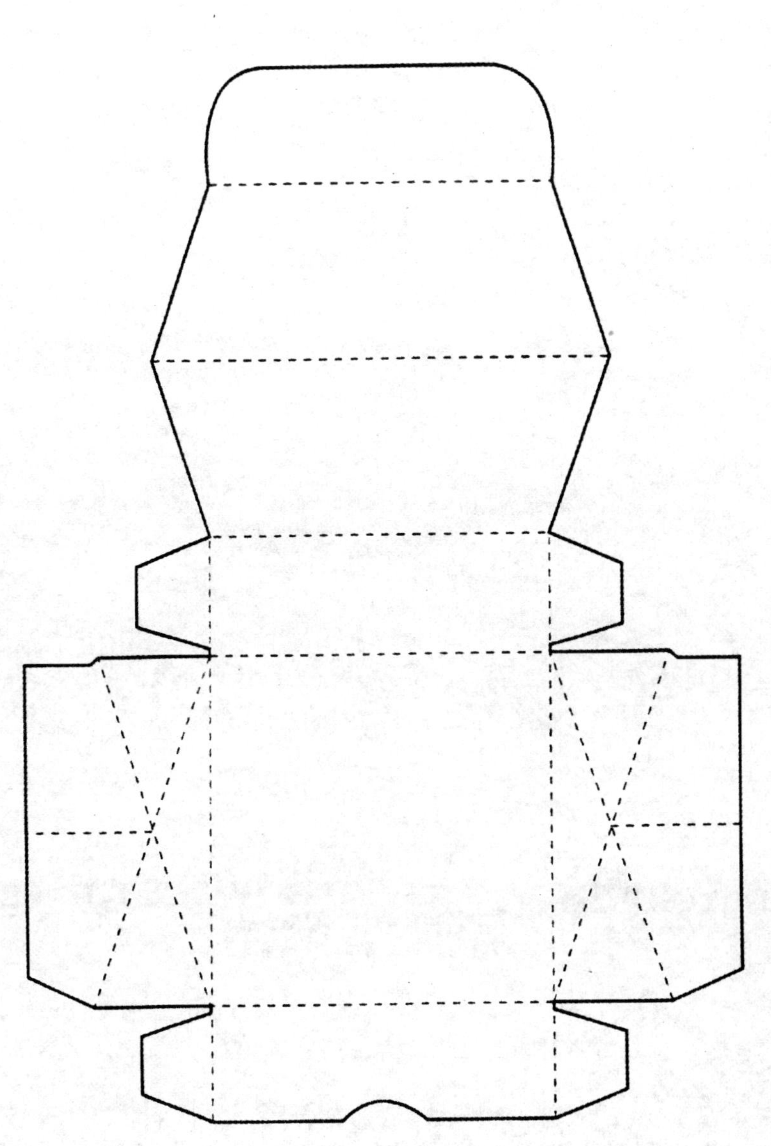